恭王府
Prince Kung's Palace Museum

北京建筑大学

恭王府府邸文物保护修缮报告

文化和旅游部恭王府博物馆
北　京　建　筑　大　学　编著

中国建材工业出版社

图书在版编目（CIP）数据

恭王府府邸文物保护修缮报告 / 文化和旅游部恭王府博物馆，北京建筑大学编著．-- 北京：中国建材工业出版社，2022.7

ISBN 978-7-5160-3453-8

Ⅰ．①恭… Ⅱ．①文… ②北… Ⅲ．①恭王府－古建筑－修缮加固－研究报告 Ⅳ．① TU746.3

中国版本图书馆 CIP 数据核字（2021）第 274626 号

恭王府府邸文物保护修缮报告
Gongwangfu Fudi Wenwu Baohu Xiushan Baogao
文化和旅游部恭王府博物馆 北京建筑大学 编著

出版发行：中国建材工业出版社
地　　址：北京市海淀区三里河路 11 号
邮政编码：100831
经　　销：全国各地新华书店
印　　刷：北京天恒嘉业印刷有限公司
开　　本：889mm×1194mm 1/16
印　　张：19.25
字　　数：350 千字
版　　次：2022 年 7 月第 1 版
印　　次：2022 年 7 月第 1 次
定　　价：**296.00 元**

本社网址：www.jccbs.com，微信公众号：zgjcgycbs

《恭王府府邸文物保护修缮报告》
编 辑 委 员 会

序一 PREFACE

文化和旅游部恭王府博物馆馆长　孙旭光

我在2005年9月调任恭王府工作，亲历和见证了恭王府府邸文物保护修缮工程。今天看完文化和旅游部恭王府博物馆与北京建筑大学合作编辑的这部《恭王府府邸文物保护修缮报告》时，思绪万千。虽工程竣工已经九年，但往事依然历历在目。回顾历史，更需要总结提高，以达到王府建筑文化遗产保护之目的。

恭王府对社会的开放，源于1962年周恩来总理以及时任北京市副市长、红学家王昆仑和越剧《红楼梦》著名演员王文娟、徐玉兰等来恭王府参观考察。在园中，周恩来总理提到："此园是不是大观园不要轻率地肯定，也不要轻易否定，要将这个园子保护好，将来有条件时对社会开放。"1975年重病中的周恩来总理嘱托时任国务院副总理谷牧办好文化建设方面的三件事，其中一件就是恭王府的开放问题。而占用单位的腾退和修缮，即为原文化部恭王府管理中心的主要工作。在文化部的领导下，恭王府人克服重重困难，于2008年将其全面对社会开放，终于实现了周恩来总理的遗愿。

恭王府府邸文物保护修缮工程于2005年12月5日开工，共计完成修复古建筑12624m^2，其中修缮面积9800m^2，复建面积2200m^2，新建面积624m^2，府墙1155m^2。拆除非文物建筑11650m^2，保护遗存彩绘700余平方米以及不同历史时期文物信息多处。同时，建设成为与国家一级博物馆相关的配套基础设施：给排水工程，强电、弱电工程，热力工程，空调工程，景观照明工程，消防工程，安防工程，避雷工程，地下综合管廊工程，综合技防监控室，绿化工程等等，签署并完成各类合同121项。该项目的完成用时三年，投入资金2.1亿元。2008年12月19日，该修缮工程通过国家文物管理部门验收，标志着恭王府博物馆基础设施性建设工程全面竣工。2009年11月，该修缮工程被北京市装饰协会评为"北京市古建装饰优质工程"奖；2011年11月，该修缮工程被中国民族建筑研究会评为"国家传统建筑文化保护示范工程"奖。

2008年恭王府全面开放后，原文化部恭王府管理中心将以"文物保护、旅游开放、博物馆建设、文化空间营造和文化产业开发"五大职能和打造四张名片为核心进行定位。通过拓展文物征集渠道，初步形成了集文物、古籍文献、当代艺术品、民俗精品为主的王府文化特色藏品体系。近年来，通过深入挖掘自身资源，打造品牌文化活动等手段，在不断提升王府文化内涵的同时，将越来越多优秀的中华文化元素融汇其中，使一些逐渐淡出人们生活和工作的传统艺术形式在恭王府重新绽放。在此基础上，不断拓展渠道，加强内引外联，积极推动中华文化走出国门，逐步摸索出具有自身特色的文化走出去模式。通过搭建“王府文化”研究平台，相继成立古建园林、古典家具、福文化、传统技艺等十余个研究中心，逐步明确了把恭王府建设成为王府文化研究中心、非物质文化遗产展示中心、王府文物收藏中心和王府文献收藏中心的建设目标，特别是恭王府的修缮和整体保护构建了清代王府建筑营造技艺代表性的传承平台。

通过举办旅游文化推介展，借助图片影像、文物珍品、旅游产品等不同展览形式，呈现和展示了恭王府的历史记忆、园林建筑和人文景观，使当地民众近距离、多角度地认识和了解王府文化，感受到中华文化的独特魅力。“恭王府论坛——中欧王府与古堡遗址博物馆发展之道”在北京隆重举办。11 个欧洲国家的 18 家城堡、宫殿和庄园的负责人，9 家博物馆、景区的代表和业内专家近百人，围绕如何促进中欧遗址性博物馆的保护与利用展开深入探讨与交流，为国内外遗址类博物馆进一步的交流合作奠定了良好基础。在不断探索实践中，恭王府的功能得到进一步完善，文化内涵更加丰富，景观品质得到较大提升。

在固成果增效益打造文化品牌中，作为国家级 5A 景区恭王府也吸引着越来越多的游客，全面开放以来累计接待 3000 余万人次，旅游收入逐年递增。恭王府博物馆建设开启了清代王府建筑文化研究与传统技艺传承的环境领域，2017 年 5 月 18 日文化部恭王府博物馆被评定为国家一级博物馆。

这部《恭王府府邸文物保护修缮报告》不仅记录了府邸修缮过程，又是记录王府修缮技艺的实录，更是王府文化非物质文化遗产的重要组成部分。恭王府全面修缮和开放，也奠定了清代王府建筑文化与传统技艺研究传承的核心地位。它将对京城的其他王府在腾退、修缮等方面，起到一个引领和示范作用。

借此在恭王府全面开放十周年和府邸营建 230 周年之际，我作为文化和旅游部恭王府博物馆馆长向参与府邸修缮的同志们致敬！向参与博物馆建设的同志们致敬！

2018 年 6 月

序二 PREFACE

原文化部恭王府管理中心主任 谷长江

本人有幸于2003年至2008年期间担任文化部恭王府管理中心主任，秉承使命、勉力尽责，经历了恭王府府邸保护修缮及全面开放的全过程。今天看到这部《恭王府府邸文物保护修缮报告》时，虽然修缮工程完工已经九年，但往事依然历历在目。回顾历史，更需要进行重新审视、总结提高，以凸显对建筑文化遗产保护的重要价值及认识体系的重新认知。

恭王府及花园是全国重点文物保护单位，因清朝的两名重要人物和珅与奕䜣先后居住于此而闻名。它是目前北京现存清代王府中，相对保存较为完整且唯一可以对外开放的王府。恭王府花园已于1988年对外开放，此前该府邸因长期被多家单位使用，一直无法对外开放，直至2006年才全部腾空退出。为了较全面、系统地展示清代王府的历史沿革、建筑规制及王府文化，首要任务是需要对府邸古建筑进行全面修缮。为此，原文化部恭王府管理中心设立府邸修缮办，全面负责府邸修缮工作。经过规划、设计，并获得国家文物局和北京市文物局批准，于2005年12月5日举行开工典礼，正式启动修缮工程。

恭王府从和珅建宅开始到现在已有230年历史，按照什么时期的王府历史状况进行修缮是第一个要解决的问题。在查询资料基础上，经过与专家共同研究，文化部恭王府管理中心明确了非常清晰的定位：按照清代同治、光绪年间，即恭亲王府最兴盛时期的历史原貌进行恢复性修缮；同治、光绪时期之前的，有重要价值的历史信息一定要保留下来。专家认为恭王府是最不按照王府规制建设的一座王府，所以只有这样定位，才能充分反映它的历史价值和文化内涵。根据恭王府修缮工程的特点，本人提出了“有原始根据地按原始根据修缮；没有原始根据的，按最接近的历史根据进行修缮；既无原始根据，又无历史根据的，在专家指导下进行修缮；专家也吃不准的，按现状进行保护性修缮”的四项基本原则。在文化部的领导下，在建设方全体员工及设计方、施工方、管理方的共同努力下，经过三年左右的紧张工作，2008年奥运会前夕顺利完成了府邸古建修缮工程。

本次恭王府文物保护修缮工程是1850年以来恭王府最大的一次修缮，也是国家对王府修缮工程投资最多的一次。自2003年10月以来，文化部、财政部先后拨款1.6亿人民币用于府邸古建的保护修缮。在此基础上，恭王府管理中心又从开放创收的事业经费中自筹资金 0.5 亿元对府邸进行维修，投资总额约为 2.1 亿元。修缮工程的完成，终于使府邸与花园形成整体对外开放，恭王府原有 28800m^2 的游览面积也因此而扩展为 61000m^2 的参观面积，同时为 2008 年北京举办绿色奥运、人文奥运增添了一处新的人文景观。

全面开放的恭王府，精心准备和推出的有关恭王府历史和修缮工程成果等多个专题展览，不仅对宣传中国优秀的传统建筑文化起着重要作用，而且向世界人民展示了清代王府的历史文化和王府建筑特有的风韵。

谷牧同志遵从周恩来总理的嘱托，对恭王府的腾退、修缮、开放始终给予极大的关注和支持。江泽民、李岚清、李长春、刘云山、王岐山、田纪云、迟浩田、李铁映、刘延东、曾培炎、吴仪、马凯等党和国家领导人，中央政治局委员、北京市市委书记刘淇同志，国外政要基辛格，以及 40 多批 1000 多人次的文物博物馆系统的参观指导团，先后到恭王府视察和游览，他们对恭王府的文物保护修缮工程，多角度、多方位的展览陈列，给予了充分肯定和高度评价。

文化部历届党组都重视恭王府的文物保护工作，特别是孙家正同志任部长时，对恭王府的工作给予了全方位的关注和支持，使得在他的任期内实现了全面开放。国务院以会议纪要的方式批准了孙家正同志代表文化部把恭王府建设成为王府文化博物馆的汇报。在中央机构编制委员会办公室原主任李铁林同志的关注下，中编办在恭王府全面开放之前的 2007 年批复了更名为“文化部恭王府博物馆”的报告。

此次府邸古建修缮工程，先后被列入国家四大文物保护修缮工程和“十一五”文化基础设施建设工程，并获得历史文化名城保护建筑设计优秀奖和 2010 年全国建筑工程装饰奖等奖项。本人被民族建筑基金会授予中国民族建筑事业杰出贡献奖。此次由文化和旅游部恭王府博物馆和北京建筑大学共同承担撰写的《恭王府府邸文物保护修缮报告》，不仅是对府邸古建修缮工程的全面总结，而且也是对历史文化遗产和非物质文化遗产的保护和传承，对今后的古建筑修缮和王府修复将起到指导和借鉴作用。

随着工作的不断深入，恭王府已逐步成为中国王府历史文化的展示中心和科研中心，并被原文化部授予为非物质文物遗产展示基地。今后恭王府人仍会继续努力，为将恭王府办成高水平、有特色的遗址类王府博物馆而不断奋斗。

在此之际，要特别感谢本修缮工程的顾问组成员，四位中国民族建筑事业终身成就奖获得者罗哲文、杜仙洲、郭黛姮、王仲傑先生，他们以丰厚的学识修养和实践经验指导了本修缮工程相关工作，避免少走了许多弯路，起到了一锤定音的作用。还要感谢孔祥星、苏东海、王洪钧等老专家以及社会各界的支持、关心与帮助。

2018 年 3 月

前言

PREFACE

原文化部恭王府管理中心专家组组长　孔祥星

一座清代王府，凝聚了多个时代北京人的记忆。历经200多年的变迁，数次的改姓更名，走过了兴盛与沉寂，终于在2008年完成了恭王府府邸的全面修缮与建筑复建工作，再现了王府昔日的辉煌。

在北京街头，曾有这样一条标语："建设一个项目，树立一座丰碑"。恭王府府邸修缮工程的建设方、设计方、监理方、施工方等也本着这样的理念，牢记党和国家领导人的嘱托，不辜负社会各界的期望，精心组织、精心设计、精心管理、精心施工，圆满完成了此次府邸修缮保护工程。

《恭王府府邸文物保护修缮报告》(以下简称《府邸修缮报告》)似乎是一段过往岁月的见证，让人追忆起2003年至2008年那些难忘的日日夜夜。《府邸修缮报告》的编制工作对目前唯一能整体开放的清代王府来说极其必要，且意义重大；对后续开展的王府建筑营造技艺研究、恭王府博物馆的建设和清代王府文化的探讨作用长远。

文化部恭王府管理中心与北京建筑大学签署了战略合作协议。《府邸修缮报告》编制研究即是其中一项最重要的项目。共同组建的《府邸修缮报告》编制组中，有曾经历经修缮工程全过程的研究员、高级工程师，也有从事建筑理论与技艺教学和研究的教授和研究生。这样一个多元共生的研究与创作集体，取长补短，发挥着各自的优势。

《府邸修缮报告》编制组对修缮历程的方方面面给予归纳和总结；对保存的各种资料进行发掘和提炼。用新的阐释空间，以求拓展新视野、提供新思路、产生新成果。

《府邸修缮报告》是工程项目实践、学术研究成果的集中呈现载体。伴随着文化和旅游部恭王府博物馆更名与转型的进展，这不仅是一座清代王府生成历史的写照，更是隐含在建筑群背后政治、经济、文化、社会生活等的展现。

记住历史，把握当代，面向未来。

谨以此书献给参与恭王府府邸修缮工程的全体人员！

目录

CONTENTS

第一章

恭王府府邸古建筑修缮的历史意义与机遇

第一节 恭王府历史沿革

一、恭王府府邸的变迁

学者们在研究恭王府的历史沿革时，特别感受到的是，原来在这座建筑物里曾经生活过不少的历史人物，他们传奇的人生有的跌宕起伏，有的位高权重，有的端庄大度，有的妙趣横生。而且府邸的始建时期和变迁过程扑朔迷离且众说纷纭。

恭王府 1949 年以前的历史沿革，可以列出历史研究中几种简洁的变迁轨迹：

（1）“和珅宅—庆王府—恭王府—辅仁大学女院”，期间还曾有过和珅宅与和孝公主府、庆郡王府与和孝公主府共存时期。

（2）“曹家—和珅府—庆王府—恭王府—辅仁大学女院—师大女部”。

（3）“李侍尧宅—和孝公主府（和珅宅）—庆王府—恭王府—辅仁大学”。

上述变迁轨迹（1）是目前研究清代王府及恭王府的学者最为普遍的认识。变迁轨迹（2）见周汝昌《红楼梦新证》第三版补遗（1953 年 12 月）。变迁轨迹（3）是近年恭王府的研究人员根据相关清代档案记载提出来的。他们在恭王府历史沿革的论述中也否定公主府和庆王府“一府两用”的传统。可以看出恭王府这座建筑的始建源头、是否一府两用是学者最为关注的问题。看似一座府邸简单的变迁，其内涵却非常深厚。

关于恭王府建筑的最初建造者。一些学者根据清王朝内务府造办处舆图房乾隆十四年到十五年绘制的《乾隆京城全图》上显示，现恭王府所在的地段是一片卑陋狭小的房屋，因此作为一个大型宅第应自和珅始。持这种看法的人最为普遍。但即使都认为是和珅时期始建的，由于没有确切的史料，便产生了和珅建宅第时期为乾隆四十一年（1776 年）、四十四年至五十一年（1779—1786 年）间等多种推断。

周汝昌先生认为和珅宅之前是“曹家”，并断定恭王府及其花园是《红楼梦》的“环境素材”，即曹雪芹是以恭王府为背景著述了《红楼梦》。

明确提出恭王府在“和珅宅之前是李侍尧宅”，其根据是：乾隆四十五年（1780 年）五月二十日，乾隆帝最小的女儿和孝公主与和珅之子订婚。此时，大臣李侍尧获罪抄家，六月二十一日，乾隆帝便下旨“所有李侍尧入官中一所房屋着赏给和珅作为十公主府第”。如果此记载无误，和珅宅之前就不可能是“曹家”了。

在文献中关于“和珅宅”的记载不少。如《仁宗睿皇帝实录》嘉庆四年（1799 年）四月：“和珅之宅已赏给亲郡王永璘居住”。又如《仁宗睿皇帝实录》嘉庆二十五年

（1820年）五月："庆亲王永璘府，本为和珅旧宅"。再如《清史稿》卷二百二十一："三月，和珅诛，没其宅赐永璘"。因此，在府邸变迁中"和珅宅"应是客观存在的事实。

关于庆郡王府与和孝公主府"一府两用"问题，有"一府两用"且不曾有"一府两用"及未加可否等多种看法。曾在清朝嘉庆、道光时期做过京官的姚元之（1776—1852年）在《竹叶亭杂记》中写道："和珅查抄议罪后，分其府第半为和孝公主府，半为庆亲王府"。与姚元之几乎同时代的梁章讵（1775—1849年）在《归田琐记》也记载"和珅之败余适在京师……又分和珅之第半为和孝公主府……半为庆亲王府"。这个看法至今仍为不少学者采用。姚梁二人都生活在清朝乾隆、嘉庆、道光时期，其著述被认为有可信之理。

否定"一府两用"是以官方档案为重要根据。如嘉庆四年（1799年）四月十九日总管内务府大臣缊布上奏折："所有赏赐公主珠宝器皿，并公主府物件均于本月二十日运完，拟于二十一日吉期公主出府，谨次奏。"嘉庆帝的批示是"知道了，着缊布管理公主家务事"。据奏折和皇帝的批文，公主拟于"二十一日吉期出府"，此观点的历史根据是十分清楚的。但也有学者提出：庆亲王永璘直到嘉庆二十五年（1820年）三月十一日逝世前才恩封为亲王，将相当亲王府等级的和孝公主从公主府迁出，而让郡王入住，似乎与王府规制不符。另外，公主出府后究竟入住何处，官方档案和文人笔记没有任何记载，也值得进一步探讨。

恭王府的历史沿革是一个严肃的学术研究课题，本书不可能予以更多的探讨。以上概述各种观点，是因为考虑到府邸历史沿革的变迁会带来其建筑规制的重要变化，可以为此次府邸修缮工程提供更多的历史信息。如清朝文档记载的恭亲王奕䜣分府的过程，就显示了恭王府建筑的一些变化情况：

道光三十年（1850年）十一月，内务府"遵旨查得辅国将军奕劻现居三转桥，府第原系庆僖亲王旧居之府，共房五百八十一间……前曾绘图呈览，业蒙恩准，赏给恭亲王奕䜣居住。"[①] 经内务府派员踏勘，并上奏"三转桥府第，楼房五十四间拟揭瓦，夹龙殿宇房四百七十九间内拟改瓦绿色琉璃瓦十八间，补盖拆盖拨正揭瓦夹龙四百六十一间。其余垂花门门罩，以及游廊、平台等项房间，均拟揭瓦拆修，并各座内里装修，以至灰棚、墙垣、影壁、丹陛、月台、石座、甬路、海墁等项，一律修砌挑换见新，按例共估需工料银六万八千五百六十三两七钱四分。"[②]

二、权相和珅与恭亲王奕䜣

为了更好地展示恭王府的历史，本章记录了不同历史阶段，府邸形形色色的各位主人。

第一个聚焦点是大学士和珅。在这里，

①② 《清宫恭王府档案总汇·奕䜣秘档》（中国第一历史档案馆、文化部恭王府管理中心编）

还是先穿越时空回到现在的恭王府。2008年恭王府府邸修缮完成后，与花园一起对社会全面开放。走进王府，人声鼎沸，游人如织。节假日期间，每天有1万多人从全国各地慕名而来。据2016年8月统计，这一个月，有58万游客涌入这座6万平方米的王府。北京有那么多的著名历史文化景点，这些游客为什么会蜂拥至恭王府？究竟要来看什么？其实许多游客并不知晓恭亲王奕䜣，他们是通过电视剧看到了一个活灵活现的“和大人”，又知道了恭王府原来就是和珅宅。好奇心的驱使，必须亲自到和珅宅走走、到和珅“藏宝楼”看看。事实的确如此，因为和珅，极大地提升了恭王府的知名度；因为和珅，这里成了北京一个著名的旅游点。同时这也证明了一座建筑物的主人的地位，也是体现它重要性的最主要标志。

曾几何时，和珅在中国几乎家喻户晓，从知识分子到普通群众，一时成为谈论的热门话题。本来是一个应该很值得严肃思考和评论的历史名人和历史事件，变成了清朝历史上“戏说”的重要题材。因此必须将他放在当时的历史背景下进行全面的考察和论述，去伪存真，去粗取精。

和珅（1750—1799年），字致斋，钮祜禄氏，正红旗满洲人。长相俊美，天资聪颖。13岁考入咸安宫官学就读，18岁成为大学士英廉的孙女婿，20岁承袭三等轻车都尉，23岁任銮仪卫校尉，26岁擢御前侍卫，27岁升为军机大臣，此后任总管内务府大臣、镶黄旗副都统、国史馆副总裁、总管内务府三旗官兵事务，接连迁官授职，有清一朝实为罕见。从乾隆四十年至嘉庆四年（1775—1799年）的24年间，他担任军机大臣长达23年，以军机大臣又兼步军统领22年，以军机大臣、步军统领、又兼户部尚书长达15年之久，可见乾隆皇帝是多么宠幸和倚重他。和珅年富力强，精明能干，但权大、权重、专权擅政，结党营私，疯狂敛财，使他成为中国历史上声名狼藉的大贪官。嘉庆四年（1799年）正月初三乾隆帝病逝，初八和珅被捕下狱，仅仅过了10天即被嘉庆帝赐死，结束了他50年的人生。

和珅以后，恭王府最著名的主人当然是晚清历史上有重要影响力的恭亲王奕䜣。

奕䜣（1833—1898年），爱新觉罗氏，

和珅画像

道光帝第六子。道光帝驾崩后公启锦匣，建储匣中存有朱书“皇四子奕詝立为皇太子”“皇六子奕訢封为亲王”两道密旨。这一份“一匣两谕”的锦匣书名，充分证明了奕䜣在道光皇帝心中的重要地位。

奕䜣

溥伟

奕䜣历经清代道光、咸丰、同治、光绪四个朝代，成为位高权重的宗室亲王，并参与了晚清时期的重要事件和政治上的革新。

咸丰元年（1851 年），奕䜣被封为恭亲王，这是雍正朝代以后四位“世袭罔替”亲王之一。次年，咸丰皇帝即造访恭王府。咸丰三年（1853 年），奕䜣授军机大臣；咸丰四年（1854 年）授都统、宗人府右宗正等。咸丰十年（1860 年）七月，英法联军直逼京师，奕䜣临危受命担任议和大臣；九月，奕䜣分别与英法等国签订《北京条约》，不久后奕䜣任总管总理各国事务衙门大臣。

咸丰十一年（1861 年），咸丰皇帝去世，其子载淳继位，是为同治皇帝。九月三十日，两宫皇太后与奕䜣等人发动政变，废除了八大臣辅政体制，建立两宫太后垂帘听政。奕䜣为议政王兼领军机，成了真正的辅政大臣。这场政变史称“辛酉政变”。自此奕䜣总揽清朝内政外交，权势显赫。

奕䜣是中国近代历史上的改革家，他主政时期实行了一些顺应时代潮流、有利社会发展的改革措施，其新政的核心是洋务运动。

奕䜣政治生涯几起几落，宦海沉浮，一生五次起用，四度罢免，光绪十年至二十年（1884—1894 年）赋闲在家竟有十年之久。光绪二十四年（1898 年）四月初十，奕䜣病逝，终年 66 岁。其长孙溥伟袭封亲王，史称“小恭王”。次孙为著名国画家溥儒。

三、恭王府在清朝的重要地位

“一座恭王府，半部清朝史”，这是研究恭王府的著作中几乎都引用的一句经典。短短的十个字，把我们的思绪带回那风云变幻的历史时期中，去探寻这座王府的重要性、神秘性和特异性。

（一）恭王府见证了清朝由盛到衰的历史

公元 1644 年满清入关后，从清世祖福临登基开始，总共有十个皇帝在位。经历了“康乾盛世”，乾隆帝在位的最后二十年，正是清王朝由鼎盛走向衰落的转折点。恭王府跨越了乾隆、嘉庆、道光、咸丰、同治、光绪和宣统七个时期，见证了乾隆帝统治后半期至清朝覆亡的历史发展总趋势。一百多年来，从和珅大兴土木到小恭王溥伟将王府抵押给天主教会，大清王府的衰败其实是清王朝的一个缩影。因此对恭王府历史、人物、文化、建筑的分析和解剖，会对清史研究提供更深层次、更形象具体的依据。

（二）和珅、奕䜣在清朝政治生活中起了十分重要的作用

一座建筑物主人的地位和身份是体现它重要性的最主要标志。和珅在一二十年间，飞黄腾达，无与伦比。他历任的官职，真可谓纷繁复杂，难以计数。他官越做越大，兼职越来越多，集行政权、财权、兵权、文化权于一身，几乎高官做遍，荣耀无限。

恭亲王奕䜣是晚晴时期一位最为出色的政治家、改革家，他手握重权，参与了许多

溥儒

重大的历史事件，如“辛酉政变”“洋务运动”“同治中兴”等等。他一生虽然沉沉浮浮，大起大落，但在晚清的历史变迁中所发挥的作用是应予以正面肯定的。

（三）清朝的最高统治者曾多次驾临府邸

除了和珅和奕䜣外，这座府邸还有两位特殊身份的人物：和孝公主及庆王永璘。

和孝公主（1775—1823 年）系惇妃所生，是乾隆皇帝十个女儿中最小的一位，号称十公主，十三岁时被破格封为一般只有皇后之女才能受封的固伦公主。她性格刚毅，相貌类似其父，故倍受钟爱。乾隆帝曾说过：“你若为皇子，朕必立为储也。”公主六岁之时，即被乾隆帝许配给和珅之子丰绅殷德为妻，十五岁时举行了婚礼，成为了公主府的主人。道光三年逝世，终年四十九岁。

庆王永璘（1766—1820 年）乾隆皇帝第十七子，也是最小的儿子，乾隆五十四

年（1789年）十二月获封贝勒，嘉庆四年（1799年）正月初三封庆郡王。永璘性直厚，重友谊。不甚读书，喜欢音乐，爱好游嬉。他一生几乎没有担任什么官职，对权力毫无欲望。这位皇子能住进和珅宅还有一段趣闻：乾隆末年众皇子觊觎皇位，某日相聚，永璘笑言，我是没什么指望当皇帝的，只希望将来哪位兄长见怜我，把和珅的府第赐给我，我就很满足了。嘉庆二十五年（1820年）三月十一日恩封永璘为庆亲王；十三日永璘病逝，时年五十五岁。

由于这座府宅有了这几位权高位重或身份特殊的人物，曾经历了一段十分辉煌的时期。据史书记载，清朝的皇帝、皇后和皇太后因各种原因曾多次来到此府，如下文记载：

乾隆五十四年乙卯（1789年12月），“上幸和孝公主第”（《高宗实录》）。年迈的乾隆皇帝亲临和珅宅，是为了看望他的最小的女儿和孝公主的新居，她刚刚嫁给了和珅之子丰绅殷德。

嘉庆四年（1799年）正月，乾隆皇帝逝世，和珅被赐死，他的宅第被嘉庆皇帝赐与其同母弟庆郡王永璘。同年“冬十月壬寅上幸庆郡王永璘第”。（《仁宗实录》）

嘉庆二十五年（1820年）三月，“乙卯，庆郡王永璘有疾，上临视，晋封亲王”。（《清史稿·仁宗本记》）

咸丰二年（1852年），在恭亲王奕䜣入住王府几个月后，“八月戊戌，上奉皇太妃幸恭王府奕䜣第侍膳”。（《文宗实录》）

同治六年（1867年）二月十二日，“丙申，上奉慈安皇太后、慈禧皇太后幸恭亲王第，侍午膳”。（《穆宗实录》）

光绪二十四年（1898年）闰三月十二日、十三日和十八日，奕䜣病重之际，慈禧太后和光绪皇帝三次到恭王府亲临看视。四月十一日，奕䜣辞世，慈禧和光绪又驾临王府安排后事。（《翁同龢日记》）

（四）府邸曾悬挂有清朝皇帝皇后御赐或御书的匾额

王府悬挂皇帝或皇后御赐或御书的匾额，当然是彰显皇族的尊荣和府邸的荣耀，也是府邸重要性的一个标志。根据我们目前查到的文献资料，恭王府及其花园曾经悬挂有：

康熙皇帝御题“怡神所”匾额：“园内设席处敬悬仁庙（康熙）御书匾额曰怡神所”（奕䜣《萃锦吟·卷三》）。从奕䜣父子的诗文及学者的研究文章看，“怡神所”匾额至少在恭亲王奕䜣时期是悬挂在花园东路大戏楼的。还有“香远益清”匾额：“鉴园观荷处，室内恭悬仁庙御书额，曰‘香远益清’”（《萃锦吟·卷七》）。

道光皇帝御题“正谊书屋”匾额：“正谊书屋者，道光丙申，宣宗成皇帝御书所赐额也”（奕䜣《正谊书屋试帖诗存·卷一》），后悬挂于海淀“朗润园”内：“园之正室为堂五楹，额曰乐道，书屋曰正谊，皆宣宗成皇帝御书所赐也”（《乐道堂文抄·卷五》）。“乐道堂”匾额共三块：

第一块原匾。原悬挂于恭王府东路后进院落正室“乐道堂”，后移至奕䜣墓地。

第二块匾额。奕䜣把原悬挂在府邸“乐道堂”的匾额移至墓茔后，复制一块悬挂于府邸。

第三块匾额。悬挂于海淀“朗润园”正室，也是复制匾。此外，奕䜣自号“乐道主人”，自己的诗文集也以“乐道堂”为名称，可见御赐的“乐道堂”匾额在他心目中的重要地位。还有“履祥锡祜”匾额和“乐寿安身”匾额，此匾系道光二十九年（1849年）奕䜣成婚时父皇御赐的，原悬挂于庆宜堂内。

咸丰皇帝御题匾额最多，1862年咸丰皇帝驾临恭王府时，赏赐恭亲王至少三块匾额，其中最为重要的是悬挂于府邸东路前厅的“多福轩”和西路前厅的“葆光室”匾额，还有花园中路的“安善堂”匾额。1951年拍摄的“1949年西语系全班同学和老师合影”（《辅仁大学校史》）中，发现了悬挂于多福轩门上的匾额，虽然摄影师仅拍下匾额的下半部，但可明确判明是“多福轩”三个字。可见1951年此匾额还存在。此外在奕䜣海淀“朗润园”内还有“明道斋”等匾额。

据《翁同龢日记》记载：光绪十七年（1891年）十一月十八日，奕䜣六十岁生日之时“是日赏寿，太后赏匾对及它物五十抬，上赏匾对等二十抬”。第一历史档案馆所藏《军机处录副奏折》5360卷，光绪二十四年四月奕䜣遗折中有“并屡次蒙恩赏给御书匾额”等语。

第一历史档案馆所藏造办处活计档中，还记载有同治十一年（1872年）十一月十二日，恭亲王所做匾额的形式、尺寸、书写内容，如“双灯草线福寿大匾四面，各高二尺八寸，宽五尺二寸，二寸五分边在外”“双灯草线四字大匾一面，宽一丈一尺，高二尺八寸，三寸边在外”。仅在这份资料中，就可以看到计有福寿大匾十六面，四字大匾两面，挂屏十件。我们在1940年辅仁大学学刊上登载的多福轩照片中，看到了其室内四壁上就挂有十余面福寿大匾，证实了恭王府所藏匾额之多，纠正了某些著作中所说多福轩“原来墙上满布福字”（文安主编《大清王府》第225页）、“墙上挂满各体福字”（京梅《如梦如烟恭王府》第16页）的误传。

在这里我们需要强调的是，本书叙述了这么多匾额，不仅为了说明恭王府的重要性，也是我们在府邸修缮保护中应该特别需要保留下来的历史信息和记忆，借此为今后恭王府古建筑殿堂悬挂匾额提供历史资料。

第二节　北京清代王府现状

清代分封诸王“不锡土、不就国”，于是王府集中在京城便成为了清代分封制的一个显著特点，并造就了中国建筑史上一个特殊建筑群体。

清王朝入关以后，究竟在北京建立了多少王府一直是学术界关注的问题。尽管清代文献史料、文人著作及现在一些研究王府的文章中有所涉及，但很难得出一个比较被认可的结论。1959 年，北京市文物局进行文物古迹普查时，所列王府有 55 处，此数据可供参考。近年文化部恭王府管理中心（以下简称恭王府管理中心）的学者在其著作中较详细地列出了清代在北京建有的宗室亲王、郡王府第 47 座（不包括公主府）。恭王府及其他一些王府的现状如何呢？

一、恭王府现状

本书所谓恭王府现状的时空概念为：时限是 1949—2002 年，空间为府邸与花园，并以府邸为主。本节不对现存状态的基础材料进行全面的辨析和梳理，只做宏观的说明，府邸各院落具体现状将在“第三章恭王府府邸修缮纪实”中详述。

1949 年以后，恭王府的用途和使用者可谓纷繁复杂，学院、机关、工厂、幼儿园、住户等相继集结在府邸与花园有限的空间之内，各取所需；1952 年，辅仁大学

辅仁大学时期神殿老照片

并入北京师范大学，恭王府成了师大女院。1956年，在这里成立北京艺术师范学院；1961年，又与北京艺术学院合并称为北京艺术学院；1964年，北京艺术学院被拆解成立了中国音乐学院。“文化大革命”期间，北京冷风机厂（又有北京空调器厂等名称）、公安部宿舍、国管局幼儿园相继进入；1980年，中国艺术研究院在此建立；1987年，文化部恭王府管理处成立；2003年，文化部决定并经国家编制委员会批准，成立了恭王府管理中心；2017年7月，正式更名为文化部恭王府博物馆；2018年12月再更名为文化和旅游部恭王府博物馆；1982年2月，恭王府及花园被国务院列为第二批全国重点文物保护单位，随后即开始恭王府搬迁工作和花园的修复工程；1988年，恭王府花园对外开放，供参观游览；2008年，府邸修缮完成对社会全面开放。

2005年开始的保护修缮工程前，府邸中、东、西三路总体格局仍健在，嘉乐堂、多福轩、乐道堂、葆光室、锡晋斋、后罩楼等院的殿堂及一些附属建筑仍然被保存，花园保存情况良好。但由于历史原因和现实需要，恭王府建筑及环境有不少被破坏和损毁，问题主要集中于府邸部分。如宫门前部新建的习称“小白楼”的多层办公楼及一些平房，破坏了原有格局和规制，与文物建筑原有环境极不协调。恭王府最为重要的中路礼仪性建筑主殿及东西配殿于1920年3月遭遇火灾焚毁。此外，中路倒座房、东路和西路南侧的倒座房和阿斯门等建筑也被毁坏。多福轩北面原有乐道堂院的入口垂花门建筑也毁损无存。

经过调查，除这些被损毁的建筑外，府邸区域的古建筑根据其保存形状，大体分为三个级别：一级为主体结构完好，仅装修需更换或补充，如葆光室、锡晋斋等，建筑面积为1000m^2，占总体的10%。二级为主体结构局部存在问题，如屋顶需揭瓦修缮、结构构件少量需部分更换，装修需更换、补充，建筑面积为6146m^2，占总体的65.5%。三级为残损严重，主体结构存在较大问题，如屋顶需揭开、结构构件需修补或更换，装修需更换、补充，建筑面积为2243m^2，占总体的24.5%。此外，府邸东侧的府墙破坏较为严重，王府内外环境还存在一些问题，急需进行整治。

谷长江（左一）等参观考察郑王府

二、其他王府现状

2003年8月，恭王府北京清代王府考察组对北京地区的9座清代王府进行了实地考察，这也是该组对北京清代王府的第一次较为系统的考察。此后几年，恭王府业务人员又相继考察了其他王府。在府邸保护修缮过程中，还与设计、施工管理单位重点考察了几座王府。

谷长江（右一）等参观考察睿亲王府

淳亲王府现状

孚郡王府现状

考察的王府包括清代六座“铁帽子王府”在内的12座，为亲王府、郡王府、贝勒府、公主府，其中：

郑亲王府：第一代郑亲王济尔哈朗。府址在西城大木仓，北京市文物保护单位。

礼亲王府：第一代礼亲王代善。府址在西安门外西黄城根，北京市文物保护单位。

睿亲王府：第一代睿亲王多尔衮。府址在东城南池子缎匹库胡同，康熙年间改为玛哈噶喇庙，乾隆年间改名普度寺。北京市文物保护单位。

克勤郡王府：第一代克勤郡王岳托。府址在新文化街，全国重点文物保护单位。

孚郡王府：原为怡亲王新府，道光皇帝第九子奕譓封为孚郡王后迁入此府。府址在朝内大街137号，全国重点文物保护单位。

醇亲王新府：醇亲王奕譞。府址在后海北岸，北京市文物保护单位。

庆亲王府：庆亲王奕劻。府址在定阜街3号，北京市文物保护单位。

以上均为清朝“世袭罔替”的“铁帽子王府”。

和敬公主府：固伦和敬公主，乾隆帝第三女，府址在张自忠路7号，北京市文物保护单位。

淳亲王府：淳亲王允祐，康熙帝第七子。府址在正义路北口，北京市文物保护单位。

宁郡王府：宁郡王弘晈，怡亲王允祥子。府址在北极阁，北京市文物保护单位。

涛贝勒府：原为愉郡王府，后醇亲王奕譞第七子载涛入住。府址在柳荫街，北京市文物保护单位。

洵贝勒府：洵贝勒载洵，奕譞第六子。府址在西单北大街110号，西城区文物保护单位。

此次考察发现，这些王府不少虽为全国或北京市文物保护单位，但现状却有很大差别。

第一类：现存一些建筑经过装饰，庄重大气。最典型的醇亲王府府邸中路建筑。睿亲王府旧府改的普度寺大殿也被修缮得焕然一新。郑亲王府、克勤郡王府、洵贝勒府，和敬公主府等都进行过不同程度的修缮，这些府邸目前都被一些单位使用。

第二类：一些古建筑曾进行过修缮或保存尚好，但整体环境被破坏。如孚郡王府和郑亲王府：孚郡王府庭园开阔，但被用作单位办公和居民住宅，存在安全隐患，整改难度较大。前几年北京市文物局曾召开新闻发布会，要求七家文物保护单位限期整改安全隐患，王府就占了两座，为孚郡王府、宁郡王府。郑王府也发生了很大变化。有学者将其称为“套种”的王府，何谓“套种”，由于当年府邸面积宽广，院落重重，空间较大，于是殿堂之间的空地一幢幢现代宿舍楼拔地而起，古建筑与现在的建筑相间而立，高低错落，犹如不同农作物套种。更令人叹息的是，曾被文人誉为京城最为著名的郑王府花园今已无遗迹可寻了，人们只能从1949年以前的老照片领略一下“引池叠石，饶有幽致”（清·钱泳《履园丛话》），“其园甚巨丽，奥如旷如，各尽其妙”（清·崇彝《道咸以来杂记》）的情景了。

郑亲王府垂花门现状

庆亲王府现状

第三类：环境差，保存不好。尤以庆亲王府为甚，府中住了很多居民，连别具特色的王府“绣楼”也成了家属宿舍。1971年2月4日晚，庆亲王府后园内能容纳300余人的戏楼不慎失火，1300m^2的戏楼被焚毁。

第四类：为一些重要机构使用，不具备开放的基础。

第三节　恭王府保护修缮的历史机遇

一、党和国家各级领导人及社会人士的高度重视和支持

党和国家领导人极为关注恭王府的保护修缮和对外开放工作，他们的过问不仅仅是作出指示，批阅文件，而是亲自抓落实。本书试图从千头万绪的事例中，以谷牧副总理的《谷牧回忆录》（中央文献出版社，2009年）为主线，参考相关文章，勾勒出一条明晰的线索。有时间节点、有重要会议、有文件报告、有众多人物，构成一个贯彻宗旨和运筹方略，实现目标的完整进程。

曹雪芹《红楼梦》中的大观园卓绝如谜，精巧似梦。50多年前，当学界有人考证恭王府及其花园与大观园的关系后，围绕“京华何处大观园”这场学术争论，开启了恭王府保护开放的契机。

1961年9月（也有回忆记载为1962年），周恩来总理邀请时任北京市副市长、红学家王昆仑和越剧《红楼梦》著名演员王文娟、徐玉兰等来恭王府参观考察。在园中，周总理曾提到：“此园是不是大观园不要轻率地肯定，也不要轻易否定，要将这个园子保护好，将来有条件时对社会开放。”

由于周总理的一席话，对于“恭王府是否是大观园”这一问题，从上到下，从学界到社会兴致浓浓。据记载，此后郭沫若、陈叔通、张奚若、李富春、李先念、杨尚昆、陈毅等领导和学者相继到恭王府参观考察。郭沫若考察时，还在粤剧名演员红线女的团扇上题诗一首：“一日清闲结雅游，百年余梦觅红楼。楼前尚有湘妃竹，扇上钱塘天外流。”（周汝昌等《芳园筑向帝城西》，漓江出版社，2007年）。

肯定与否定，争论归争论，但学者专家都希望在恭王府成立曹雪芹纪念馆。有此建议，历经沧桑的恭王府多年以来，成为文化界的一个关注点。

在谷牧年近90岁高龄时，语重心长地说：“恭王府不开放，我无法向周总理交代啊。恭王府不开放，我死不瞑目。”原来，1975年周总理在病重时，曾郑重委托给谷牧副总理三件文化方面的工作，其中一件就是恭王府的对外开放工作。

1980年7月19日，时任国务院副总理谷牧在视察恭王府时指出：“越看越觉得有修复的必要，现在一砖一瓦都不要再破坏了。”

1982年2月13日，谷牧同志在中南海听取了当时国家机关事务管理局、文化部、公安部、国家建委综合局、北京市政府、市建委等部门的负责同志关于修复恭王府、改建琉璃厂文化街工程进展情况的汇报。

1982年2月28日，恭王府及花园被国

务院列为第二批全国重点文物保护单位。

1983年11月8日，谷牧、胡启立等领导到恭王府视察，作出“在恭王府搬迁问题尚未解决之前，仍要不停顿地进行修复，要作整体规划设计”的重要指示。11月19日，在恭王府搬迁工作专题会议上，谷牧同志再次强调：“修复管理要继续工作下去，要将恭王府修复总体方案在年底搞出来，由国务院讨论后报中央批准，成为一个国家项目。”

1984年6月20日，恭王府管理处依据《中华人民共和国文物保护法》颁发了经谷牧同志批准的《全国重点文物保护单位恭王府保护管理细则》。8月29日，谷牧同志批示：“经国务院研究同意，我也同意，按此报告办。”自此，恭王府文物保护事业走上依法依规发展的道路。

1986年5月18日上午，谷牧同志再次视察恭王府。

1989年12月2日，中央政治局委员李瑞环视察恭王府，就有关工作做了专门的调查和了解。

1995年4月22日，谷牧同志再次来恭王府了解情况。

1996年5月27日，中央政治局委员李铁映在恭王府就修复搬迁工作发表重要意见。

1999年、2000年，李岚清副总理曾两次来恭王府视察。

2001年3月18日，谷牧同志在北京市副市长汪光焘同志的陪同下，到恭王府花园视察。

2003年11月5日，谷牧、李岚清同志到恭王府了解恭王府修复和开放工作。

作为上级主管单位的中华人民共和国文化部，在恭王府的搬迁、开放中做了大量的工作。如1982年3月24日，文化部副部长仲秋元签发了向谷牧呈报的《关于恭王府修复工程的请示报告》。1982年4月文化部总务司下属文化部修建队进驻恭王府，在专家组的指导下，开始进行恭王府花园的修缮工程。修建队进驻恭王府后，立即开始对恭王府情况进行初步调查，并形成了《关于恭王府工作调查报告》。1983年12月6日，文化部在恭王府召开了恭王府修复工作座谈会。1984年3月，文化部财务司形成了《关于恭王府修复规划总体方案的请示报告》，并呈报国务院。1985年7月31日下午，中共中央委员、文化部部长朱穆之和部党组成员仲秋元视察了恭王府的修复工程。2003年，恭王府面临着府邸修复和全面开放的重任，此时恭王府管理中心成立。上述党和国家领导人来恭王府视察、研究有关王府工作时，文化部领导或陪同或参与，本书就不一一列举了。

北京市党政机关也极为关注并参与恭王府搬迁开放的许多具体事项。如2002年11月26日，文化部恭王府管理处专门给刘敬民副市长写信，信中感谢北京市人民政府长期以来对恭王府全面开放工作给予的大力支持。2003年3月，在关于恭王府腾退涉及的相关问题的情况报告中，提到按照张茅副市长的指示，北京市规划委员会召集文化部、公安部、市教委、市计委、市财政局、市文物局、市国土房管局、东城区、西城区、朝阳区和昌平区政府、中国文联、中国音乐学院及附属中学、恭王府管理处等单位研究恭王府腾退的具体落实问题。

恭王府的开放问题也得到社会各界的关心支持，涉及方方面面，这里仅举几份呼吁书和相关提案。1980 年 6 月，全国政协文化组的王昆仑、单士元、朱家溍等委员视察恭王府后，联名向中共中央书记处、全国人大常委会及国务院递交了呼吁保护恭王府的呼吁书。1990 年 3 月，全国政协七届三次会议上，钱伟长等 24 位委员提交了《关于恭王府应加强管理，加快修复开放，占用单位必须尽早迁出》的提案。1990 年 5 月 11 日，中国文物学会、北京市政协城建委员会、北京市文物保护协会呈交了关于迅速腾退恭王府和加强管理工作的呼吁书。1997 年 2 月，在全国政协八届五次会议上，郑芳龙等委员提交了《关于解决恭王府问题的建议书》的提案。1998 年全国政协九届一次会议上，张德勤等 25 位委员提交了《为恭王府全面开放，彻底解决外来户搬迁问题》的提案。

二、腾退搬迁的艰难历程

恭王府能否修缮、开放，占住府中各单位和住户的腾退搬迁工作是关键。由于长期积累下来的诸多问题和困难，关系复杂，矛盾交叉。因此，本书将恭王府腾退搬迁的内容列出一个专题，集中叙述。

关于恭王府搬迁腾退的工作，早已成为必须完成的硬指标，但未曾料到的是整个过程非常曲折复杂。谷牧同志为此曾感叹:“革命战争年代的枪林弹雨，改革开放年代那么多的困难都度过来了，唯独完成周总理遗愿开放恭王府这件事情，办得很艰辛。”的确如此，这一任务的完成走过了近 30 年的漫漫历程，期间有许多方面可以进行总结。

第一，各级领导高度重视，协调监督，制订计划。

20 世纪 80 年代伊始，拉开了恭王府腾退搬迁的序幕：

1980 年 7 月，谷牧同志视察恭王府，看到冷风机厂对戏楼造成的破坏后指出：不管恭王府将来开放不开放，戏楼里的人都要搬出去。

1980 年，文化部向中央呈报了中国艺术研究院、中国音乐学院新址建设方案。此后几届文化部的领导也向中央承诺尽快完成恭王府府邸搬迁工作。

1981 年 9 月 29 日，谷牧同志主持召开了占用恭王府单位和居民搬迁工作会议。同年 12 月 7 日，国务院事务管理局向谷牧呈报《关于恭王府住户搬迁情况的报告》，提出了房屋的产权、文化部负责接收和管理及相关单位的责任等问题，谷牧同志批示“同意”。

1982 年 2 月 13 日下午，谷牧同志在中南海听取恭王府腾退搬迁和修复工程的汇报，谈到了恭王府的重要性，并强调了文化部负责修复、管理和使用的“军令状”。

1982 年，在谷牧同志的直接领导下，成立了由国管局牵头，当时的国家计委、国家建委、财政部、公安部、文化部、国家宗教局等部委和北京市政府联合组成的“恭王府搬迁修复委员会”。

1982 年 12 月 20 日，国务院副秘书长袁晋修召开专题会议，讨论解决天主教爱国会搬迁腾退及开办神哲学院的办公和教学用房问题。会后，时任国务委员、国务院秘书长罗干决定拨款支持天主教搬迁腾退工作。

1983 年 9 月，时任北京市委书记段君毅视察恭王府后，严肃指出“修复恭王府是中央定下来的事，占用单位不要存在幻想”。

1983 年 11 月 19 日，在恭王府搬迁工作专题会议上，谷牧同志提出了当前的主要任务是：由北京市牵头，文化部参加，抓搬迁和确定修复方案，制订了腾退三阶段的时间。

1986 年 5 月 18 日，谷牧同志再次来到恭王府视察并召开会议并商定：公安部住户本年内全部迁出。红楼梦研究所和文化艺术出版社也要全部腾退。

时光易逝，十年匆匆过去，恭王府的腾退搬迁又开始了新的征程：

1990 年 5 月 11 日，北京市政协城建委员会、北京市文物保护协会向中央递交了关于迅速腾退恭王府和加强管理工作的呼吁书，李铁映同志批示：“请所属单位从大局出发，积极给予支持。”

1995 年 4 月 22 日，谷牧同志再次来恭王府视察。看到当时还只有花园对社会开放，非常震惊：“距上一次来 9 年了，我以为早就搬完了。”

1996 年，文化部再次拨付给府邸居民搬迁的 50 套房全部到位，并多次下文催办搬迁事务。

1998 年 8 月，恭王府花园开放十周年，谷牧同志再次到恭王府视察，听取恭王府腾退搬迁工作情况汇报。

1999 年春节期间，时任中央政治局常委、国务院副总理李岚清视察恭王府，解决了中国艺术研究院新址建设的问题。

又走过了 10 年，新、老领导和各方人士仍牵挂着恭王府的搬迁进展，期盼着恭王府对社会全面开放。

2000 年，李岚清及国家发改委、财政部领导到恭王府府邸现场办公，听取中国艺术研究院新址建设工程进展情况。将新址建设经费增加到 1.16 亿元。

2001 年 3 月 18 日，谷牧同志由时任北京市副市长汪光焘陪同，再次到恭王府视察。他十分关心遗留的搬迁和恭王府违章建筑拆除的工作。

2002 年 9 月 28 日，李岚清同志要求文化部向中央汇报恭王府腾退情况和使用方

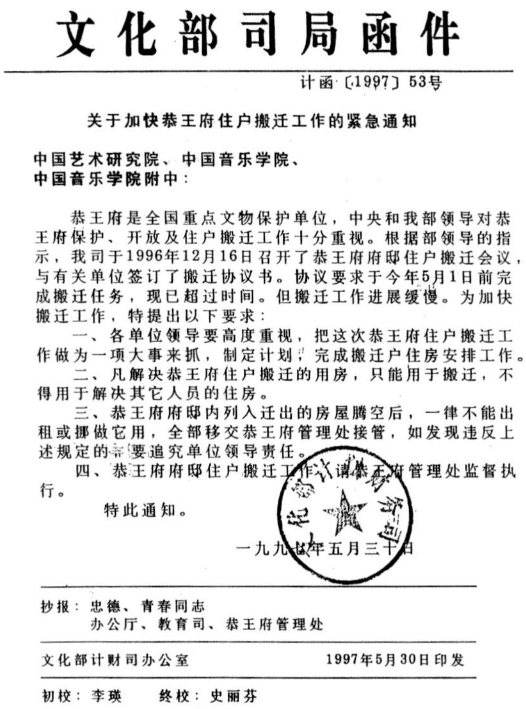

文化部司局函件

计函〔1997〕53号

关于加快恭王府住户搬迁工作的紧急通知

中国艺术研究院、中国音乐学院、
中国音乐学院附中：

恭王府是全国重点文物保护单位，中央和我部领导对恭王府保护、开放及住户搬迁工作十分重视。根据部领导的指示，我司于1996年12月16日召开了恭王府府邸住户搬迁会议，与有关单位签订了搬迁协议书。协议要求于今年5月1日前完成搬迁任务，现已超过时间。但搬迁工作进展缓慢。为加快搬迁工作，特提出以下要求：

一、各单位领导要高度重视，把这次恭王府住户搬迁工作做为一项大事来抓，制定计划，完成搬迁户住房安排工作。

二、凡解决恭王府住户搬迁的用房，只能用于搬迁，不得用于解决其它人员的住房。

三、恭王府府邸内列入迁出的房屋腾空后，一律不能出租或挪做它用，全部移交恭王府管理处接管，如发现违反上述规定的，要追究单位领导责任。

四、恭王府府邸住户搬迁工作，请恭王府管理处监督执行。

特此通知。

一九九七年五月三十日

抄报：忠德、青春同志
办公厅、教育司、恭王府管理处

文化部计财司办公室　　1997年5月30日印发

初校：李瑛　　终校：史丽芬

搬迁文件

向，并指示召开文化部、公安部、国管局、北京市政府等部委参加的会议，督办文化部限期2002年底完成恭王府腾退工作。

2003年11月5日，恭王府搬迁工作基本完成之际，李岚清和谷牧再次来到恭王府视察。李岚清说："谷牧同志受周总理委托，我是受谷牧同志的委托，抓了5年恭王府的工作。"

第二，艰难和漫长的腾退过程纪实。

1983年，国管局幼儿园从恭王府花园西路搬出。

1984年，冷风机厂完成腾退搬迁工作，这是唯一没有国家财政投入、北京市用自有资金完成搬迁工作的单位，而且腾退工作较为顺利。

腾退挂牌仪式

腾退交接前照片

1986年，原在花园公安部宿舍的44户居民有38户迁出。

1989年，中国音乐学院搬出恭王府，但留下的音乐学院附中成为新的搬迁单位。

2001年底，天主教爱国会主动腾退了花园内澄怀撷秀殿堂。

2002年，府邸居民搬迁工作基本结束，中国艺术研究院搬迁，但留下了研究生部。

2002年底，文化部如期完成了恭王府内单位和居民的搬迁工作。

2006年，北京市投资几亿元，恭王府府邸的最后一家单位中国音乐学院附中腾退。公安部宿舍中最后的6户居民，也离开了恭王府。至此，历时近26年的腾退工作，终于画上了句号。

第三，充分认识王府腾退的难度和复杂性。

恭王府腾退的经历充分说明了王府腾退是一个繁重艰巨的任务。具有极强的政策性，还有财政资金、各方协调及利益诉求等诸多问题。通过恭王府的腾退工作，可以看到：

首先，党和国家领导人的使命感和认真负责是完成恭王府腾退的关键。写完恭王府腾退的年代序列后，心情难以平静，感动、感激和沉思，要学习什么呢？是一种精神！在拥有权力之时，要有对历史负责，对人民负责，对子孙后代负责的传承精神。

其次，明确的政策规定和责任分工是顺利完成腾退的基础。如1981年12月7日，国管局向谷牧呈报的《关于恭王府住户搬迁情况的报告》中写道："鉴于恭王府的单位和住户将陆续搬出，为做好腾出房屋的交接工作，特提出以下意见：第一，恭王府内腾出房屋，无论原产权属于哪个单位，均移交恭王府，建议由文化部负责接收和管理。今后恭王府的保护、管理、修复工作，亦由文化部负责安排。第二，恭王府内的单位和住户，按隶属关系，由其所在单位及上级单位负责动员搬迁和妥善安置。搬迁后的遗留问题和房屋产权等问题，由其所属上级单位负责处理。”此报告明确提出了产权处理、搬迁责任、管理使用等方面的工作。为恭王府腾退打下了良好的基础。

最后，财政支持、各方协作、服从大局是完成腾退任务的保证。本书中不可能详细列出腾退背后的一切。仅从简单的时间轴中，就可以看到从中央到地方，许多部委在工作、在协调，同时也付出了大量的财力、人力和物力。

恭王府的腾退搬迁工作始于改革开放初期，是艰辛，是幸运，更是机遇！

挂牌仪式（一）

挂牌仪式（二）

第二章

全力营造古建筑修缮的精品工程

十年来一直引起国家重视、社会大众关注的恭王府，它的保护修缮工程已然成为一个严肃的时代课题。因此必须有目标、有方向、有规划、有措施，全力打造古建修缮的精品工程，以体现时代要求，顺应时代潮流。

第一节 精心管理

恭王府府邸古建修缮工程必须以创新的理念为指导，协同推进，在形式和内容上，构建一套完整的科学管理系统，对工程进行全面有效的管理。

一、统筹谋划，加强科学管理

决策谋划是工程管理的核心，为做到统一决策、科学管理，恭王府管理中心决定为此次修缮工程成立专门的管理机构，并在此基础上，引入资金咨询公司和工程监理管理公司为府邸修缮工程服务。

（一）成立府邸修缮工作的管理机构

2004 年 4 月 6 日，经恭王府管理中心研究并报文化部批准，成立了“文化部恭王府管理中心府邸古建修缮办公室”（以下简称“府邸修缮办”）。

1. 府邸修缮办成员

主任：谷长江（恭王府管理中心主任）

副主任：李铬钢（恭王府管理中心副主任）

成员：吴杰（党支部书记，负责纪检监察）

朱秋凤（财务处副处长）

李中国（古建修缮部副处长）

陈光（展览宣教部处长）

马如连（保卫处处长）

丁卫民（后勤服务部处长）

张壮（后勤服务部副处长）

胡一红（秘书、古建修缮部副研究员）

罗巨厥（法律顾问）

文化部监察局李秀珍处长代表部监察局参与工程监督工作。

2004 年 6 月，增补王琮（财务处副处长）为府邸修缮办成员负责府邸修缮工程财务工作。

2005 年 9 月，孙旭光任恭王府管理中心副主任，增补为府邸修缮办副主任。

2006 年 12 月 15 日，为了进一步加强对恭王府府邸文物保护修缮工程的领导和管理，根据单位班子建设的实际情况和工程进展情况，恭王府管理中心领导决定及时调整和充实府邸修缮办领导层，于 2006 年 12 月 26 日上报文化部批准。成员及其分工调整如下：

主任：谷长江

常务副主任：李铬钢

副主任：孙旭光（恭王府管理中心副主任，工程协调）

副主任：吴杰（恭王府管理中心党委副书记，纪委书记）

副主任：边伟（恭王府管理中心副主任，工程财务）

成员：丁卫民、马如连、孙其刚、朱秋凤、王琮、张壮、胡一红（秘书兼主任秘书）、李秀珍（部监察局）、罗巨厥（中心法律顾问）。

丁卫民（左一）

工程办事机构设在古建修缮部。

2006 年底，设立综合经济管理办公室（以下简称综办），王琮任主任。2007 年 7 月 2 日中心领导会议决定：吴杰兼任古建修缮部主任，增补专职纪检员王春林为府邸修缮办成员，负责修缮工程纪检监察工作，参加府邸修缮办会议和府邸修缮办主任会议。

2. 以府邸修缮办为核心，充分发挥各职能部门的作用

在修缮工程中，谷长江作为府邸修缮办主任负责全面工作，李铬钢分管古建修缮部和后勤部，孙旭光分管展览部和文管部，吴杰分管保卫处。2007 年 7 月，修缮工程进入关键时期，为加强古建修缮部力量，由吴杰兼任古建修缮部主任，分管施工。边伟分管工程资金、财务和综办。

府邸修缮办成立之时，优化选择了承担工程项目最多的部门的中层干部作为府邸修缮办成员，将古建、后勤、展览、安防、财务、纪检等纳入其中，形成了一个优秀的团队。修缮工程按照“先地下、后地上”的原则进行施工。各部门在府邸修缮办领导的带领下，分工合作，充分发挥着各自的优势和作用。

首先进行的是由后勤部丁卫民、张壮负责的府邸热力、地下管网等市政工程。地下管网等市政工程总承包单位为北京市市政四建设工程有限责任公司。为了保护文物，市政工程中采用了顶管施工和综合管廊暗挖等技术。热力配套工程由北京市城建三公司承担施工。

地上古建修缮工程由古建修缮部负责。府邸修缮办和古建修缮部的全体成员就府邸古建施工的具体工作进行了合理安排和分工，尤其注重将工程中的文物保护放在首位。北京房修一建筑工程有限公司（以下简称房修一公司）作为工程施工总承包方，承担了府邸古建修缮工程。

府邸修缮的安防、消防、避雷等工程由保卫处负责。同方股份有限公司是府邸安防工程施工分包单位；北京华安北海消防有限公司负责府邸消防工程分包；北京政华建业建筑工程有限公司负责消防水池分包施工；北京火炬中光有限公司负责设备防雷分包施工。对安防、消防、灯光、空调配电实现了古建筑群的高度自动化集中智能控制。

锡晋斋的楠木隔扇拆卸、修复、归位安装，多福轩室内陈设和装饰由文管部负责，阅甫斋公司承担工程实施。

工程资金的管理由财务处、综办负责。

展览和与展览相关的宣传教育等工作由展览宣教部负责。

3. 府邸修缮办的职责和作用

府邸修缮办是专事负责府邸修缮工程的组织管理机构，主管工程的全面启动和实施，承担研究和解决修缮工程中各类问题和突发情况。

修缮办在方案设计、措施实施、工程计划落实、质量监督、进度把控、材料和设施采购、合理使用资金等方面发挥了关键作用。修缮办认真做好招标投标工作，选择最优秀的设计、监理、管理和施工单位；认真进行现场勘察和分析研究，召开多种会议，虚心听取专家意见和建议，及时解决工程中出现的各种问题；有关事项均按程序逐层上报国家文物局、北京市文物局、文化部、财政部、北京市人民政府等部门。府邸修缮办机构的设置为其他王府修缮工程创造了建设方监管的优秀范例。

（二）聘请相关单位参与修缮工程的管理

1. 聘请法律顾问

聘请中心法律顾问罗巨厥参与府邸修缮工程。对工程的合同、协议等文件进行审核、修改，并参加与工程相关的合同谈判等工作。

2. 委托北京华盛中天咨询有限公司（以下简称华盛中天公司）对修缮资金进行管理。

2004 年 4 月 6 日，府邸修缮办决定委托华盛中天公司为工程进行全程资金咨询服务。要求该公司协助恭王府做好向财政部申请专项维修经费申请文件的编制工作，对财政部划拨的第一笔 3000 万修缮工程资金，按照财政部绩效考评的原则进行全过程管理，保证修缮工程专项资金的合理使用。决定上报文化部后得到了部计财司的批准。

阅甫斋公司员工在锡晋斋施工

华盛中天公司，具备国家工程咨询甲级资质、政府采购代理机构甲级资格，是一家为国民经济和社会发展相关领域提供专业化咨询服务的综合性咨询公司，并具有较强的资金咨询管理经验。华盛中天为中国工程咨询协会（CNAEC）理事单位、国际咨询工程师联合会（FIDIC）会员单位、中国设备监理协会（CAPEC）常务理事单位。与政府部门和企事业单位建立了密切的业务往来和重大项目管理方面的深度合作。2012 年，在工程咨询领域荣获“金典奖——全国工程咨询服务客户满意最佳典范品牌”，2014 年被评为“中国设备监理协会优秀会员”。

华盛中天公司非常重视恭王府府邸保护修缮项目，委派了实力较强的管理团队参与工作。他们立足于整体工程建设、管理的要求，按照国家专项资金管理的有关规定，对恭王府府邸修缮工程项目从资金落实、实际支出及财务信息质量等方面进行专项资金全过程管理。对涉及本工程的各类咨询和施工合同及资金执行情况进行审核，以保证专项资金的使用效益。协助恭王府管理中心对恭王府府邸文物保护修缮工程的资金使用范围是否符合要求提供政策咨询意见。对设计、项目管理、监理等工作内容增加、工期延长导致增加的费用提出专项资金管理方面的咨询意见，按照财政部绩效考评相关规定与要求，进行过程监督，保证了专项资金管理的规范性和有效性，以及资金的使用效益。

3. 委托北京中天华盛工程造价咨询有限责任公司（以下简称“中天华盛公司”，现更名为“北京太和华典工程咨询有限公司”）对恭王府府邸修缮项目进行全过程工程造价管理咨询服务

2005 年，府邸修缮办委托中天华盛公司为本工程提供工程量清单、招标控制价编制及工程竣工结算审核等两项工程造价咨询业务。2006 年，由于工程实施过程中古建修缮工程变更不断增加，为了加强资金管理，做到及时控制资金支出，中天华盛公司的工程造价咨询服务从结算审核扩展为全过程造价管理咨询管理，将工程造价审核工作前移至工程实施过程当中，从工程进度款的支付、设备和材料的价格确认、变更洽商的分析及审核等全方位对整个工程造价进行管理。

中天华盛公司是具有独立法人资格的综合性咨询机构，具备工程造价咨询甲级资质、工程招标代理乙级资质，并通过了 ISO 9001 质量管理体系认证。同时，该公司是中国财政学会绩效管理研究专业委员会等多个行业协会理事和会员。

中天华盛公司非常重视恭王府府邸保护修缮项目，派公司总经理、技术负责人杨春梅作为该项目负责人，对该项目进行全过程造价管理，保证了该项目工程造价的准确性、合理性和完整性。

4. 委托北京国金管理咨询有限公司（以下简称“国金公司”）对工程进行管理

为保证府邸修缮工程有序进行，府邸修缮办决定委托管理公司对项目进行全程管理。先后与国金公司等多家公司进行沟通。了解公司资质及派出人员，考察公司总部及其承担的管理项目。2004 年 7 月，在对各公司提交的管理内容及最终报价进行充分研究后，府邸修缮办成员采取无记名投票方式，确定由国金公司承担府邸文物保护修缮项目的管理工作。中心法律顾问及华盛中天公司参与了全过程审核，并上报文化部批准备案。2004 年 7 月 19 日，举行“恭王府府邸文物保护修缮工程建设项目管理服务委托合同”签字仪式。

国金公司是国内率先从事建设项目全过程管理的企业之一，具有中国工程咨询甲级资质、中国工程监理甲级资质、工程招标代理机构甲级资质、政府采购代理机构甲级资质，并在国内首家通过建筑工程全过程管理（含监理）的质量、环保、安全和职业健康的综合管理体系认证。国金公司在国内成功借鉴和推广了国际上成熟先进的建设项目

管理模式与方法，已形成成熟和专业化的项目管理体系。成功完成了如北京国际金融大厦、中国国家博物馆改扩建工程等重点工程的项目管理和监理业务。

几年来，国金公司负责组织工程招标，保障工程安全，精心组织、加强管理，如期完成任务，达到优良工程标准，较好地形成了完整的资料汇总，圆满完成了合同约定的任务。

5. 委托国金公司对工程质量进行监理

为对工程质量进行监督，选择监理公司是关键所在。由于恭王府府邸文物保护修缮工程属于中央财政拨款的文物古建修缮项目，根据国务院办公厅文件政府集中采购目录第三项服务类的规定，2005 年 8 月，恭王府管理中心委托中央国家机关政府采购中心对恭王府府邸文物保护修缮工程的施工监理服务进行了集中采购。中央国家机关政府采购中心按照相关法律法规，于当年 9 月初完成了恭王府府邸文物保护修缮工程施工监理的公开招标工作，具有中国工程监理甲级资质的国金公司中标。恭王府管理中心于 2005 年 10 月 8 日与该公司签订了恭王府府邸文物保护修缮工程施工监理委托合同，要求其对府邸修缮工程的质量进行全面监督，严把质量关，力争在 2008 年完成修缮工程。

国金公司为了保证高质量地完成修缮工程，他们遵照恭王府“先地下，后地上”的原则，“由北向南，由东向西”推进的要求，科学组织施工。在修缮工程中严格执行《中华人民共和国建筑法》《中华人民共和国合同法》《建筑工程质量管理条例》《中华人民共和国文物保护法》等相关法规，认真落实工程建设标准、施工许可和开工报告制度，认真落实修缮工程质量责任制，将责任制落实到参与修缮工程的 28 家施工企业和单位，并形成完整工程质量责任保证体系。为了实现修缮工程达到优良质量，国金公司定期根据设计、施工方案，协助恭王府组织召开有设计、施工单位参加工程建设协调会和质量分析会，对管理中发现的质量问题及时解决。认真落实和执行总承包负责制，按照府邸修缮办廉政管理要求，规范管理公司在工程管理和监理工作中的履责行为。

2008 年 12 月 9 日，修缮工程通过验收标志着恭王府府邸文物保护修缮工程全面竣工。12 月 29 日，国金公司协助恭王府管理中心向北京市文物局文物工程质量监督站完成备案手续。2009 年 11 月，修缮工程被北京市装饰协会评为“2009 年度北京市古建装饰优质工程”，并申报国家级优质工程。

二、遵纪守法，完善制度管理

（一）制订完善规章制度

府邸修缮办以制度规范行为。自 2004 年开始，府邸修缮办先后制订了《恭王府管理中心府邸古建修缮办公室工作运行规则》《恭王府府邸古建修缮办公室例会制度》《恭王府文物保护修缮工程招标投标管理办法的暂行规定》等一系列规章制度。

2006 年 12 月 20 日，为了加强修缮工程的领导和提高文物保护修缮工程的科学性，增进决策工作的制度化、民主化、程序化，府邸修缮办对《恭王府管理中心府邸古建修缮办公室工作运行规则》重新进行了修订，更名为《文化部恭王府管理中心恭王府府邸文物保护修缮工程办公室工作运行规则》(以下简称《工作规则》)。

2006年12月，为充分发挥各业务部门的职能作用，为使分工更加明确、责任落实到位，府邸修缮办主任会议决定对《恭王府府邸古建修缮办公室例会制度》进行补充完善，更名为《关于进一步健全〈恭王府文物保护修缮工程〉办公室议事制度有关问题的暂行规定》。其中议事制度，分为府邸修缮办全体会议、府邸修缮办主任会议、府邸修缮办办公会议。

府邸修缮办全体会议。由府邸修缮办全体成员组成，原则上每周召开一次。主要职责：审议全年修缮工程计划，立项、预算决算和追加资金、审计、招标投标等事项。通过有关规章制度，听取每月修缮工程进度及设计、管理、监理、施工等单位的专题汇报，验收完成立项的修缮工程，并进行综合考评。

府邸修缮办主任会议。由府邸修缮办主任、常务副主任和副主任组成。主要职责：研究制订工程建设的有关规定，审定工程立项可行性、招标工作、预决算和追加投资、施工中变更事项、增加投资等。提出具体工程的承办部门和任免府邸修缮办成员等，对工程投资进行控制，经法人委托，签订工程协议。

府邸修缮办办公会议。由府邸修缮办副主任、有关成员和相关单位人员参加。主要职责：执行府邸修缮办全体会议和主任会议决定，负责对修缮工程进行具体的组织实施，专项研究工程进展、设计方案及施工中出现的问题等。

（二）加强专业学习，提高管理水平

1. 举办讲座

为使府邸修缮办成员更加熟悉业务，提高修缮工程管理水平，特聘请有关专家、相关单位的领导和技术人员，讲授工程管理、招标投标的相关法律法规、古建质量监督、工程资金预算、财务资金使用和审计、绩效考评等相关业务知识，如聘请国家博物馆人员介绍工程管理经验，北京市文物局工程师介绍工程招标投标经验，文物监督站王效清讲解质量监督及质量评定标准，专家组组长孔祥星讲授府邸修缮和王府博物馆建设中历史资料收集的重要性等。

2. 现场考察

府邸修缮办成员除对北京现存王府进行考察外，还对一些已完成修缮和正在修缮的文物保护单位，如故宫、历代帝王庙、醇亲王府府邸、宋庆龄故居、郑亲王府等进行实地考察，学习文物修缮经验，增长工程管理知识，提高业务工作水平。

（三）廉洁自律依法办事

恭王府管理中心领导多次强调府邸修缮办成员要懂规矩、守规矩，依法行事，严格组织纪律，注重自我修养和廉政建设。并采取了许多措施。

聘请恭王府法律顾问，为府邸修缮办成员做了有关基建工程法律知识讲座。

制订了《关于治理商业贿赂工作的实施方案》《府邸工程反商业贿赂实施细则》等条例。

规定主任办公会成员与单位法人签订工程建设的党风廉政建设责任书，自觉接受纪检监察和审计部门的检查，对单位法人负责。要求管理责任人不得以“业主”的特殊身份对外拉关系，参加有可能影响正确执行公务的活动，为自己谋取私利。严禁利用主管项目的特殊地位，与乙方私下进行接触，影响合同和协议签订或在合同以外巧立名目。对因为个人行为而给国家造成损失，或有“损公肥私”等行为的，要按党纪政纪予以严肃处理，违法犯罪的将直接移交司法机关处理。

要求府邸修缮办成员在工作中必须把国家利益放在第一位，坚持依法办事、依纪办事、按程序办事。遵守《工作规则》，以大局为重，自觉遵章守纪，做到令行禁止。襟怀坦白、坦诚相待、团结一致、相互支持、搞好协作，提倡团队精神，树立“工程一盘棋”的思想。加强请示汇报，严格按照操作程序办事。严禁越权办事、越权审批，坚决杜绝违反工作程序、违背组织原则、违反工作纪律、违规操作现象的发生。

有关合同和协议，必须拟好后先报综合办公室和律师审核，完善后方可签订。签订之时，要求由府邸修缮办主任、常务副主任、主管工程项目的副主任等负责签署。签订情况需上报文化部和本单位纪检监察审计部门备案。

三、合理协调，实施综合管理

府邸修缮是一个系统工程，为了对建筑施工过程中的进度、质量、安全、资金、设备及人员进行综合管理，各参与方必须在统一指挥下，步调一致、上下联动、条块结合、互相支持。

（一）工程项目合同、进度质量的管理

1. 工程项目合同的管理

古建修缮涉及多项工程项目，大致包括：古建修缮、市政管网、消防工程、安防避雷、拆迁工程、考古发掘、木材防腐、园林绿化、景观照明等工程，以及砖、瓦、石、

北京市文物局质量监督站及设计施工、管理单位在工地检查

四方工作会议

木料、金箔等材料的采购。

面对纷繁复杂的项目，做好各类工程项目协议和合同的管理十分重要。首先需由负责工程的处（室）提出工程合同或协议文本，国金公司参与商定具体条款，华盛中天公司进行审核，综合办公室负责检查，法律顾问最终审定。府邸修缮办主任、常务副主任、主管工程项目的副主任等负责签署合同或协议，签订情况需上报文化部和本单位纪检监察审计部门备案。

2. 进度质量的管理

修缮工程的规划、计划、质量、进度等均由府邸修缮办统一管理，并责成胡一红同志负责与国金公司沟通联系。管理公司按照府邸修缮办要求，拟定工程计划、进度、质量等方面的管理大纲，并有计划、有针对性地实施。定期召开会议，定期进行巡查，定期进行总结。负责与设计方、施工方等单位进行协调、沟通，落实具体工作，对工程项目进行全过程管理。

（二）建立项目管理责任制

要管好工程，建立管理有效、职责清晰的管理体系十分重要。为此，府邸修缮办制订了项目管理责任制，由主任办公会授权古建修缮部和与工程建设相关的业务部门，组织审查与工程有关的各项工程方案论证工作，以及具体的施工管理工作。

1. 管理工程，责任到人

按照“管好工程，责任到人”的要求，将具体任务按工作性质落实到人。张壮全面负责管理工作，古建修缮部田建国作为建设方的施工总代表，A 标段负责施工的建设方代表为李中国，B 标段负责施工的建设方代表为杨树勤。项目责任人对上一级领导负责，并按照程序逐级上报自己所承办的工作。如果出现问题，第一责任人要及时赶到现场，进行专题讨论和研究。针对组织和管理，责任人要与法人签订工程管理责任书，对法人负责。

2. 工程协调

根据工程的性质，在完成地下管网、热力等工程后，则需以“古建修缮优先，其他工程项目为其配套”的原则，按照府邸修缮办主任办公会的决定进行施工。管理、设计、施工、监理、财务等单位之间要有联系人，对工程实施协调、组织和管理。要互相配合，及时沟通，做到分工明确、职责清楚，奖惩分明。

工程中涉及的主要协调工程如下：

2006 年 2 月 16 日，府邸修缮办召开会议，就府邸文物保护修缮工程施工期间各部门间的相互协调配合进行研究，同时对清华大学设计院和北京市文物局质监站（以下简称“文物质监站”）提出的若干问题进行了商议。

2006 年 5 月 8 日，府邸修缮办会议就后罩楼修缮工程中架子支搭、游客疏导、标牌设置、音乐附中搬迁、木料采购、工程量核定、后檐墙砌筑等事项进行商定。会议还强调工程款如出现超支现象，需由国金公司负责将施工方可能出现的超支项目上报恭王府核准。

2006 年 5 月 23 日，恭王府管理中心与公安部联合召开协调工作会，会议就砌筑王府东府墙等有关事项进行商议并到现场进行实地考察，双方就部分问题达成一致意见，并决定尽快召开居民协调会。

2006 年 5 月 29 日，恭王府管理中心召开会议，继续研究砌筑王府东府墙等事。会议决定由后勤部、古建修缮部、国金公司、施工方共同组成“东府墙修缮协调小组”，制订近期工作计划，拟定致公安部家属院居民信，6 月上旬召开居民协调会，并向居民发放扰民补偿费等。

2007 年 3 月 28 日，恭王府管理中心与西城区市政管委召开协调会。会议就垃圾楼和厕所的搬迁、府邸树木移挪、电线杆和军用光缆问题，水电与大市政的连接、周边环境、旅游秩序等事项进行了沟通和商议。

2007 年 10 月 22 日，府邸修缮办就施工中发现恭王府原西府墙老基址内外各超出现存府墙基础 200mm（但未超出现府墙墙垛）一事，向西城区分管基建的王绍卿副区长进行了汇报，并希望能够恢复原府墙基础，保留文物原貌。按照王副区长的要求，府邸修缮办撰写了《关于请区政府支持恭王府府墙修缮的函》，并上报西城区人民政府，且得到批准。

2008 年 7 月 1 日，府邸修缮办召开工程协调会。会议对空调调试、展室除湿、殿堂施工用电、安防和消防验收、交叉施工时的成品保护等问题进行了协调和沟通，并达成一致意见。

2008 年 7 月 23 日，府邸修缮办召开协调会。会议就正殿等殿堂的除湿机采购一事进行了沟通和落实。

2008 年 8 月 13 日，召开工程协调会。会议就府邸售票处、值班室、更衣室、储藏室、售货处、消毒间等处的窗帘、门锁、空调、供电等一些具体问题进行了沟通、协调和落实。

施工负责人田建国在工地

专业负责人李中国（右一）在工地

专业负责人杨树勤（左一）在工地

（三）资金预算、财务管理

2006 年 1 月 25 日，文化部计财司组织召开《恭王府府邸文物保护修缮工程专项资金专家论证会》。府邸修缮办领导及成员、清华设计院、华盛中天公司、国金公司等参加会议。与会专家对2.69亿资金文本的项目、内容做进一步研究论证，形成专家意见并上报文化部备案。2.69亿元府邸修缮经费申请文件由华盛中天公司编制，被财政部主管部门誉为申请国家财政经费的优秀范本。

2006年10月13日，财政部王家新、张禹钦等来恭王府视察府邸文物保护修缮工程。孙旭光等府邸修缮办成员，国金公司、房修一公司等陪同。边伟介绍了今年财政将拨付7000万修缮资金的情况，财政部有关同志对工程进展情况和资金使用情况表示满意，同时谈到国家财政决定投入1.6亿元资金用于府邸修缮，并建议可以考虑分步骤开展府邸修缮工作，多渠道筹集修缮经费。

府邸修缮办十分重视修缮资金的使用情况。谷长江曾经多次强调府邸修缮办要把工程管好，把资金使用好，要严格履行程序，依法办事。2004年是修缮工程起步的第一年，也是三年中的关键一年。

在资金的使用方面，制订有严格的流程。在国金公司对工程中资金的使用、分类划分的基础上，由华盛中天公司和中天华盛公司为工程资金的使用进行全面咨询和审核。王琮负责与华盛中天公司和中天华盛公司对接联系。朱秋凤、王琮负责将资金的使用方向和需拨付的出处，及时上报给主管修缮工程资金的领导，再经过层层审核后方可进行拨付。由于资金拨款及时到位，尤其是5000万自筹资金的拨付，保证了工程的顺利实施。

为了管好、用好财政部的1.6亿元拨款及恭王府自筹的5000万元，华盛中天公司认真地履行合同约定，按照规定在恭王府设立了修缮工程专项资金账户，制订修缮工程资金支付管理办法，严防违规使用修缮工程资金情况的发生。工程中做到严格把关、严格审查、严格按照合同进行付款，专款专用，出色地完成了任务。在实际工作中，为了更加严格控制工程造价和投资，在工程施工过程中严控变更洽商，并将事后审计变为全过程审计，从而确保修缮工程投资总额得到有效控制，保证投资计划的执行力度。在专项经费治理自查自纠中，华盛中天公司提出“将恭王府开放经费列入修缮经费开支”不符合国家有关规定，建议予以纠正。

中天华盛公司在实际工作中，为了更加严格控制工程造价和投资，在工程施工过程中严控变更洽商，将事后审计变为全过程审计，通过该公司的工作为修缮工程节省经费800多万元，修缮工程经费最终控制在2.1亿元。该公司的介入和严控，确保了修缮工程投资总额得到有效控制，保证了投资计划的执行力度，提高了府邸修缮项目专项资金的使用效益。根据文化部计财司文件要求，府邸修缮项目需接受文化部委托的第三方机构国嘉公司对工程资金使用情况的审计工作，在近一年的审计工作中，中天华盛公司积极配合第三方机构国嘉公司的审计工作。最终仅在项目设计费中核减资金1200元，核减率仅为万分之0.057，由此可见该公司的工作是出色的，府邸修缮办对修缮工程的资金管理是严格的。

2008年7月31日，府邸修缮办工作会议传达文化部计函文件（〔2008〕201号）。边伟提出了要按照项目和资金流程进行准备的要求；李铬钢对审计准备工作进行了布置，同时按部门对任务进行了分工。

2008年8月18日，召开工程项目经费结算上报工作会议。会上介绍了文化部计财司要求上报资金使用及支付的有关情况，府邸修缮办领导提出合理安排经费，并要求国金公司协助财务处和经管办，做好修缮工程经费的统计工作。会议决定各部门将项目经费使用及支付情况统计后，上报财务处。

2008年10月17日，文化部计财司周宇和部派审计公司等来到恭王府，对府邸修缮工程资金的结算审计工作进行了布置。

2008年12月工程竣工时，对项目资金预算及执行情况进行了评估。其中：

（1）古建修缮：恭王府府邸修缮工程总建筑面积为1.26万平方米（其中修缮面积为9800m^2，复建面积为2200m^2，新建仿古建筑面积为600m^2），包括院落围墙、院落铺装，总造价1.15亿元，占总额的55%。

（2）府邸市政工程：府邸占地面积为3.2万平方米，包括综合管廊、雨水、污水、消防水、电力、热力、给水管道及管井工程，总造价0.13亿元，占总额的6%。

（3）附属工程：安防工程投750万元，消防（包括设备和消防水池）投资520万元，设备防雷118万元，泛光智能照明280万元，铝合金窗80万元，散热器25万元，金箔79万元，电缆130万元，宫灯110万元，金砖125万元，小青石136万元，琉璃瓦29万元，彩画保护145万元，配电箱145万元，低压配电设备118万元，铜活250万元，线槽200万元，其他杂费50万元，合计总造价0.3149亿元，约占总额的15%。

（4）外部市政工程：热力外线工程1200万元，外部供电、高压配电及变压器工程550万元，自来水工程12万元，临时施工供电费36万元，合计总造价0.1798亿元，占总额的8%。

（5）前期费用：热力设计费53万元，电力外线设计费17万元，府邸勘察费19万元，古建设计费606万元，监理费299万元，管理费322万元，资金管理费350万元，最终审计费100万元，考古发掘费36万元，合计总造价0.1802亿元，占总额的8%。

（6）拆迁及补偿费：拆迁临时房屋24万元，音乐学院附中教学楼等拆除54万元，补偿附中800万元，补偿居民950万元，合计总造价0.1828亿元，占总额的8%。

（7）其他费用：建设单位管理费，专家论证费，考察费等其他100万元，占总额的1%。

以上造价总计约2.1亿元。执行情况良好。

（四）工程项目实施的监理

为了保证工程项目的有效监理，府邸修缮办提议将国金公司分为A、B两个监理部，分别对工程实施监理。胡一红作为甲方监理代表负责与监理公司沟通，古建修缮部孙树华协助胡一红进行监理的管理。

国金公司按照府邸修缮办的要求成立了项目部，并按照A、B标段配备了相关的专业人员，同时根据北京市文物工程质量监督站的要求，将国金公司单位监理资质及人员资质等相关证明文件交北京市文物工程质量监督站备案。项目监理部机构设置及分工如下。

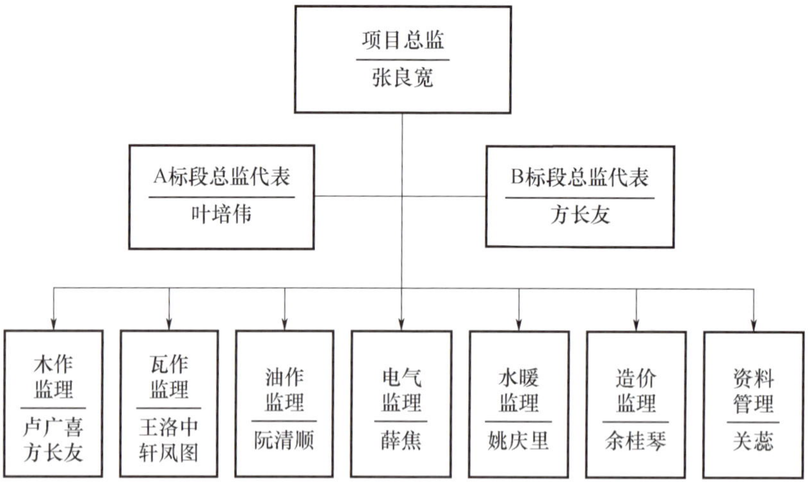

木构件检查

项目总监张良宽（左四）在工地

2006年2月14日，进行了设计交底会，15日召开第一次监理会，16日召开北京市文物工程质量监督站技术总交底会议。总交底后，每周四召开监理会议，每月撰写监理月报。府邸修缮办要求监理项目部，对工程监理工作必须认真负责，一旦发现问题则要及时制止，同时在第一时间报告给建设方，及时进行整改。

古建修缮及复建工程包括地面铺墁、大木制作与安装、斗栱制作安装、木装修制作与安装、石作、砖料加工、砖墙砌筑、琉璃建筑、布瓦屋面、油饰地仗、彩画和油皮、贴金、粉刷等项目。因此，监理工作必须从上述基础工程和材料质量抓起。

（1）严格筛选传统建筑材料。中国传统建筑由于其建造特点，砖、瓦、木、石等属于使用较多的基础建筑材料。王公贵族的身份、地位和王府的建筑规制，决定了王府建筑需要采用非常讲究的工程用料。严格筛选传统建筑材料，是把控修缮工程质量的第一道关口。如在对新购进的木材进行的超声检测时，发现了少量的空心木材，于是及时联系厂家进行退货、补货，不仅保证了材料的质量，同时保障了施工的正常进行。

（2）监理工程师要对进场材料进行复试。砖、瓦、木材等材料进场后，必须按规定的批量要求分批取样，送交有资格的检测单位进行复试。如第一次复试结果不合格，应立即进行第二次复试，未经复试或经两次复试不合格的材料不准使用，并须注明去向。对须进场复试的材料均要求见证取样，见证取样比例为 100%，参与见证取样的有关单位及人员应按规定进行取样及送检，并做好见证的监管工作，有效地保证了工程质量。

文物建筑工程中，旁站监理的关键工序和重点部位是：大木立架及椽飞安装，望板铺装及防腐处理，砖料加工，墙体砌筑，石活加工及安装，装修构件制作及安装样板，屋面苫背，屋面宽瓦、调脊，地面垫层及铺墁样板，油饰地仗基层处理，油饰地仗使麻，油饰地仗磨细钻生，油饰罩面（底油、二道油、光油），彩画拍谱子，彩画刷色，彩画沥粉，彩画贴金等。

施工时，严格要求施工方未经监理工程师签字的建筑材料、构件配件和设备不得在工程上使用或安装，施工单位不得进入下道工序的施工。未经总监工程师签字，不拨付工程款，不进行竣工验收。

技术交底会

2006 年 3 月 17 日上午，北京市文物局文物工程质量监督站、文保处、文物督察队组成的安全施工综合检查组，对恭王府府邸文物保护修缮工程进行了工程安全施工综合大检查。府邸修缮办成员、古建修缮部、国金公司、房修一公司陪同前往检查。通过对施工现场进行检查和查看工程备案资料，质量及安全施工，综合检查组的同志一致认为：恭王府府邸文物保护修缮工程在施工质量、安全保障措施、施工现场安全防护、施工现场脚手架安全、施工现场用电、施工现场文物保护意识等 6 个方面均符合北京市安全文明工地的标准，给予了肯定和较高评价。甲方、管理、监理到位，是目前北京当时在施工的 18 个文物工程中，各项工作做得最好的工地。

北京市文物工程质量监督站驻恭王府府邸修缮工程质监代表王乃海提到：恭王府管理中心的领导对文物保护工作、工程质量和工地安全要求非常严格，项目管理和监理公司监管到位，施工单位房修一公司做得很好，希望继续保持下去，按照市优文明工地的标准进行管理，不仅在安全上，而且在质量上要做得更好。施工完成后，施工单位首先需要自验、然后由监理组织单项验收，所有工程结束时，监理公司需参与修缮工程整体竣工验收，竣工验收合格后，在15日内到文物质监站进行备案。

施工单位表示：目前恭王府府邸文物保护修缮工程的施工基本令大家满意，修缮工程将严格按照规章制度办理，力争达到优质工程水准，成为市优文明工地。

（五）加强安全管理

在古建修缮过程中，针对文物保护单位特点，府邸修缮办领导多次强调：要始终保持高度警惕，做好安全防范工作，参与工程的各方要把工程安全放在第一位，保卫处、国金公司共同把好施工安全关。

修缮工程开工以来，国金公司与所有施工单位签订了《安全责任书》，并要求各施工单位配备施工安全员。自2005年修缮工程开工，到2008年工程竣工，没有发生任何安全事故。在北京市消防、公安、文物局安全大检查中多次受到表扬，成为文物施工安全样板工地。

2008年3月，为了确保两会期间及奥运会的各项安全，文化部、国家文物局、北京市文物局在两会召开前，联合对恭王府进行了文物保护、文物安全检查。同时对府邸修缮工程施工现场防火、安全、施工现场临时防雷及文明施工等进行了检查。对恭王府管理中心在安全管理方面给予好评，并针对古建筑容易发生火灾等问题提出要求。

（六）加强文物保护工作

在修缮过程中，通过考古发掘和现场勘察，先后发现不同时期的文物遗存，这些历史信息印证了史料的记载。因此在修缮施工中做好文物保护工作，对原有历史信息的保留，对历史遗存的再利用，具有至关重要的意义。

为更好地加强施工中文物保护工作，府邸修缮办提出了在施工过程中做好文物保护工作的要求，并建议古建修缮部和文物保管部分别就可移动文物和不可移动文物的保护问题制订方案。对施工中能利用的原材料尽可能保留使用，确实不能利用的，可以根据情况用作陈列展示等，最大限度地保护恭王府修缮工程中发现的历史文物和遗迹。

根据府邸修缮办提出的要求，古建修缮部和文物保管部分别制订了可移动文物和不可移动文物的保护方案。方案规定：一旦在施工期间发现文物，需立即停止施工，及时上报府邸修缮办和有关处室，研究处置办法。为不影响施工进度，按照部门工作的分工，可移动文物在留存影像资料后，由恭王府文物管理部负责异地保存；不可移动文物，由古建修缮部留存影像资料后，妥善保护，特别是同光时期和这时期之前的文物遗存更要重视。

（七）招标投标工作的管理

1. 培训学习，制订规章

2004年，根据府邸修缮工程招标投标

工作的需要，李铭钢、胡一红等分批次参加了国家发展改革委举办的招标投标法学习班。

2005年7月19日，在恭王府召开了府邸文物保护修缮工程招标投标工作咨询会，财政部国库支付司政府采购管理处李成双处长等人应邀参加。府邸修缮办及国金公司成员参加了会议。李成双主要介绍了资金来源与招标方式的关系问题等。

根据国家发展改革委和文化部领导关于做好招标投标工作的要求，府邸修缮办制定了《〈恭王府文物保护修缮工程〉招标投标管理办法的暂行规定》(以下简称《暂行规定》)，2006年12月，又对《暂行规定》进行了补充完善，使其在实施过程中更加科学、规范、合理、有效。

2. 招标工作的实施

本次府邸修缮工程招标投标项目共计127项。国金公司和中招国际招标公司在先后完成工程设计、管理公司、监理公司、施工单位招标后，把建设方选择好供货单位和分项施工单位逐步提到工作日程上。随着工程进度的需要，国金公司协助恭王府管理中心和中招国际招标公司，完成了金砖、琉璃瓦、木材防腐、金箔、小青石、彩画保护的六项约定供货和分包的招标工作。配合中招国际招标公司完成了安防、消防和泛光照明的分包招标工作。

2007年初，国金公司协助恭王府管理中心和国信招标公司完成了散热器、消防水池、三角地厕所、电缆、配电箱、铝合金窗、宫灯、设备防雷的分包招标工作。

这些招标投标工作能顺利完成，与府邸修缮办和各参与单位严格招标投标程序，为保护国家和社会公共利益及招标投标活动当事人的合法权益，提高经济效益，保证项目质量所作的努力是密不可分的。

3. 严格招标投标程序

鉴于古建修缮工程的特殊性和材料采购的局限性，根据具体情况恭王府管理中心采取了多种招标方式：公开招标、邀请招标、竞争性谈判、单一来源采购等。除公开招标外，其他如邀请招标、竞争性谈判、单一来源采购等招标方式，均提前向文化部、财政部等上级单位进行请示、汇报和备案。

在招标过程中，府邸修缮办要求按程序进行各类材料的采购工作。对于一些特殊项目，提前进行市场调研，到市场和有建筑工程的文化部相关单位进行考察，并向府邸修缮办主任办公会书面汇报。如府邸工程用砖的采购。府邸修缮办和古建修缮部通过多处调研，认为苏州御窑厂如能作为府邸工程的用砖供应厂家，将有益于工程质量的提升。为此，经上报文化部和财政部，建议对金砖的采购选择单一来源采购招标模式，并得到批准。府邸修缮办在与厂家谈判中，对金砖数量和质量进行了相应约定，并要求古建修缮部和监理公司在金砖进场前严格进行筛选。最后按程序进行招标投标。

按照《中华人民共和国招标投标法》“招标投标活动应当遵循公开、公平、公正和诚实信用的原则”的规定，在府邸修缮办主任办公会的领导下，组织工程招标工作。招标全过程必须在文化部监察局或本单位纪检监察员及综办监督下进行。

（1）对需要招标的工程项目组成招标工作组。招标工作组组长由法人或由法人授权的主任办公会议成员担任，成员包括主管部门领导、古建修缮部、综办、纪检和法律顾问，以及项目管理公司、资金管理公司、文化部纪检部门等组成。

（2）古建修缮部统一负责组织招标文件的编制和招标工作的落实，并向负责该工程项目的招标工作组和主任办公会汇报。招标文件内涉及的工程和资金具体问题，由项目管理公司和资金管理公司负责编制。

（3）综办负责对招标程序和文件合法性进行检查，并依法、依纪提出意见。

（4）律师对招标程序和文件合法性进行最终审核，同意签字认可后，报主任办公会批准。

（5）如遇特殊情况变更招标形式，应由相关部门分别报古建修缮部和综办，说明变更原因。综办审查后报主任办公会讨论，再报文化部、财政部、政府采购中心等，批准后方可变更招标形式。

在招标工作中，文化部监察局李秀珍代表部监察局，吴杰、王琮、王春林、马如连等代表恭王府参与工程招标的监督工作。胡一红、张壮，古建修缮部孙树华作为甲方代表参加工程项目和采购项目的评标工作。

上述工作完成后，按批复意见予以实施。招标完成后的合同谈判由招标组成员负责，谈判结束，进行合同或协议签订的准备工作，由法人或法人授权的主任办公会成员负责合同或协议签订，府邸修缮办招标组成员参加签订。

这里仅以设计招标流程为例，体现恭王府招标投标具体实施过程中的责任心和严肃性。

设计招标是修缮工程的第一个招标工作。府邸修缮办决定采用公开招标的方式对设计单位进行招标。

拟定出《恭王府府邸文物修缮工程设计招标公告》，及时发布公告。成立招标委员会和资格预审委员会，预审报名的单位。

完善招标文件后，于2004年8月27日开标。

与此同时制订出《恭王府府邸文物保护修缮工程设计招标评标办法》并组成评标委员会，上报北京市勘察设计管理处“招标办”审核备案。

2004年9月7日至8日召开评标会，聘请西城区公证处进行全程公证。文化部监察局实施监督。经综合评估，确定清华设计院等三家单位为中标候选人。9月22日，府邸修缮办领导向清华设计院发出了中标通知书。府邸修缮办对此次招标进行总结，并报北京市勘察设计管理处招标办公室备案。

（八）聘请专家为修缮工程出谋划策

此次恭王府修缮工程施工有一个显著特点：极其重视专家学者的作用，召开了许多次专家学者咨询会议，同时邀请与此次修缮项目相关的各方面专业人士与会。充分发挥他们的智慧和实践经验，认真听取他们的建议，增强决策的科学性和施工的规范性。专家学者与设计、施工单位及建设方一起，协商讨论，现场指导，为府邸工程的施工质量提供了可靠的保证，可以说这是专家学者参与工程管理的一种好模式。

现将几次重要的会议列举如下：

2004年5月27日，清华设计院完成《北京恭王府保护规划》。2004年7月5日，国家文物局文物处、中国文物信息咨询中心在恭王府召开《北京恭王府保护规划》专家论证会。聘请罗哲文等古建专家和博物馆专家，就府邸修缮和博物馆功能建设等问题展开研讨。到会专家根据府邸古建现状及未来博物馆建设提出诸多建设性意见。结合专家意见，府邸修缮办确定了对王府文物建筑进行科学修缮、复原的方案，建立具有博物馆功能、地下管网、消防安全等配套设施的整体修缮原则，并对合同文本的附件进行了修改和完善。

2006年7月19日，恭王府管理中心召开后罩楼彩绘方案专家论证会，罗哲文、杜仙洲、王仲傑、张德才、边精一等古建和彩绘专家应邀出席。谷长江、吴杰等府邸修缮

开标会（一）

开标会（二）

设计招标评审会

办成员参加会议。因后罩楼彩绘方案是府邸修缮工程中最先涉及的彩绘设计内容，恭王府管理中心领导非常重视。清华设计院介绍了修缮复原方案，专家各抒己见，对方案进行了热烈讨论。在会议论证基础上，清华设计院综合专家意见进一步完善了彩画方案。府邸修缮办在对方案审核后，上报北京市文物局审批。

2007 年 11 月 13 日，吴杰主持召开府邸修缮工程环境绿化方案专家论证会。中国工程院院士、北京林业大学孟兆祯教授，中国城市规划设计研究院教授级高级工程师刘家麒，北京市园林设计院原总工程师、院长刘少宗应邀参加。专家到施工现场进行考察，并听取了设计方清华设计院的汇报。三位专家同意清华设计院提出的五项设计原则，同时就府邸环境绿化和树木移栽等问题提出建设性意见。孙旭光、边伟、丁卫民、王春林、张壮、胡一红，孙树华、王志军，国金公司经理张良宽等同志参加会议。

2007 年 12 月 25 日，府邸修缮办组织召开“恭王府府邸宫灯方案”专家论证会，故宫博物院胡德生、陆燕贞、苑洪琪等专家应邀出席。府邸修缮办领导及成员，古建修缮部、文管部、国金公司、清华大学设计院等参加会议。在听取了设计方清华设计院的汇报后，三位专家原则同意清华设计院所提的灯具设计方案，同时根据恭王府的特点和故宫某些殿堂的灯具设置提出了建设性意见。

2008 年 6 月，工程即将竣工。6 月 19 日，恭王府管理中心邀请了罗哲文、杜仙洲、胡继高、崔兆忠、王仲傑、张德才、张克贵、李永革等古建专家，对即将竣工的府邸文物保护修缮工程进行考察并座谈。专家们对工程质量感到满意，认为整体修缮工程符合《中华人民共和国文物保护法》和修缮原则，质量达到优良水平。从收集资料、现场勘察、研究论证，到采用传统工艺和现代技术相结合的办法进行施工，体现出工程修缮的严谨性。从建设、设计、施工、监理方到北京市文物工程质量监督站的质量监督，已在施工过程中形成比较完整的工作体系，科学、有效，值得推广。专家们一致认为：要对修缮工程的传统工艺、现代技术以及遗留的彩绘和保护技术进行科学研究、全面总结，撰写工程报告、研究报告、彩绘图集，作为对物质文化遗产和非物质文化遗产的总结和宣传，这对今后古建筑修缮和王府修复将有借鉴作用。

除了专家学者会议外，工程中还多次聘请专家到施工现场指导工作，对府邸修缮起到了十分重要的作用。可以说，恭王府工程不仅是古建修缮的典范，也是管理的典范。

罗哲文、杜仙洲在现场考察

杜仙洲在现场考察

杜仙洲、付清远、王乃海在现场考察

胡继高在现场考察

余鸣谦、王世仁、王立平在现场考察

王仲傑、张德才在现场考察

罗哲文、许言在现场考察

王世仁、付清远、沈阳在现场考察

刘大可等在现场考察

王时伟在现场考察

李永革在现场考察

孔祥星在现场考察

关双来在现场考察

张壮负责全面修缮工作

第二节 精心设计

一、强强联合的设计团队

完成一个优秀工程，方案设计是前提。恭王府保护修缮工程的设计，不仅要体现出设计团队的经验和知识积累，更要展现出其优势、风格和特色。因此，本修缮工程在确定设计单位时，十分关注其成熟度、自信和实力。

在这次恭王府府邸文物保护修缮工程的历程中，早在2002年，王府东路的多福轩主殿就已开始了修缮作业。这是由联合国教科文组织捐资5万美元，文化部恭王府管理处为建设方，恭王府古建公司为施工方，邀请北京建筑工程学院汤羽扬教授担任工程设计工作。

北京建筑工程学院（现北京建筑大学）是目前北京地区唯一一所建筑类高等学校。学校坚持科技兴校，形成了建筑遗产保护、城乡规划与建筑设计、城市交通基础设施及地下工程等若干在全国具有优势的特色学科领域、科研方向和创新团队。

汤羽扬，北京建筑工程学院教授，建筑学一级学科带头人，具有丰富的遗产保护与规划理论和实践经验。从事历史城市与遗产保护规划、历史城市与建筑保护设计等教学和科研项目。主要成果有北京市25片历史文化保护区保护规划、北京历史文化名城保

北京建筑大学

护研究。汤教授还承担了多段长城保护规划设计工作等。

多福轩主殿的修缮工程拉开了恭王府府邸修缮工程的序幕，它也是目前唯一一座历史复原展示内檐装修的重要殿堂。以它的修缮为契机，恭王府开启了搜集历史文献和老照片的历程；集聚了社会各界专家学者探讨研究的范式；初步形成了恭王府保护修缮的定位、思路和原则。

2002 年底，恭王府府邸的保护修复即将全面展开之时，环顾优秀的设计团队及领军人物，目光已聚焦于清华大学建筑设计研究院（以下简称清华设计院）及郭黛姮教授。2002 年 11 月 14 日，按照文化部的要求，恭王府管理处召开了“恭王府保护修复规划专家论证会”，对郭黛姮教授提出的《恭王府保护修复规划》进行了论证。此后，历经两年，完成了既定的要求和流程，于 2004 年 10 月 22 日，恭王府管理中心与清华设计院签订了《恭王府府邸文物保护修缮工程设计承包合同》，正式委托清华设计院对府邸文物修缮工程进行总体方案设计。

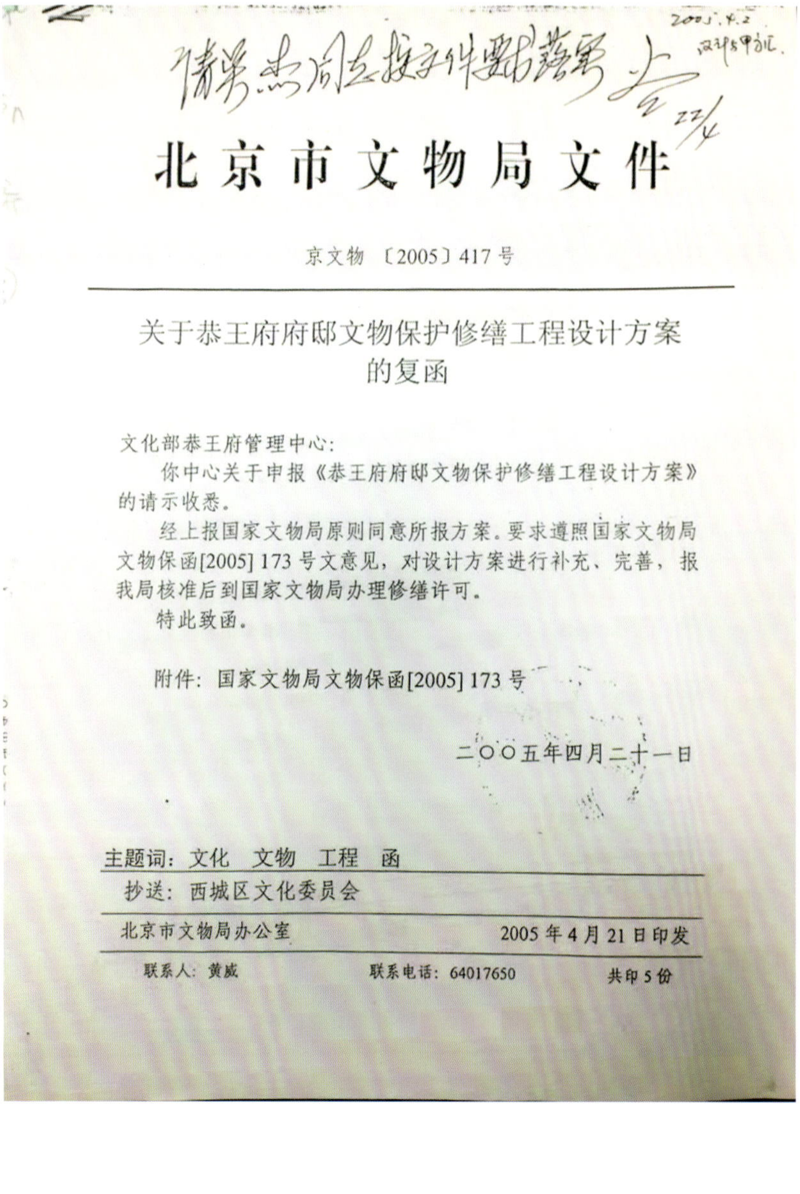
北京市文物局文件

京文物〔2005〕417 号

关于恭王府府邸文物保护修缮工程设计方案的复函

文化部恭王府管理中心：

你中心关于申报《恭王府府邸文物保护修缮工程设计方案》的请示收悉。

经上报国家文物局原则同意所报方案。要求遵照国家文物局文物保函[2005] 173 号文意见，对设计方案进行补充、完善，报我局核准后到国家文物局办理修缮许可。

特此致函。

附件：国家文物局文物保函[2005] 173 号

二〇〇五年四月二十一日

主题词：文化　文物　工程　函

抄送：西城区文化委员会

北京市文物局办公室　2005 年 4 月 21 日印发

联系人：黄威　联系电话：64017650　共印 5 份

设计方案批复意见

清华设计院为国家甲级建筑设计院。依托于清华大学深厚广博的学术、科研和教学资源，并作为建筑学院、水土学院等院系教学、科研和实践相结合的基地，其人才密集、专业齐全、人员素质高、技术力量雄厚。该院十分重视学术研究与科技成果的转化，规划设计水平在国内名列前茅。

郭黛姮，著名古建筑专家，清华大学

建筑学院教授、博士生导师，国家一级注册建筑师。中国建筑史学会常务理事、学术委员。师从中国建筑史学大师梁思成先生，具有丰富的古建保护、建筑设计理念和实践经历，学养深厚，谨守传统而勇于创新。曾为雷峰新塔建设总设计师，主持新塔建设工程以及杭州六和塔整修、登封少林寺扩建、嵩山历史建筑群保护规划等。其主要著述有《中国古代建筑史·第3卷·宋辽金西夏建筑》《营造法式新注（电子版）》《远逝的辉煌——圆明园建筑园林研究与保护》《华堂溢采——中国古典建筑内檐装修艺术》。

根据恭王府此次保护修缮的特点，建设单位希望最大限度地整合资源，吸收具有特色的团队加入，以求更快地完成任务，圆满实现目标。专家认为："恭王府府邸文物保护修缮工程设计由清华设计院总包、中国文物研究所分包，这个组合非常好，强强联合，有利于发挥各自优势。"

建设单位与专家的共识，清华设计院与中国文物研究所（现中国文化遗产研究院）的合作，为恭王府的修缮工程设计提供了更多的关照视角，发掘出不同团队所蕴含的优势及潜质。2004年，中国文物研究所正式承担了北京恭王府府邸文物保护修缮工程设计重大项目，由杨新担任项目主持人，丁燕、袁毓杰、阎明为子项负责人，还有张秋艳、永昕群、查群、杨招君等。

中国文物研究所，2007年更名为中国文化遗产研究院。主要从事历史文化遗产保护的基础与战略研究、重大遗产地及大遗产保护规划编制、维修及展示方案设计、文

清华设计院

中国文化遗产研究院

物保存与修复的科技研发及推广、出土文献研究等工作。该院学科门类较为齐全、人才优势明显。具有中华人民共和国考古发掘资质、文物保护工程勘察设计甲级资质、可移动文物技术保护设计甲级资质、可移动文物修复一级资质以及文物保护工程施工一级资质。承担并完成了文物保护维修设计以及指导施工项目500多项（含重大项目100余项）。

杨新，中国文化遗产研究院高级工程师、研究员、原副总工程师。先后主持湖南邵阳北塔、宁远文庙、内蒙辽中京半截塔、小塔、青海塔尔寺、镇江昭关过街石塔修复工程，西藏大、小昭寺等抗震抢险维修等30余项国家级文物保护单位的维修设计工程。出版《蓟县独乐寺》《玉树新寨嘉那嘛呢抗震抢险维修工程报告》等著述。极具特

色的项目，丰富的题材，认真负责的精神，造就了她多向度的设计视角和创新的理念。

二、卓有成效的前期勘察

恭王府保护修缮其实是一个系统工程，各个层面、不同环节构成了彼此之间密切联系的整体。掌握总体布局，进行顶层设计的同时，各方统筹兼顾，相互促进，使决策系统有序运行。恭王府保护修缮过程中的前期综合勘察，多学科参与，多维度论证，为规划、设计方案、计划、预算等提供了辩证的分析和科学的切入路径，有了更多的再审视、再定位的参考点。

方案设计

银安殿考古照片

（一）考古发掘工作第一次引入恭王府的保护修缮之中

1920 年 3 月 5 日，恭王府中路正殿“银安殿”的主殿及东、西配殿遭火灾焚毁，只留下一座轮廓不清的台基残址。此次保护修缮工程中，为了再现王府的建筑规制，有关专家学者建议应在原址上复建银安殿主殿及东、西配殿。北京市文物局根据国家文物局文物保函〔2005〕173 号的批复及 8 月 24 日罗哲文等专家论证会的意见，原则上同意银安殿修复设计方案。

为使复建设计有据可依，恭王府管理中心决定对两处建筑遗址进行考古发掘，并得到了北京市文物局的批准。2004 年 11 月 4 日，与北京市文物研究所签订了“恭王府府邸文物保护修缮工程部分建筑基址考古发掘合同”。2004 年 11 月 5 日至 29 日，分别对银安殿的大殿、东西耳房、西夹道、南月台、大殿南北台基、踏跺遗址进行了考古发掘，连扩方共计发掘面积 1382.88m^2，撰写了《恭王府银安殿基址发掘报告》(《文物春秋》，2008 年第 3 期）。发掘者认为此次考古发掘为研究恭王府的建筑规模、建筑型制提供了重要依据，为复原修缮工作提供了翔实而准确的科学资料，数据参考。

恭王府银安殿的复建是这次保护修缮工程中最具标志性的项目，考古发掘成为前期勘察的一个重要方面，为银安殿的复建设计方案的制订、论证增加了新的介入领域。王世仁先生《北京清代恭王府正殿原状推测》一文中说“经过对建造历史的判断，又有详细的考古报告，已经基本具备了推测原状的条件”（《北京文博》，2005 年第 1 期），是对此次考古发掘、前期勘察的中肯评价。

（二）精细化的木构件的勘察检测

2002 年、2004 年恭王府管理中心委托中国林业科学研究院木材工业研究所对府邸各殿堂的主要木构件进行了检测。除了常规的眼视、手测等手段外，还采用木材密度检测仪、阻力仪、显微镜等仪器设备对梁、枋、檩、柱等木构件出现的腐朽、虫蛀、开裂、扭曲变形等病害进行科学检测。在《恭王府府邸材质状况勘查报告》中列出 4 个方面的内容：①恭王府府邸材质状况勘查报告，包括材质状况勘查报告、材质状况勘察表、材质状况现场照片；②恭王府府邸结构材树种鉴定报告，包含树种鉴定结果分析报告、树种鉴定结果、树种鉴定报告、木材物理力学性能参数；③恭王府府邸菌虫类型调查和分析，涵盖菌虫类型调查和分析、菌虫类型照片；④恭王府府邸木构件防腐处理建议及原木防腐处理照片。通过前期检测，较为全面地了解府邸木构建筑存在的病害状况及残损程度。

（三）全面系统的彩画前期勘察研究

朝代更迭、物换星移、功能变化、环境差异，恭王府的彩画呈现出多样性和差异性。如何再现这一段过往岁月的遗存彩画的现存状况，科学分析、深度研究就显得尤为重要。全面系统的前期勘察将为恭王府彩画的时代定位、规制确定、保护原则、施工措施打下坚实的基础。面对彩画交融互渗的复杂样态，设计方、建设方做了综合性考察：充分发掘王府老照片中彩画所蕴含的潜质；全面系统地对各个院落彩画现状进行记录；虚心听取彩画专家的意见和建议；中国文化遗产研究院撰写了《北京恭王府古代建筑彩画科学分析报告》等，形成了较完备的恭王府彩画保护的技术方法。关于彩画保护修缮的前期勘察，后文将有专门论述，此处不再重复。

除了以上对考古发掘、木构件和彩画的前期勘察，还有对于岩土工程的勘察，勘察

彩画专家现场考察

彩画勘察

报告目录摘录见表 2-1-01。

表 2-1-01　恭王府府邸修缮工程岩土工程勘察报告目录

章题	节题
文字部分	
一、前言	1　工程概况
	2　勘察目的
	3　执行的规范、标准
	4　勘察进程及工作量
二、拟建场地的气候特征	1　气温
	2　降水量与蒸发量
	3　风力
	4　灾害性气候
三、拟建场地的工程地质条件	1　地貌特征及地质背景条件
	2　地形地物条件
	3　地层土质及岩性特征概述
四、拟建场地的水文地质条件	1　水文地质特征
	2　地下水位变化规律
	3　地下水的腐蚀性
五、场地建筑抗震设计基本条件	
六、结论及建议	1　结论
	2　建议
	3　有关说明
附图表部分	

三、极具特色的保护规划和设计方案

（一）《北京恭王府保护规划》

《北京恭王府保护规划》规划组由清华大学建筑学院郭黛姮教授任组长，其成员为：清华大学建筑学院贾珺、殷丽娜、肖金亮、贺艳、朴骏龙、叶冠国等负责建筑，清华大学设计院陈志杰、刘程负责给排水，郭天明负责电气，李连义负责暖通。

《北京恭王府保护规划》分为三大部分：第一部分规划文本共十二条，第二部分规划设计说明，包括总论、四章内容及参考文献，第三部分规划设计图。因文本内容较多，仅将规划“目录”列表展示，见表 2-1-02。

表 2-1-02 《北京恭王府保护规划》目录

部分	章题	节题
第一部分	第一条　总则 第二条　专项评估 第三条　基本对策 第四条　保护区划 第五条　保护措施 第六条　环境保护与整治规划	第七条　文物展示规划 第八条　工程技术规划 第九条　管理规划 第十条　保护分期 第十一条　投资估算 第十二条　附则

续表

部分	章题	节题
第二部分 规划设计说明	总论	一、规划依据原则 二、规划目标与原则 三、规划范围 四、恭王府保护区的文物保护对策
	第一章 历史研究	第一节 恭王府的历史文脉 一、恭王府的史料来源 二、恭王府的地理环境 三、恭王府的营建历史沿革 第二节 恭王府的建筑布局和周围环境 一、恭王府的建筑布局 二、恭王府周围环境特点
	第二章 文物认定及文物价值分析	第一节 主要文物建筑及附属文物的认定 一、文物建筑 二、文物遗址遗迹 三、附属文物四、古树名木 第二节 文物建筑价值分析 一、历史价值 二、艺术价值 三、文化价值 四、社会价值
	第三章 规划设计说明	第一节 现存问题分析 一、文物建筑与非文物建筑勘察 二、环境问题综述 第二节 保护规划总体目标与对策 一、总体目标 二、核心目标 三、基本目标 第三节 保护规划细则 一、文物建筑及附属文物的修缮 二、文物建筑长期监测 三、少数已毁建筑的复原 四、环境整治 五、考古研究与发掘 六、管理与服务设施建设 第四节 保护分期文物的认定 一、文物建筑 二、文物遗址遗迹 三、附属文物
	第四章 技术经济指标	一、预算费用 二、经费拨款分期建议

续表

部分	章题	节题
参考文献	1. 历史文献 2. 现代研究著作 3. 文物建筑保专业文献 4. 规划设计专业文献	
第三部分 规划设计图		

以上虽然只列出了规划目录，但通过章节框架内容，还是可以看出规划具有鲜明的系统性、专业性和指导性。不是一般格式化的罗列和常态性的研究，充分展示了设计者对恭王府遗产及其价值的认识。设计文本依据《中华人民共和国文物保护法》等政策法规，重思想、重创意、重实践，提出了长期目标、保护重点和阶段任务，成为恭王府保护修缮的核心和指导原则。

与此次恭王府保护修缮制订的许多设计方案一样，《北京恭王府保护规划》不仅是设计者精思巧构，也是不断吸取各方智慧，交融互渗，共同努力的成果。前文已经提到，早在2002年11月14日，已邀请专家学者对郭黛姮提出的《恭王府保护修复方案》进行了论证。2004年5月，清华设计院完成了《北京恭王府保护规划》文本的修改工作。恭王府管理中心领导审查了文本，府邸修缮办进一步对文本作了分项研究，并将修改后的规划上报国家文物局。7月5日，国家文物局有关单位召开《北京恭王府保护规划》专家论证会，听取意见，使保护规划内容更加充实完善。8月18日，北京市文物局转发国家文物局“原则同意”《北京恭王府保护规划》的批复意见。2005年2月5日，将清华设计院再次修改后的《北京恭王府保护规划》方案上报北京市文物局，提请该局代核后报北京市人民政府公布实施。

各级主管单位重视，专家学者献计献策，《北京恭王府保护规划》的批准，标志着恭王府府邸修缮工程全面正式启动。

（二）《恭王府府邸文物保护修缮工程设计方案》

根据设计承包合同，清华设计院负责总体设计任务。现将《恭王府府邸文物保护修缮方案设计总说明》目录列表进行展示，见表2-1-03。

表2-1-03 《恭王府府邸文物保护修缮方案设计总说明》目录

章题	节题
一、恭王府府邸建筑保护修缮设计依据	（一）已经批准的《北京恭王府保护规划》
	（二）中国文物保护法
	（三）中国文物建筑保护准则及相关技术条例
	（四）设计合同HW2004—08
	（五）本工程于2004年完成图纸按方案设计深度要求

续表

章题	节题
二、恭王府府邸建筑保护修缮设计分区分工说明	（一）文物建筑的保护维修工程方案设计
	（二）文物建筑复原设计
三、恭王府历史沿革简介	（一）恭王府的史料来源
	（二）恭王府的地理环境
	（三）恭王府的营建历史
四、恭王府建筑价值评估	（一）历史价值
	（二）艺术价值
	（三）文化价值
五、恭王府现存府邸建筑概况	（一）中路
	（二）东路
	（三）西路
六、有关恭王府府邸现存建筑年代的信息	（一）文献、史料
	（二）图存
	（三）一些专家对现存建筑信息的分析
七、恭王府府邸中路建筑保护修缮设计说明	（一）该区建筑残损状况 1. 大木结构 2. 台基部分 3. 地面部分 4. 墙体部分 5. 屋面部分 6. 室外装修部分 7. 室内装修部分 8. 彩画
	（二）保护与维修 1. 修缮原则 2. 中路修缮方案类型
	（三）修缮通则 1. 关于防潮问题 2. 关于木构保护问题 3. 关于石材保护问题 4. 关于砖的保护问题 5. 彩画 6. 装修

按照府邸保护修缮方案设计分工，清华设计院负责中路主殿银安殿的复原设计工作。其制订的《恭王府府邸建筑复原设计总说明》分为七个部分，依据恭王府府邸建筑的文献史料、图档及专家对现存建筑信息的研究等，详细论证了银安殿及其东西配殿的

复原构想。

根据2004年8月16日北京市文物局批准的《北京恭王府保护规划》和府邸文物保护修缮工程的分包合同，中国文物研究所承担府邸东路、西路和后罩楼现存文物建筑的修缮设计工作，修缮建筑占地面积8000余平方米。

中国文物研究所制订的《恭王府府邸文物保护修缮工程设计方案》分为四部分：第一部分恭王府府邸建筑历史沿革及保存状况；第二部分府邸建筑原状及价值评估；第三部分现状勘察报告；第四部分恭王府府邸建筑修缮方案（东、西区，后罩楼修缮项目）。其中，方案第二部分又分为三个子项，其中“一、恭王府府邸现存建筑特点”特别强调：“现存建筑历史面貌的保存状况是该建筑文物价值的重要依托，而建筑历史面貌的信息价值，又是该建筑文物价值的核心内容”。并指出恭王府建筑具有清代中期、晚期建筑做法重叠的痕迹，具有统一设计的手法，与故宫东、西六宫建筑有共同处。“二、对府邸建筑原状的认识”中谈及了原状概念和定位，原状保留情况。“三、府邸建筑文物价值”论述了恭王府的历史价值、社会价值和经济价值。该设计方案第三部分“二、勘察报告”中，涉及了残损现状勘察、关于建筑改动痕迹、关于现状实测图。第四部分分为修缮设计依据、修缮设计原则、工程概况及修缮方案说明四项内容。

以上仅表述了设计方案的一部分情况，但两个单位制订的整个方案都体现了规范性、严谨性和逻辑性，确定了大的原则和问题导向，使以后的保护修缮工程更有目的性和适用性。此外，此方案承载的信息量及内容的广度和深度，也为今后实施过程的细化程度和修缮方法的科学性提供了更多思考的空间。

修缮工程设计方案也经历了设想、运筹、研讨和批复的严格程序。2004年12月24日，召开了《恭王府府邸文物保护修缮工程设计方案》专家研讨会，郭黛姮教授主持。郭黛姮和杨新分别介绍了府邸修缮和复建设计的思路和方案。与会专家对设计方案进行了研讨。2005年1月，府邸修缮办对清华设计院和中国文物研究所完成的《恭王府府邸文物保护修缮工程设计方案》的图纸及设计说明进行了初步审查。拟出《恭王府府邸文物保护修缮工程设计成果评价意见》，并反馈给设计单位。同年3月7日，“恭王府府邸文物保护修缮工程古建修缮及复建方案设计”由北京市文物局报送国家文物局进行审批。3月16日，国家文物局主持召开“古建修缮设计方案专家评审会”。与会专家学者对设计方案进行了审查论证，作出了“原则同意”的评审结论。4月26日，府邸修缮办、国金公司项目管理部召开设计协调会，与设计单位共同商讨国家文物局《关于恭王府府邸文物保护修缮工程方案设计的批复》和北京市文物局《关于恭王府府邸文物保护修缮工程方案设计的复函》的批复意见，并针对复函提出修改要求，进一步确定了设计工作内容和工作重点。

（三）其他设计方案

府邸保护修缮工程中，各个项目均有具体的设计方案和要求，如《恭王府府邸建筑彩画设计说明》《恭王府府邸修缮工程安防设计图集》《恭王府石材保护专篇》等，这里不再详述。

四、建设单位为工程设计献计献策

（一）提出了恭王府保护修缮的目标和方向

恭王府腾退完成后，如何保护修缮及对社会开放的功能定位，一直是党和国家领导人及社会各界特别关注的问题。如 1989 年 12 月 2 日，中央政治局常委李瑞环视察恭王府，特别强调要认真研究恭王府修复后的使用方向和使用内容，这一点很重要。谷牧副总理也曾说过："一定要办成对外开放的旅游点，不准移作他用。"

在这里，本书简单回顾一下 2003 年以前关于恭王府开放后的定位问题。主要的提议有：20 世纪 60~70 年代，一些学者建议在恭王府成立与《红楼梦》有关的堂馆，如曹雪芹纪念馆，此建议得到周恩来总理的重视。1987 年 7 月 29 日，文化部向时任国务院副总理谷牧的请示报告中，建议将恭王府作为中国传统艺术陈列馆。此外还有"中国民间艺术博物馆""中国戏曲博物馆"等建议。2002 年 11 月 14 日，按照文化部的要求，恭王府管理处召开了"恭王府保护修复专家论证会"。2003 年，恭王府管理中心经过缜密的调查和思考，并多次邀请文博、古建专家学者及文化部、国家文物局有关领导进行论证，认为以恭王府原址筹建具有王府文化特色的王府博物馆是比较适合的。同年 11 月 13 日，孙家正部长在听取谷长江汇报时说："关于恭王府的发展方向、工作规划、性质定位，这几年在部里曾经有许多次议论，现在重新定位为王府博物馆是很恰当的。"

（二）提供了为完成目标的历史根据

2003 年恭王府管理中心成立伊始，根据恭王府发展目标和方向及保护规划的要求，调整机构，引进专业人员，聘请专家学者，制定了一系列开展业务工作的方针政策。其首要工作是加强清代王府及王府文化研究，最紧迫、最重要的任务是收集与清代王府有关的历史资料和照片。为此，恭王府管理中心多次组团对北京清代王府进行实地考察调研，到图书馆、档案馆、博物馆、大学及科研单位搜集资料，并且启动征集文物、举办专题展览等工作。

可以说，这些任务是全方位、多层次的，特别是恭王府管理中心领导强调最多的文献资料和老照片的搜集，取得了较理想的成果。如国家图书馆收藏的样式雷恭王府图档、清华大学收藏的 1937 年中国营造学社恭王府实测图、辅仁大学《华裔学志》1940 年第五期刊载的陈鸿舜、G.N. 凯茨撰写的文章《北京恭王府及其花园》及其插图、陈鸿舜女儿陈岚无偿捐赠的其父珍藏的 60 余幅恭王府老照片、原北京大学教授沈

陈岚女士（右三）捐赠老照片

清代王府老照片展开幕式

剪彩照片

浙江大学教授沈弘（左一）

弘提供的他多年以来收集的北京清代王府照片、日本山中商会山中让先生捐赠在美国纽约拍卖恭王府文物的《纽育 1913 年 AAA 恭王府竞买》图录等。还有辅仁大学同学会会刊、建筑历史研究所、第一历史档案馆、北京市档案馆保存的清代王府档案及照片资料等。

王府档案留下了珍贵的历史记录，文字资料赋予了生动的描述，照片则给予了直观的形象，二者相辅相成。尤其是恭王府及其他王府的历史照片不仅向人们展示了清代王府曾有过的“美”和“魅力”，从某个侧面还透露出昔日的辉煌，也以它们真实的影像，诉说着王府衰败的过程。

搜集的这些资料，除了能体现它们的历史形态、文化意义、学术研究价值外，也为恭王府的保护修缮提供了参考、辨识、联想的依据。2014 年，谷长江多次谈到“关于修缮工程一个原则，即有历史根据的、按历史根据进行修复；找不到历史根据的、充分听取专家意见，按专家指导进行修复；无历史根据、专家也拿不准的，按现状进行修复”“恭王府要按照清代同治、光绪时期的历史原貌进行恢复，要按照恭亲王最兴盛的时期（作为参考标准）去修，展示恭亲王最辉煌的历史”。这些基于历史文献及形象资料提出的看法，不仅得到建设单位、设计单位的肯定，也获得了专家学者和社会各界的广泛认同。

第三节 精心施工

一、严守招标程序，选择有实力的施工单位

2005 年 5 月 25 日，府邸文物保护修缮工程专题会提出："恭王府府邸文物保护修缮工程中，古建修缮部分应先行开工。根据上级有关主管部门的要求进行施工招（标）投标，选出真正具备古建施工实力的施工企业进行施工，以弥补相关设计的不足"。

2005 年 7 月 20 日，府邸修缮办召开会议，研究府邸古建修缮工程施工前的准备工作。根据《中华人民共和国招标投标法》和有关政策规定，进行府邸古建修缮施工招标的代理公司必须是获准财政部登记备案具有甲级资质的政府代理机构。会议确定由中招国际招标公司负责进行府邸古建修缮施工的招标代理工作。

根据此次府邸修缮工作项目的特点和施工要求，决定对修缮工程划分 A、B 两个标段，分别进行招标投标，以加强施工时的竞争性、对比性和相互促进。经过细致的招标投标工作，北京房修一公司在两个标段都成为中标方。府邸修缮办与中标方经过多次磋商、谈判后，与房修一公司于 2005 年 10 月 24 日签订了《恭王府府邸文物保护修缮工程 B 标段施工总承包合同》，并要求该公司项目部在踏勘修缮现场后，根据需要配备施工班子，编制府邸文物保护修缮工程的《文物保护方案》。11 月 17 日又签订了《恭王府府邸文物保护修缮工程 A 标段施工总承包合同》。

房修一公司隶属于北京房地集团有限公司，是以新建施工、大型修缮、古建和文物保护、高级装饰装修为主，集通风设备安装、机械运输、物业管理、房地产开发、园林雕塑等为一体的具有综合实力的大型建筑施工企业。曾承接海关钟鼓楼复建工程、北京延庆永宁玉皇阁古建复建工程。涛贝勒府、智化寺、颐和园南湖岛、故宫武英殿、北海画舫斋、左安门角楼、常营清真寺等修缮工程。

二、开工典礼

2005 年 12 月 5 日，恭王府管理中心在府邸举行了"恭王府府邸文物保护修缮工程"开工仪式。文化部副部长孟晓驷、国家博物馆馆长吕章申、故宫博物院副院长李文儒、北京市文物局副局长孔繁峙以及有关单位领导、王府后裔、古建专家、设计单位、管理单位、施工单位、各新闻媒体等近 300 余人参加会议。

开工仪式由李铬钢主持。谷长江在讲话中特别提到：1949 年以来，恭王府及花园作为目前北京保存较为完整的王府，得到了党和国家三代领导人的高度重视，1982 年被确定为全国重点文物保护单位；1988 年，

开工仪式

恭王府花园对社会开放。在谷牧、李岚清等领导同志的亲自过问下，在文化部、国家发展改革委、国家文物局、北京市政府的支持下，对府邸所住单位和居民进行了搬迁。2004年财政部拨上亿巨款，对府邸进行全面修缮。为使此次修缮工程高质量、高水平完成，恭王府管理中心做了大量的前期工作。收集历史文献资料，制定《北京恭王府保护规划》，并按照国家有关规定，进行了工程设计、工程施工等招标工作，同时聘请相关单位参与工程管理和财务管理。恭王府府邸占地面积约32000m^2，需要进行修缮施工的建筑面积约12600m^2，整体修缮工程计划于2007年9月竣工。此次恭王府大规模的维修和保护具有重要的历史意义和现实意义。

孙旭光宣读了原国务院副总理谷牧同志为恭王府府邸文物保护修缮工程开工典礼写的“贺词”。谷牧同志首先对府邸古建修缮工程的开工表示热烈祝贺，他在贺信中说：“今天，恭王府府邸修缮工程终于全面启动，我倍感欣慰。希望你们以高度负责、科学严谨的态度，精心施工，严格要求，勤奋工作，团结协作，早日实现周总理遗愿，重现王府昔日风采，实现对社会公众的全面开放。最后预祝恭王府府邸古建修缮工程圆满成功！”

北京市文物局副局长孔繁峙代表北京市文物局对恭王府府邸文物保护修缮工程的开工表示衷心的祝贺。他说：“恭王府是北京市目前唯一一座保存完整的王府，它的修复不仅是北京市也是全国文物界的一件大事。从2003年到现在，历经了两年多的时间，在文化部、财政部、国家文物局领导的关心和支持下，先后完成了拆迁腾退、项目立项、可研报告、保护规划、方案设计、施工招标等前期准备工作，十分不易。我局作为北京市国家文物保护单位属地管理的职能部门，将充分发挥职能作用，加强协调配合，全力支持恭王府府邸修缮工作。”

中华人民共和国国务院办公厅

文化部恭王府管理中心：

欣悉恭王府府邸古建修缮工程开工在即，我谨表示热烈祝贺。

恭王府作为现存清代王府中保存最为完整的一座府邸，具有十分重要的历史文化价值和学术研究价值，保护利用好这一文化古迹，具有十分重要的意义。新中国成立以来，党和政府以及周恩来总理对恭王府的保护、修复工作都极为重视。遵照周恩来总理生前的指示和嘱托，我对恭王府的保护修复工作也一直极为关注。今天，在文化部、北京市委、市政府等有关部门及恭王府全体干部职工的共同努力下，恭王府府邸修缮工程终于全面启动了，我倍感欣慰。

希望你们要以高度负责、科学严谨的态度，精心施工，严格要求，勤奋工作，团结协作，早日实现总理遗愿，重现王府昔日风采，实现对社会公众的全面开放。

预祝恭王府府邸古建修缮工程圆满成功！

谷牧

2005年12月2日

开工贺词

施工单位北京房地集团有限公司代表表示:“施工单位以今天的开工为契机、为起点，严密组织、精心设计、科学施工，与建设单位、工程项目管理单位（监理单位）、设计单位一起共同合作和努力，争取把这个项目做成一个古建修缮精品工程，为北京2008年奥运会增添光彩。”

文化部党组副书记、副部长孟晓驷、北京市文物局副局长孔繁峙、国家文物局古建专家组组长罗哲文和谷长江为“开工仪式”纪念碑揭碑。

三、古建保护贯穿施工始终，充分注意历史信息的留存

2004年7月30日，府邸修缮办举行会议，针对目前府邸古建修缮方面的一些问题，确定了修缮的主要思路和原则。肯定了历史资料查找、收集的重要性，明确了历史资料是此次指导府邸修缮工程的主要依据。并强调了多福轩的修缮用料、工艺、规格等都应该符合王府规制，不能凑合。主要殿堂必须严格把握质量。多福轩内的彩画要尽量保留，新做的彩画不做旧，形成新旧对比；地面砖不能全换掉，旧砖可局部集中使用；书架尺寸可根据1937年中国营造学社恭王府实测图，总之能保留的历史信息都保留。

2004年12月24日召开专家会议，与会专家提出：本次修缮要保存历史文物原状、保留有价值的历史信息；充分展示王府文化内涵，达到祛病延年的目的。按照原材料、原工艺、原型制、原风格对恭王府进行修缮。要尽量保留室内的早期彩画、瓦作中的传统灰背做法、有历史信息的木装修和旧铁活，恢复快失传的裱糊工艺并在局部复原裱糊做法。

四、加强施工期间的文物保护工作

2005年11月，房修一公司按照府邸修缮办审阅的《文物保护方案》的要求，组织施工班子，编制了施工前期的文物保护方案。府邸修缮办就施工方入场后的文物保护方案提出了有效建议和措施。

2006年2月16日，府邸修缮办召开会议，就施工期间文物保护、安全施工及各部

“乐道堂主人制”款等瓷片

带款灰砖

门间的相互协调配合进行研究。明确划分了恭王府各部门的职责及任务，实施专人负责制。施工期间发现文物，立即停止施工，及时报府邸修缮办秘书，由秘书上报府邸修缮办副主任，并通报相关部门，研究处置方案。可移动文物由文物保管部负责，包括照片资料留存、文物入库、保管、已损坏文物的修缮等。“不可移动文物”由古建修缮部负责，并提出有关管理办法。

府邸修缮办和相关处室在接到发现文物的信息后，应在第一时间赶赴现场，对考古发掘中发现的瓷片，拆除过程中发现的带款灰砖，内檐彩画，地暖火道等进行拍照，除留存第一手资料外，根据可移动或不可移动文物的状况、现场情况等及时制订具体保护措施和处置办法，以使历史文物得到妥善保存。在此次工程中发现的诸多文物中，如“乐道堂主人制”款等瓷片，“王府足製”款的灰砖，公主时期的内檐彩画，建筑构件等一批非常珍贵的文物等，均得到了及时、有效的保护。

2005年5月23日，在率先进行的热力外线施工中，发现“三座桥”遗址，府邸修缮办速将有关情况上报北京市文物局。5月25日，北京市文物局局长梅宁华、文物处副处长王玉伟、黄威等查看了“三座桥”遗址，提出“应请北京市文物研究所考古人员进行现场勘察，研究解决办法”。北京市文物研究所朱志钢、李华到现场勘查后，研究确定：“热力外线施工时自地下管线东侧提前向北转弯后再向西，避开‘三座桥’遗址。在实施过程中，若再遇到‘三座桥’遗址，请速将情况上报北京市文物局，由北京市文物局决定下一步实施对策”。

为了保证文物古建的安全，设置了消防水炮，同时对安防、消防、灯光、空调配电实现了古建筑群的高度自动化集中智能控制。群策群力，确保安全施工，高度重视工程质量。

王乃海同志（右二）在施工检查中

五、群策群力，确保安全施工，高度重视工程质量

（一）确保施工安全

施工安全与工程质量一直是施工中的重中之重。建设方、设计方、监理方、施工方均予以高度重视。群策群力，严格要求，确保施工安全，创建优质工程。

施工期间的保卫工作，由府邸修缮办副主任组织相关部门召开专项协调会，并共同研究提出管理办法。如突发事件发生，应立即停工，并及时报告。

每周必须召开府邸修缮工程监理例会。施工方对上周工程进行小结，监理公司、府邸修缮办、文物质监站分别针对施工中的具体问题提出要求和改进措施。会议多次强调：要严格把好材料质量关，注意施工安全（包括游客及工人自身安全），做好资料存档备案工作，保证工程质量达到优质标准。

除了例会外，关于施工期间的安全工作，府邸修缮办与设计、监理、施工等单位召开了许多专题会议。如2006年4月30日召开的后罩楼施工专题会议，以国金公司牵头成立的管理公司、监理公司、施工方和甲方人员共同组成安全领导小组，全面负责后罩楼施工期间的安全工作。强调必须安全文明施工，严禁扰民。施工过程中要特别注意花园游客安全，通道内要有专人引导、疏散游客。施工要保证工程质量和文物安全，保护好后罩楼以北新铺石路面。

“思想重视，措施具体”。在有关单位多次进行的施工安全与工程质量的检查中，恭王府古建修缮工程都得到较好的评价。如2006年3月17日上午，北京市文物局文物工程质量监督站、文保处、文物督察队组成的安全施工综合检查组，对恭王府府邸文物保护修缮工程进行了工程安全施工综合大检查。通过对施工现场进行检查和查看工程备案资料，安全施工综合检查组的人员一致认为：“恭王府府邸文物保护修缮工程，在安全文明施工的六类评估指标均符合北京市安全文明工地的标准，甲方、管理、监理到位，是目前北京在施的18个文物工程里各项工作做得最好的项目。”

2006年7月20日，北京市文物局文物工程质量监督站对府邸文物保护修缮工程进行了工程质量、档案资料、安全施工等综合检查。通过查看施工现场在施项目和工程档案资料，检查组的同志认为：府邸文物保护修缮工程在工地材料堆放、安全文明施工、工程洽商签字、入场新料检测等方面做得较好。

2008年4月24日，北京市文物局文物工程质量监督站对府邸文物保护修缮工程进行“平安奥运”综合大检查。随后按照分工，对现场施工质量、施工资料、施工安全等方面分别进行了检查。北京市文物局文物工程质量监督站的同志认为：虽然府邸施工现场队伍较多，但管理较好，工程整体情况不错；同时也根据检查情况提出了要求，施工单位还要注意宽瓦的施工质量、彩绘材料的配比、资料填写的准确性以及脚手架挡脚板的完善等。

（二）府邸修缮办进行严格的工程质量监督

工程质量是对国家、对人民、对子孙后代负责的大问题，参与工程的各方均予以高度重视。

整个施工期间，府邸修缮办人员一直坚持对施工过程及相关现象进行观察，文字记录、摄影录像，留下了许多影像资料。发现问题，及时汇报，请教专家，认真讨论，研究措施，提出方案，解决问题。

工程常态化检查和考核，是保证工程质量一个很重要的环节。各方从多方面入手，加强检查和评估。施工方自查及时发现及时调整，将问题消灭在萌芽状态。监理公司进行检查，发现问题采用通知单的形式告知施工方，并及时解决。张壮、胡一红（甲方监

工程监理例会

现场安全标语

木材检测

考察苏州御窑

理代表），田建国、李中国、杨树勤进行检查。如有问题，立刻通知各方到现场查找原因、立即整改。

如 2006 年 9 月 4 日，府邸修缮办就修缮工程中部分墙体砌筑外观存在大量花斑点的质量问题召开专题办公会。各方均就砖体质量问题提出看法和意见，文物监督站提出整改要求。恭王府领导强调："修缮工程中质量是大事，要尽快按程序解决问题。国金公司要充分发挥作用，监管力度要大，有事要及时汇报。同时要求就此事召开多方会议，按文物监督站的要求立即进行整改。"

在工程常态化检查和考核的基础上，每个工程结束后，府邸修缮办均会邀请相关职能部门进行阶段验收。北京市文物局文物工程质量监督站王乃海是恭王府府邸修缮工程的常驻代表，负责府邸古建施工的质量监督工作。

古建施工中，墙体砌筑、上梁、苫背、盖瓦、彩画绘制等，均有诸多单项工程，每当工程告一段落时，府邸修缮办与监理公司及王乃海共同对工程质量进行监督检查和验收工作，一旦发现问题，将要求施工方必须立即进行整改。如问题严重，则会对施工方下达停工通知单，进行整改。

为确保避雷设施的安装质量，在 2006 年 12 月 7 日工程结束后，府邸修缮办邀请北京市避雷检测中心李谡及王乃海等对后罩楼北侧避雷设施的安装进行了阶段验收。李谡认为，后罩楼北侧避雷设施安装所用材料、规格、施工资质、质量均符合国家标准，但避雷带和避雷针的安置，还需注意标准、美观，并需进行防锈和防腐蚀处理。王乃海则希望施工单位要按照避雷检测中心的意见进行整改，确保避雷设施的正常使用。

工程施工环环相扣，建材质量是首要的保证。此次施工中，对使用的建材从选材开始，都要层层把关。如 2005 年 12 月，府邸修缮办人员与施工方、国金公司共同考察了砖、瓦等施工建筑材料。2006 年 1 月，府邸修缮办人员与施工方、国金公司共同考察了砖、瓦、石材等施工建筑材料。同年 1 月，府邸修缮办人员与国金公司和施工方一起，到张家港、苏州等地对修缮工程中急需使用的木材、金砖等建筑材料进行了市场调研和实地考察。3 月，国金公司组织府邸修缮办部分成员，到苏州、南京等地对修缮工程中需使用的金砖、金箔等建筑材料进行了市场调研和实地考察。同时府邸修缮办委托古建修缮部主要负责人张壮联系文物质监站，组织相关单位共同去郊区备料库对即将入场的木材、瓦、石材等修缮材料进行检验。4 月，府邸修缮办部分成员与文物质监站，国金公司、房修一公司共同去郊区厂家对即将入场的木材、瓦、石等修缮材料的质量进行考察和检验；并对琉璃瓦复烧工艺及价格进行了调研。2007 年 4 月 26 日，府邸修缮办、国金公司、房修一公司、石料加工厂等，专就锡晋斋需补配的花斑石料到采石厂进行实地考察，并带回花斑石样品，与原石材做比较。特别是对于用量较大石材的选择，中古建修缮部非常慎重，将在实地取样石材和原旧石材一同进行矿物质检验。依据检验结果最终选定为青石。这种对材料的实地考察调研方法，符合《中华人民共和国文物保护法》相关规定，也为工程质量严把第一关。

（三）施工单位制订工程质量保证体系和措施

2005 年 11 月，房修一公司恭王府项目部制订了详细的《工程质量保证体系和措施》。包括质量目标、工程质量管理保证体系、组织保证措施三个部分，并如下所述。

（1）质量目标则要求分部工程质量应保证一次交验合格率 100%，优良率 85% 以上；单位工程质量一次交验合格率 100%，工程质量达到《北京市文物建设工程质量检验评定标准》的优良等级。

（2）建立有效的工程质量保证体系，设立质量管理机构，形成项目经理部、各专业管理人员和施工作业班组的质量管理网络。细化质量职责，明确规范项目经理、项目责任工程师、工程管理组、工程放样组、物资管理组、质量监督组的各自职责。

（3）根据工程质量保证体系，建立岗位责任制和质量监督制度，严格遵守各项制度。在工程项目上坚决贯彻执行质量管理和控制办法及实施细则。严格样板制、三检制、工序交接制度和质量检查和审批等制度。负责定期组织质量讲评、质量总结，以及与业主和业主代表、监理进行有关质量工作的沟通和汇报。严格执行“会诊制度”和“奖罚制度”相结合的方式彻底解决施工中出现的问题，以过程精品保证精品工程。

六、严格验收，恭王府府邸修缮工程得到了较高的评价

（一）遵守验收程序，圆满完成竣工验收工作

从2008年10月24日开始布置府邸修缮工程总体竣工验收，到12月29日北京市文物局工程质量监督站完成了对“府邸修缮工程竣工验收资料”的审核并“准予备案”，历时两个多月。两个月来，建设方、设计方、监理管理方、施工方一起，严格按照验收程序，分清权责，对保护修缮的各项工程进行了最后的全面检查。做好验收前期的准备工作，为工程最后验收奠定良好的基础。

此次验收大体分为四个程序：准备验收、四方验收、预验收、竣工验收。

（1）准备验收：2008年10月24日，府邸修缮办召开扩大会议。就府邸修缮工程总体竣工验收和移交工作进行了布署和落实。要求国金公司要真正负起责任，各施工单位一如既往保证后期的工程质量。保证在2008年12月15日前，完成府邸整体验收工作。

（2）四方验收：2008年11月10日，府邸修缮办和古建修缮部、国金公司恭王府项目部、清华设计院、工程施工总承包房修一公司、市政总包北京市政四公司及各分包单位等在一起，对府邸工程进行了四方验收，并巡查、总结。对验收中发现的一些问题，要求各施工单位抓紧进行整改和完善，以配合文物监督站做好竣工验收工作，给恭王府交一个满意的答卷。

（3）预验收：2008年11月19日，建设方、设计方、监理方、施工方与北京市文物局文物工程质量监督站派驻恭王府工程的代表王乃海和李粮企，共同对府邸工程质量进行了初验。恭王府府邸修缮整个工程从2005年12月5日正式开工，历时3年，终于完成。但有些方面还需注意或整改。设计方、监理方均同意可以验收。王乃海表示对恭王府府邸文物修缮工程进行预验，基本符合验收要求，可以通过。在取得消防、安防和防雷专业验收合格通知单后，建设、设计方、监理方和总承包法人及项目委托人等要共同进行核验，并按程序准备资料报文物局备案。

（4）竣工验收：2008年12月9日，中心按照北京市文物局关于古建筑修缮竣工验收的规定，组织召开了恭王府府邸文物保护修缮工程竣工验收会议。建设方、设计方、施工方、监理方四方代表按照北京市有关古建修缮工程验收程序，分成两组对现场施工情况和工程资料分别进行了核验，均同意进行竣工验收。竣工验收核验后，文物监督站宣布：“由建设方组织，设计方、施工方、监理方参加的恭王府文物保护修缮工程的竣工验收，人员齐备，工程质量符合要求，工程资料齐全，验收结论明确，程序符合规定，竣工验收合法有效。请施工单位配合建设单位，在15个工作日内到北京市文物局文物工程质量监督站完成工程竣工备案工作。”

12月18日，府邸修缮办、国金公司、房修一公司共同将府邸修缮工程竣工验收备案资料送至北京市文物局文物工程质量监督站进行审核和备案。12月29日，北京市文物局文物工程质量监督站完成了对“府邸修缮工程竣工验收资料”的审核，“准予备案”。

（二）恭王府府邸修缮工程是一个成功的范例

四方验收时，设计方郭黛姮认为工程整体不错，监理方国金公司总监张良宽认为工程质量总体较好。

预验收会议中，参与工程各个方面的代表一致同意进行竣工验收。郭黛姮特别提出，府邸文物保护修缮工程与其他工程比较，是目前看到的文物工程中最好的一个。张良宽认为，府邸修缮工程总的质量符合设计及施工验收规范，古建工程施工工艺和原材料符合要求，瓦面、大木立架、砌砖、彩画、木装修、地面、石活都不错。北京市文物局文物工程质量监督站李粮企谈到，整个工程修缮面积大，工程难度也大，通过现场查看，总体来说不错。派驻恭王府工程的总监督王乃海认为总的来说工程是不错的，瓦面、墙面、大木、彩画等大的项目做得很不错。建设方吴杰表示，总体来说，对整个施工质量还是满意的。

竣工验收时，古建专家代表傅清远发言中强调：“府邸工程的设计符合文物保护原则，体现了文物修缮的特点并考虑到博物馆的使用需求。特别是为了完成好修缮工程，建设单位开展了恭王府历史资料的搜集、整理和研究工作，为完整准确地恢复恭王府提供了可靠的依据。”

北京市文物局文物工程质量监督站站长王效清对修缮工程质量进行了评价：“文物保护工程是一项持续发展的文化事业。恭王府修缮工程不仅是保留下来一段历史，更重要的是保留下来一段文化。恭王府的修

荣誉证书

杨 新 同志：

你参加的 恭王府府邸文物保护修缮工程 在北京市第十五届优秀工程设计评选中获得 历史文化名城保护建筑设计优秀奖。

特发此证，以资鼓励。

北京市规划委员会

二〇一一年八月

北京市规划委员会颁发的设计荣誉证书

北京市装饰协会颁发的施工荣誉证书

谷长江（右二）等领导视察工作

缮工程无论在设计、施工、监理等方面均可称为是北京地区的一个很成功的范例。下一步，各方应写出高水平的修缮工程总结。”

修缮工程的竣工验收标志着文化部党组交给恭王府管理中心的这项工作任务已经圆满完成。各方面的高度评价，不仅是对恭王府保护修缮工程的全面肯定，也是对多年以来党和国家领导人的关心，对文化部、财政部、北京市及社会各界的大力支持，对各行各业专家学者的指导，对参与这项工作的设计方、监理方及恭王府全体人员积极工作的回报。

第三章

恭王府府邸修缮纪实

恭王府府邸及花园是全国重点文物保护单位，是目前北京现存清代王府中保存较为完整且唯一对外开放的王府。继1988年恭王府花园对外开放后，经多方努力，直至2006年恭王府府邸才全部腾退。为了全面、系统地展示清代王府的历史沿革、建筑规制及王府文化，首要任务是对府邸古建筑进行全面修缮。为此，文化部恭王府管理中心设立府邸修缮办，全面负责府邸修缮工作。经过规划、设计，并获得国家文物局和北京市文物局批准，于2005年12月5日举行开工典礼，由此正式启动恭王府府邸文物保护修缮工程。

本次恭王府府邸文物保护修缮工程主要包括府邸中路、东路、西路建筑的修复以及原有建筑的复建，共计完成修复古建筑面积为12624m^2，其中修缮面积为9800m^2；复建面积为2200m^2；新建面积为624m^2，府墙长度为1155m。拆除非文物建筑11650m^2，保护遗存彩绘700余平方米以及不同历史时期文物信息多处。同时，完成与国家一级博物馆建设相关的配套基础设施：给排水工程、强电工程、弱电工程、热力工程、空调工程、景观照明工程、消防工程、安防工程、避雷工程、地下综合管廊工程、综合技防监控室一座、绿化工程等，签署并完成各类合同项目121项。府邸修缮工程用时三年，投入资金2.1亿元。在文化部的领导下，在建设方全体员工及管理方、设计方、施工方等的共同努力下，2008年12月19日府邸修缮工程通过国家文物管理部门验收，标志着恭王府博物馆基础设施性建设工程全面竣工。

本次恭王府府邸文物保护修缮工程，突出了对恭王府府邸三路院落、建筑等的历史溯源研究；在修缮前对院落及其建筑进行了系统性的现状勘测工作，奠定了精心设计的坚实基础；在精心管理、精心设计的统筹下，组织开展了精心施工，按照清官式王府建筑营造技艺，全面保护修缮了恭王府府邸。本书对修缮过程做出纪实性研究记载。

第一节　中路建筑

恭王府中路建筑从南至北分布着头宫门院、银安殿院、神殿院、后罩楼四个院。

一、头宫门院

1. 头宫门院历史沿革

头宫门院位于府邸中路南侧，依据样式雷图，头宫门南侧有倒座房，东西有穿堂房，各组房屋以围房相连接，府邸大门的东西两侧按规制置石狮子一对，其中南侧倒座房为王府的办事机构和服务用房。

清代王府通常在府邸大门前以围墙圈出一片宽敞的区域作为前庭院，东西两侧设出入的“辕门”。依据《大清会典》，亲王

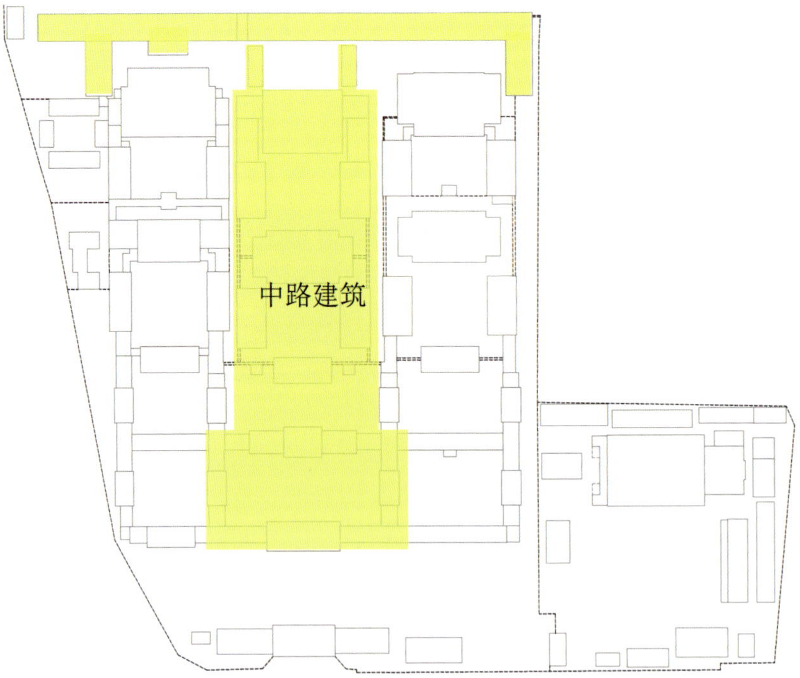

中路建筑
平面图

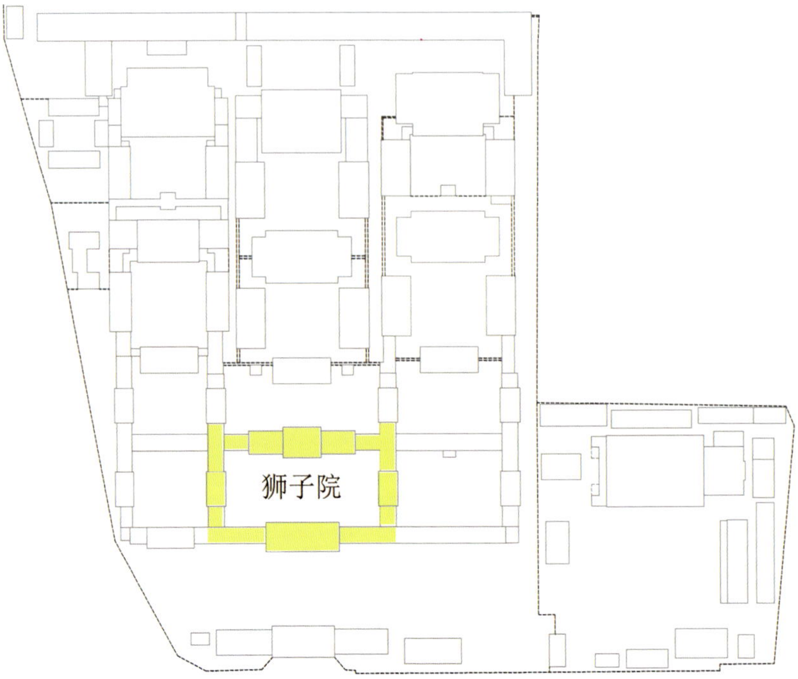

头宫门院落
区位图

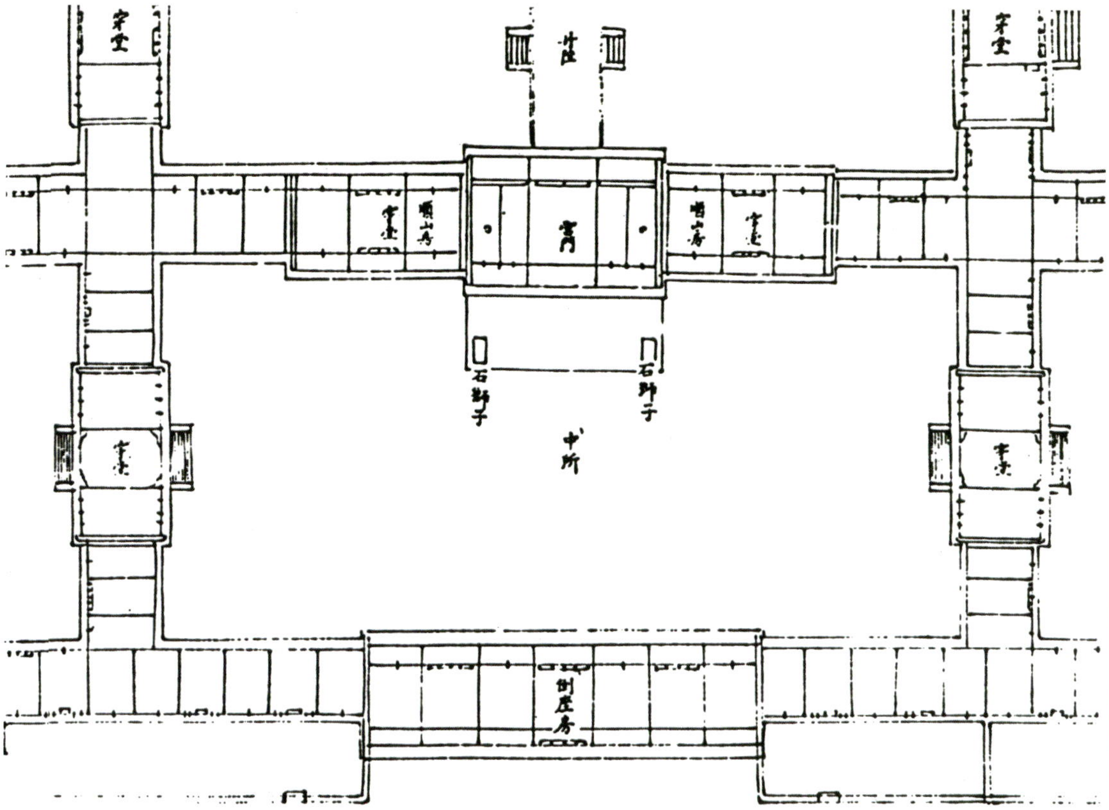

头宫门院落样式雷图

府“正门五间，启门三，缭以崇垣，基高三尺”，即是对亲王府狮子院中府邸正门的规制描述；而《会典事例》又有“外周围墙”之说。

头宫门院的南倒座房以及东围房和穿堂房在 20 世纪初期被拆除。

2. 头宫门院修缮前现状勘测

恭王府原头宫门院建筑仅剩头宫门及东西耳房和北侧围房。倒座房、南侧围房、东西穿堂房（辕门）则无存，其位置上后建音乐学院大门及教学楼。

头宫门为三开间七檩前后廊硬山型制，总建筑面积为 $106m^2$。东、西耳房皆为三开间七檩前后廊卷棚型制，总建筑面积为 $148m^2$。

头宫门老照片

头宫门院落老照片

1）台基地面

（1）台基

头宫门台基石材与面砖普遍风化酥碱，部分阶条石有断裂和角部缺失，台基砖移位严重。南侧垂带踏跺被后砌甬路覆盖，台阶象眼损坏，局部以碎砖填充。

头宫门东、西耳房部分台基为后铺，南侧台基砖几乎完全风化酥碱，北侧台基砖被后补台基砖掩盖，露出部分约70%风化酥碱。东耳房前廊靠墙柱顶及西耳房明间北侧柱顶严重风化酥碱。阶条石和埋头石多数有断裂、酥碱和角部缺失现象，局部有水泥修补痕迹。

（2）地面及散水

头宫门室内明间及南侧檐廊为后铺水泥方砖，次间及东、西耳房室内为水泥地面，柱顶被覆盖。贯通头宫门的甬路为后做砖地面，门墩石腐蚀严重。

头宫门南侧地面条石散水，损坏严重，北侧为后铺水泥方砖散水，做法简易。头宫门内西南侧围房无地面散水。

2）墙体墙面

头宫门槛墙为澄浆砖、停泥砖干摆做法，局部砖体表面风化酥碱，个别角柱石有缺失。东墙局部墙体为后世补砌，廊心墙局部方砖破损。东南墀头戗檐琉璃剥落。建筑内墙掺水泥抹面，内西墙下碱砖表面约30%风化酥碱。

头宫门东、西耳房槛墙均为蓝机砖水泥砂浆砌筑，表面抹灰划线，墀头均为小停泥

音乐学院教学楼

头宫门修缮前

头宫门台基修缮前现状

头宫门东耳房台基及外檐现状

头宫门酥碱门墩石

头宫门西南侧水泥地砖地面

头宫门东耳房后檐墙修缮前现状

头宫门东耳房损坏墀头

砖丝缝砌筑，砖体酥碱，后墙改动较大。建筑的所有内墙掺水泥抹面。东、西耳房墀头下碱砖体风化酥碱严重，局部有抹灰。东耳房以东南侧墀头墙体损坏最为严重，戗檐盘头部分均有不同程度损坏，北戗檐为两块拼接而成。西北戗檐以上部分至垂脊完全坍塌剥落，现被水泥封堵；西耳房墀头上身根部及角部损坏严重。

东、西耳房部分廊心墙被室内墙面抹灰所覆盖，其中东耳房东南廊心墙立八字、拐子表面严重风化酥碱，部分角部破损。

3）木作

（1）大木

头宫门及东、西耳房所有与墙相接的柱子都有柱根糟朽现象，而直接裸露在外的柱子则相对完好。室内大木屋架构件基本完好，仅局部出现开裂、糟朽的现象。

（2）装修

头宫门及东、西耳房与西围房建筑门窗均为后改建，与原貌不符，现东、西耳房北

头宫门东耳房外檐修缮前现状

侧槛墙和槛窗由金檩推至檐檩位置。头宫门明间门槛已砍，端头尚存。东、西耳房室内梁架下后加吊顶。

4）屋顶瓦面

头宫门屋顶为绿琉璃瓦硬山顶，屋面筒瓦，檐头勾滴绘制龙纹。屋顶杂草丛生，部分捉节夹垄灰缺失，瓦件松动。屋顶琉璃瓦脱釉严重且色彩不均，勾滴保存较为完好，仅有个别损坏缺失。正吻断裂、背兽缺失。南侧垂脊断裂、小兽、钉帽缺失损毁严重，北侧垂脊较为完好，个别脊饰件缺失。东、西排山博缝砖边沿破损处为水泥砂浆填补。

头宫门东、西耳房屋顶为灰瓦卷棚顶，所有步架均铺望板，屋面皆筒瓦，部分捉节夹垄灰缺失，瓦面松动。东耳房筒瓦、滴水规格不一且损坏缺失严重，东南、西北垂脊于中部断裂，小兽缺失较多，山面局部博缝板错位外闪。西耳房檐口勾滴仅有个别损坏，垂脊保存较为完好。

5）油饰彩画

（1）油饰

头宫门明间柱子底部油漆剥落。头宫门东西耳房外檐油饰为后做，非传统做法。

（2）彩画

头宫门外檐梁枋绘龙锦枋心墨线大点金旋子彩画，保存较为完好。内檐梁架其余老彩画表面附着黑色物质，已经难以辨认。

头宫门东、西耳房外檐梁枋绘有夔龙枋

头宫门西围房外檐修缮前现状

头宫门损坏正吻

头宫门东南缺失垂脊

头宫门东耳房断裂垂脊

心墨线小点金旋子彩画，室内梁架无彩画痕迹。

3. 头宫门修缮及复建施工

1）头宫门院修缮

头宫门院修缮主要是头宫门及东西耳房和西围房。

（1）台基地面

①台基。重砌并归安头宫门垂带青石礓礤台阶。建筑阶条石和埋头石作防风化加固处理，东北阶条石角部镶补，部分柱顶进行防风化处理。南侧台基大城砖重砌台明。北侧东西次间阶条石拆砌、归安，重砌台基。

拆除东耳房北檐地面后铺台阶。重砌东、西耳房前后檐台、阶条石拆砌归安，对

头宫门西耳房垂脊

头宫门外檐彩画

头宫门西耳房外檐彩画

头宫门院落地面施工

头宫门院落墁地

修复头宫门东山墙墀头

西十字房大木构架

头宫门东耳房门窗施工

断裂的阶条石中间加铁芯加固粘结，对缺角的埋头石和阶条石进行镶补并加固，清洗污损埋头石并对修补后石材进行防风化处理。

②地面及散水。重新铺墁头宫门院甬路地面，揭除头宫门后铺水泥方砖及东、西耳房室内木地板，以尺二方砖细墁头宫门及东、西耳房室内地面。

头宫门细墁二城样城砖“褥子面”样式散水。东、西耳房南侧地面细墁二城样砖“一封书”样式散水。

（2）墙体墙面

拆除头宫门后改建的墙体，对缺角角柱石做镶补和防风化处理。重砌南侧槛墙，下碱为二城样干摆做法，对山墙下碱局部挖补清理并添配透风砖。添配修补损坏的东北廊心墙立八字和东南廊心墙破损方砖立八字、拐子。修复东南墀头戗檐砖雕。

重砌头宫门东西耳房槛墙，小停泥砖丝缝做法；东西山墙局部拆砌，下碱二城样砖干摆做法，上身小停泥砖丝缝做法。东耳房重砌前后檐西山墙墀头、修补后檐东山墙墀头，更换戗檐，重砌东山墙前檐墀头盘头；修补东南破损廊心墙立八字、拐子。清除东耳房室内墙面抹灰，清洗所覆盖廊心墙。西耳房西南墀头下碱砖局部剔补，东北墀头局部拆砌山墙下碱，西北墀头下碱损坏墙局部挖补，清洗墀头上身变色墙砖。

（3）木作

①大木。对头宫门糟朽的前后檐金柱及山柱进行墩接，并加铁箍 1~2 道。前檐大木更换约 5% 开裂椽子，上金檩、下金檩木条嵌补裂缝并加铁箍加固。对头宫门及东、西

耳房有裂缝的大木梁架进行嵌补并铁箍加固。制安头宫门西十字房大木构件。

②装修。将头宫门建筑次间复原为双交四椀隔扇窗，东、西耳房改建窗更换为外侧“步步锦”样式支摘窗，内侧推拉式玻璃窗，耳房门为帘架风门。

（4）屋顶瓦面

头宫门及东、西耳房屋面挑顶维修，拨正梁架，按传统做法重新苫背瓮瓦，望板均刷防腐涂料。头宫门屋顶为新旧琉璃瓦件结合使用，修复脊件。头宫门正吻添配并归安。补配头宫门缺失的垂兽 1 件，小兽 12 个，添配屋檐钉帽。添配头宫门及东、西耳房缺失瓦件，东、西耳房拆除后添配筒瓦并统一勾头规格。

将东、西耳房缺失小兽添配齐全，修补东耳房东南和西北的断裂垂脊，并将东山墙博缝板局部拆砌归安。

（5）油饰彩画

①油饰。头宫门及东、西耳房外檐大木重做一麻五灰地杖，传统油饰做法饰二珠红，清洗保护明间梁架老彩画、局部油饰。

②彩画。依据 1912 年、1913 年头宫门老照片，头宫门外檐、廊内掏空部位、明间内檐绘制龙锦枋心墨线大点金旋子彩画，对头宫门梁架上原有彩画进行清洗和修补。依据清代彩画的一般配置规律，头宫门耳房外檐廊内掏空部位新绘清晚期样式的攒退夔龙墨线小点金旋子彩画。

2）头宫门院复建

拆除头宫门院后建的音乐学院教学楼，复建倒座房、东西穿堂门、东围房以及东十

头宫门及耳房屋顶施工

头宫门屋顶苫背

头宫门屋顶瓦瓮瓦

头宫门瓦顶修缮后

头宫门外檐修缮后

头宫门新绘内檐彩画

头宫门耳房新绘外檐彩画

拆除音乐学院教学楼

字房。

依据样式雷图、1937年中国营造学社实测图以及东穿堂老照片，将恭王府头宫门院倒座房复建样式确立为七开间卷棚顶前后带廊型制，东、西穿堂门的复建样式确立为三开间卷棚顶型制，围房以及十字房参照西围房及东十字房型制统一复建，形成头宫门完整建筑院落。

拆除后留出的头宫门前空地

（1）台基地面

①台基。倒座房台帮为二城样砖干摆十字缝砌筑。建筑南、北两侧明间及东、西次间设垂带踏跺台阶，东、西梢间南北两侧均设木质坡道。东、西穿堂门台帮小停泥砖十字缝砌筑，东、西两侧台阶使用礓䃰。

②地面及散水。倒座房廊步及室内地面细墁尺四金砖。东、西穿堂门地面铺“褥子面”样式散水。

（2）墙体墙面

倒座房东、西尽间南北两侧设槛墙，山墙下碱二城样砖干摆十字缝砌筑，上身小停泥砖丝缝十字缝砌筑。廊心墙尺一方砖干摆砌筑，墀头戗檐配置砖雕图案。

东、西辕门槛墙二城样砖干摆十字缝砌筑，槛墙上设槛窗，下碱二城样砖干摆十字缝砌筑，上身小停泥砖丝缝十字缝砌筑。室内墙体上身抹靠骨灰刮腻子环保涂料。建筑戗檐砖雕式样为麒麟题材。

（3）木作

复建倒座房及围房外檐门窗为“步步锦”样式；东、西辕门为穿堂样式，外檐门窗为“双交四椀”样式；围房槛窗为下部玻璃抱框，上部“步步锦”样式。

（4）屋顶瓦面

复建倒座房屋顶、东西辕门屋顶为硬山卷棚顶，灰瓦屋面，脊饰五跑小兽（一狮四马），围房屋顶依据大木结构同属卷棚样式。

（5）油饰彩画

①油饰。倒座房外檐木柱油饰红色，隔扇门窗抱框及裙板油饰红色，椽心饰绿。

②彩画。依据专家论证结果，将倒座房及围房外檐彩画绘制成夔龙黑叶子花枋心雅伍墨旋子彩画；东西辕门外檐彩画为夔龙黑叶子花枋心墨线小点金旋子彩画。

复建和修缮后的头宫门院建筑是恭王府府邸文物保护修缮工程整体工作面貌的缩影。

头宫门南侧房地基施工

十字房大木及外檐施工

头宫门及东、西耳房竣工

头宫门院落竣工（东侧）

头宫门竣工（北）

头宫门院南房竣工

头宫门院落东穿堂门竣工

头宫门院落西穿堂门竣工

二、银安殿院

银安殿院位于府邸中路，是府邸核心区域，现由二宫门、银安殿、东西配殿组成。

（一）二宫门

1. 二宫门历史沿革

二宫门位于中路头宫门之北，银安殿遗址之南，为银安殿院正门，又称“仪门”，为恭王府中路礼制建筑之一。

2. 二宫门现状勘测

二宫门面阔五间，进深三间，绿琉璃瓦硬山顶，总建筑面积 137m^2。二宫门整体结构保存较为完好，建筑局部改动较大。

1）台基地面

（1）台基

建筑台明为抹灰后划缝，东侧台基表面水泥砂浆抹灰。台基石材普遍风化，阶条石及垂带石有断裂、缺角。东北角好头石缺角。狮子门墩风化酥碱严重。

（2）地面及散水

二宫门明间南北为后铺水泥方砖甬路。

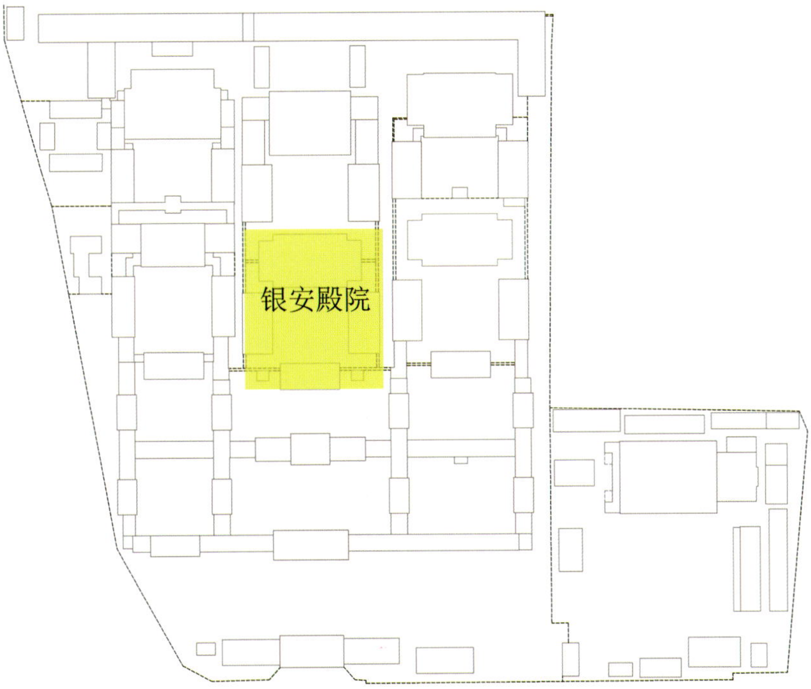

银安殿院落区位图

二宫门修缮前现状（南）

二宫门修缮前现状（北）

二宫门台基东北角

二宫门酥碱狮子左右门墩

室内全部为水泥地面，厚度约为 50mm。建筑散水缺失。

2）墙体墙面

二宫门南侧东、西次间槛墙为后砌，西梢间槛墙约 20% 酥碱严重，东梢间槛墙砖部分酥碱。明间与东、西次间皆有后砌墙。东、西次间与梢间之间皆有后隔墙。北墙东、西

二宫门缺角柱脚石

二宫门东随墙被封堵门

二宫门西随墙损坏局部

二宫门西侧后建房

二宫门损坏西随墙

梢间上身墙体砖表面经涂料涂刷。东北柱脚石缺角，外闪，有宽 5mm 的纵向裂缝；西北柱脚石缺角，西南柱脚石根部风化严重。东山墙透风砖缺失，局部裂缝。西墙下碱砖少量酥碱。二宫门东、西两侧均有新增建筑。

二宫门西随墙残损严重，墙面局部抹灰，廊心墙方砖部分碎裂，墙体下碱砖体风化酥碱、局部下陷，西北角随墙门框保存较为完好。二宫门东随墙门框被后建建筑物墙体封堵。正殿院西墙被后建建筑所破，剩余墙体白色抹灰脱落，砖体外露，风化严重。院东墙墙体残损严重，局部成废墟。二宫门内东随墙东北拐角墙体有裂缝。

3）木作

（1）大木

二宫门一斗三升交麻叶大木屋架构件基本完好，局部梁架有裂缝，裂缝通长在 200~1000mm 不等，裂缝宽多在 5~7mm。与墙相接的木柱柱根普遍糟朽严重。二宫门大木现状概况见表 3-1-01。

表 3-1-01　二宫门大木现状概况

梁架位置	梁架裂缝现状
东梢间金檩	纵向裂缝，宽 5mm，长约 1000mm
东梢间西脊檩	东梢间西脊檩纵向裂缝通长，宽 7mm
西山墙三架梁	纵向裂缝分别为宽 5mm，长约 1200mm；宽 3mm，长约 1500mm
东梢间三架梁	纵向裂缝通长，宽 5mm
明间东三架梁	纵向裂缝通长，宽 5mm
西山墙脊柱	纵向裂缝，宽 5mm，长约 200mm

（2）装修

二宫门外檐装修与原貌不符，室内空间也有部分变更。明间东、西两侧在后砌墙的基础上各加门一扇，东、西次间与梢间之间皆有后加门。室内吊顶也为后加。

4）屋顶瓦面

二宫门为绿琉璃瓦硬山顶，屋面局部有漏雨现象。南坡瓦面琉璃瓦残损剥落严重，筒瓦钉帽全部缺失，正脊吻残缺不全，垂脊较为完整，个别脊饰件有缺失，山面博缝砖局部残缺。二宫门东、西随墙瓦顶及垂脊残损严重。

5）油饰彩画

（1）油饰

二宫门柱子普遍地杖开裂漆皮脱落。

二宫门屋脊正脊吻局部缺失（一）

二宫门屋脊正脊吻局部缺失（二）

二宫门东南垂脊局部缺失

二宫门随墙损坏瓦面

二宫门（北）外檐彩画修缮前

头宫门与二宫门之间地面施工

（2）彩画

二宫门外檐明间南侧东、西两处雀替有残损。建筑外檐彩画为后做，与原制不符，内檐梢间梁架（山柱、单步梁、双步梁）以及梢间与次间梁架（瓜柱、三架梁、五架梁）有清代彩画，局部彩画因烟熏变黑或有剥落。

3. 二宫门修缮施工

1）台基地面

（1）台基

粘补二宫门断裂阶条石及好头石并归安，修补南侧断裂垂带石并归安石踏跺，剔补台基酥碱台帮砖。

（2）地面及散水

清理地坪，恢复原规制“褥子面”样式散水。室内揭除水泥方砖地面及水泥地面并按原规制细墁尺四方砖。修复与头宫门之间的甬路地面。

2）墙体墙面

拆除东、西山墙贴建临时建筑，并修补砖面，补配透风砖。粘补并归安建筑缺角角柱石并建造垂花门；剔补建筑南侧梢间酥碱槛墙砖，北侧墙上身清除砖表面涂料，并进行月白麻刀灰打底，外罩青灰浆。拆除室内后砌墙体并恢复梢间原有墙体，下碱二城样砖干摆砌筑，上身糙砌，清洗廊心墙砖表面

新砌筑二宫门西随墙

二宫门西垂花门施工（一）

二宫门西垂花门施工（二）

二宫门内墙清洗后

涂料。

3）木作

（1）大木

二宫门建筑前檐柱和部分后金柱用干燥旧木料进行墩接，并加铁箍 1~2 道，墙内柱剔补 2 根，并墩接。用干燥旧木条嵌补干裂梁枋构件，并用结构胶粘牢。连檐、瓦口全部更换，望板部分更换。对墙内木构件、檐部木构件及新换的门构件均现场进行防腐处理。

（2）装修

制安二宫门东西梢间板门，东西梢间制安三交六椀隔扇窗，修复明间后檐门槛。拆除室内后加吊顶，露明梁架。

4）屋顶瓦面

二宫门屋面挑顶揭瓦并重新苫背瓦，补配缺失残碎瓦件，拆卸脱釉严重的琉璃瓦

二宫门屋顶挑顶施工

二宫门屋顶苫背

二宫门屋顶瓮瓦完成

件，复烧釉面，并用在二宫门北坡，补配正脊西侧吻和小兽，补配并归安东侧吻兽剑把和小兽。

二宫门屋顶瓦面修缮概况见表 3-1-02。

表 3-1-02　二宫门屋顶瓦面修缮概况

位置	修补瓦件及脊件
东南脊	垂兽归安
东北垂脊	补配缺失的垂兽、垂脊瓦和走兽
西南脊	粘补垂兽角
东排山	补配残缺的博缝砖 13 块（前部 12 块，后部 1 块）
西排山	残缺的博缝砖前后各 8 块

5）油饰彩画

（1）油饰

二宫门外檐木柱及装修重做一麻五灰地杖，传统油饰做法。

（2）彩画

修补明间残损雀替，南面西次间按后檐样式制安雀替。清洗变黑的彩画和被红油漆覆盖的彩画以及东西梢间金檩垫枋彩画。外

二宫门梁架老地杖砍挠

二宫门外檐地杖施工

檐彩画仿照内檐型制重新绘制。

（二）银安殿

1. 银安殿历史沿革

恭王府正殿，俗称银安殿或银銮殿，是王府内举行重大典礼活动的场所。《大清会典事例》中有关于亲王府正殿陈设的描述："正殿中设座，高八尺，广十有一尺，修九尺，座基高尺有五寸，朱髹彩绘五色云龙，座后屏三开，上绘金云龙均五爪，雕刻龙首有禁。"清代样式雷图中有银安殿的院落布局，正殿有东、西套殿和东、西配殿。

恭亲王时期，金册被收藏于匣内而藏于正殿之中。

据收藏在北京档案馆档案记载，恭王府正殿及东、西配殿，于民国九年三月（1920年3月）因焚香余火未灭引燃耳房隔断木板而毁于火灾，现仅剩台基遗址。

2. 银安殿院考古发掘

为了解银安殿院遗址地下基础和形状结构，为修缮工作获取详细的资料，北京市文物研究所于2004年11月5日至11月29日对银安殿遗址进行了布方发掘工作。

银安殿院遗址由正殿及东、西套殿，东、西配殿组成。

1）银安殿

银安殿南台基边距二宫门北台基边22m，大殿北台基边距神殿南台基边长22.97m。大殿的东、西耳房各距东、西围墙4.02m。院东、西围墙相距38.65m。银安殿主体建筑台基南北宽21.10m（含月台），东西长30.6m（含耳房）。

二宫门内檐彩画修缮后

二宫门外檐彩画修缮后

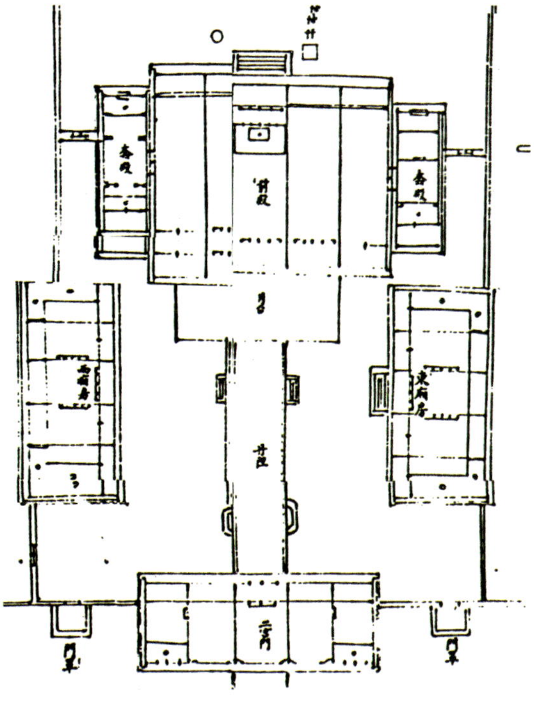

银安殿院样式雷图

银安殿遗址位于月台之北，平面呈长方形，东西长22.1m，南北宽15.60m，东、西墙基紧贴两耳房基础。大殿破坏至底部基槽，由四周墙基、南北两排柱坑、砖基拦上墙组成。

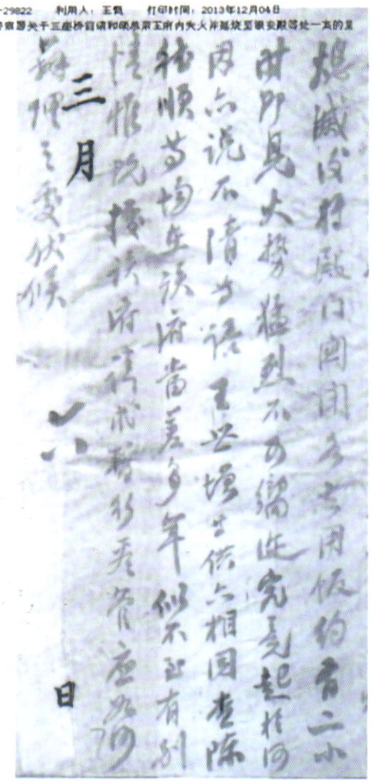

银安殿失火资料（一）

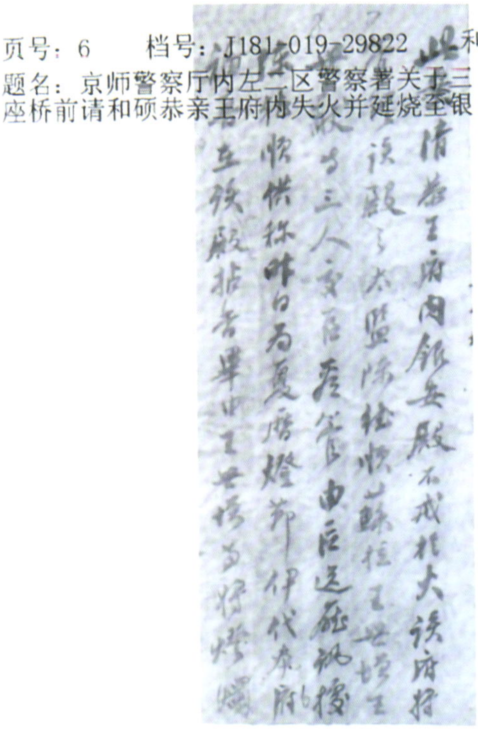
页号：6　档号：J181-019-29822　利用
题名：京师警察厅内左二区警察署关于三座桥前请和硕恭亲王府内失火并延烧至银

银安殿失火资料（二）

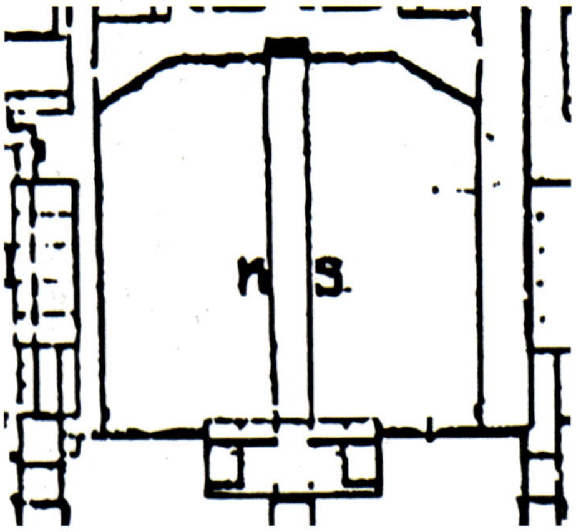

银安殿院 1937 年测绘图

银安殿遗址发掘前现状

大殿东部的东台基与东耳房西侧基槽相连，分界不明显；大殿西墙基槽仅留基槽底部土面，宽度同东基槽。台基大部分柱坑被大树或暖气管所破坏；拦土墙南、北共两道：大部分被压在树下，露出部分由残砖块和少量白灰砌成。东配殿基础考古发掘概况见表 3-1-03。

表 3-1-03 东配殿基础考古发掘概况

东配殿基础	尺寸
西墙基础	西墙基础和大殿东墙基础相连
南墙基础	东西长 4.25m，南北宽 0.56m，残深 0.75~1.01m
北墙基础	北距大殿东北角拐角石长 1.88m，东西长 4.25m，总宽 1.01m（台基宽 0.55m）
东墙基础	残长 2.90m，宽 0.85m

位于西配殿西侧夹道中部的西夹道门基础宽 1.36m，东西两侧各有一个石门礅，门墩石条上有门槛痕迹，石门墩两侧的砖砌墙各长 1.06m。在西围墙东边和夹道西墙基下南北各有一个南北相通的流水箅子。

大殿月台平面呈长方形，东西长 12.50m，南北宽 5.5m。月台基础由残砖块用土和少量白灰所砌制，底部和南部被暖气管道破坏。月台南部散水宽 0.52m，仅部分残存，东西基础已被破坏到底部，槽基宽 0.65m，底部夯土被破坏。基础考古发掘概况见表 3-1-04。

表 3-1-04 基础考古发掘概况

月台基础	现残留尺寸
南基础	南北宽 0.65m，残深 0.45~0.50m；砖体长 0.16~0.20m，宽 0.10~0.14m，厚 0.05m
东基础	东西长 1.75m，南北长 2.10m。底部石条 1 块，南北长 1.30m，宽 0.30m，厚 0.30m
西基础	东西 1.75m，南北长 2.10m
北基础	台阶北侧边缘距大殿南台基边 1.70m

位于月台中部南侧的台阶，现存南北仅 0.50m，南部被暖气管道破坏。推测原台阶应宽 4.50m。大殿北现存台阶不属于原踏跺，现台阶共五步，宽 4.92m，南北共 1.66m。

2）东、西配殿遗址

（1）东配殿遗址位于大殿台基遗址东南，长方形，面阔五间。

南台基边距二宫门东墙 4.10m，北台基边距东耳房南台基边 3.42m，东、西配殿相距 22.60m，该殿坐东朝西。由于破坏严重，西北部已破坏至底，残留痕迹。

（2）西配殿位于大殿的西南部，北台基距大殿西南角 1.55m，北距西耳房南台边 3.42m，东与东配殿相距 22.60m。该殿坐西朝东，长方形，南北长 17.77m，东西宽 8.07m。

西配殿地面以上部分大部分已破坏，残留底部基础，由四周台基砖基、磉墩、拦土墙组成。

在东配殿有东、西两排柱坑，每排有 6 个，西侧的柱坑基本已经破坏到底部，东侧柱坑被东墙压住破坏。东配殿拦土墙大部分被压在大树下已经破坏至底部；西配殿拦土墙东西两道：位于配殿东部，东边距砖基 0.73m，东西宽 0.40m，南北残长 2.58m，用残砖块加土和少量白灰所砌制。残深 0.93m，砖面距总水平 0.63m。

散水大部分已破坏，仅留北墙基外和西北角散水，用大青砖平铺，外缘用竖砖包边。东配殿前台阶未留痕迹。西配殿磉墩、柱坑已破坏到底部或是被大树根所压。磉墩砌法和用砖规格同东边。

此次发掘还发现了款印“王府足製”砖。

3. 银安殿院复建施工

此次府邸修缮工程一个最重要的项目是复建正殿及东、西套殿，东、西配殿。

依据考古发掘资料提供的正殿殿基的准确位置、柱网信息、建筑地面标高和第一历史档案馆收藏的档案信息，经专家论证，将复建的正殿确定为大式建筑，绿琉璃瓦歇山顶五开间带两套殿形式。经北京市文物局报国家文物局批准，遂实施复建。

1）台基地面

全面依据遗址尺寸重新砌筑正殿及东、西配殿台基。台基部分保留原有北侧台帮遗留的埋头石。对于已经粘满白灰的砖块，则进行清洗后使用，补配缺失的阶条石、好头石。地面处理保留拦土墙遗迹，恢复建筑月台及甬路。

主体建筑施工后，地面施工。

2）墙体墙面

银安殿建筑槛墙及山墙下碱以干摆形式砌筑，山墙上身用丝缝形式砌筑，后檐墙干

发掘出土的“王府足製”砖

银安殿台基施工（一）

银安殿台基施工（二）

银安殿甬路地面施工

银安殿室内地面施工

银安殿东配殿墁地

摆到顶，内墙糙砌，主殿内墙刷红，东、西配殿内墙上身白灰抹面。西配殿南山墙嵌“王府足製”砖。

3）木作

（1）大木

银安殿大木采用抬梁式构架，施七踩斗拱；银安殿套殿大木采用抬梁式构架，施一斗三升斗拱。

银安殿东、西配殿大木构架采用抬梁式

银安殿套殿山墙施工

银安殿室内墙糙砌

银安殿配殿内墙抹灰

西配殿山墙镶嵌“王府足製”砖

银安殿室内大木构架（一）

银安殿大木梁架施工

银安殿大木角梁斗拱施工

银安殿室内大木构架（二）

银安殿套殿大木构架

银安殿东配殿大木构架

银安殿西配殿大木构架

构架，施五踩斗拱。

（2）装修

银安殿及东西配殿外檐门窗用三交六椀菱花槛窗。东、西配殿室内裱糊银花纸。

银安殿室内墙糙砌

银安殿套殿门窗施工

银安殿三交六椀隔扇窗

4）屋顶瓦面

银安殿上部为歇山顶，绿色琉璃瓦。套殿为硬山勾连搭顶，绿色琉璃瓦。东、西配殿为带正脊硬山式顶，灰色筒瓦。

5）油饰彩画

（1）油饰

银安殿内、外檐木柱及门窗新作土红色油饰，屋顶山花做地杖，油饰红色贴金。

银安殿室内裱糊银花纸

银安殿歇山顶山花施工

银安殿屋顶望板施工

银安殿屋顶望板铺设完成

（2）彩画

经银安殿彩画样式为专家论证。为王府规制，正殿彩画府邸中等级最高。参考其他王府正殿彩画遗存银安殿及东、西配殿绘制龙锦枋心墨线大点金旋子彩画。

修缮后的银安殿院建筑效果如图所示。

银安殿屋顶苫背

银安殿屋顶窑瓦

放置银安殿宝匣

银安殿屋顶绿琉璃瓦面

银安殿东配殿瓦面完成

银安殿外檐大木地杖

银安殿室内油饰

银安殿山花地杖

银安殿山花油饰完成

银安殿内檐彩画及装修施工

银安殿室内梁枋彩画勾线

银安殿室内天花彩画施工（一）

银安殿室内天花彩画施工（二）

银安殿室内斗拱彩画施工

银安殿新绘外檐彩画

银安殿新绘内檐彩画

二宫门竣工后（南）

二宫门竣工后（北）

银安殿竣工后（南）

银安殿竣工后（北）

银安殿西配殿竣工后

银安殿东配殿竣工后

附：银安殿施工中的问题和解决方法

（1）银安殿和东、西配殿举架施工中未按设计方提供的尺寸进行复建，银安殿屋檐变低了，使银安殿前左、右角梁头与配殿的北侧垂脊重叠。经查找原因是工匠未按图纸进行放大样，两个施工队的木作工长各自凭经验来放大样，相互之间没有沟通，在构件制作过程中也没有认真核对图纸。设计单位用全站仪进行复核发现，银安殿檐步举架比设计尺寸举架低；而东、西配殿檐步举架比设计举架尺寸高，是造成银安殿前左、右角梁头与配殿的北侧垂脊重叠的原因。经专家现场讨论决定进行局部角梁尺寸调整，解决了角梁头与配殿垂脊重叠问题。

（2）严格木材进场复测，这也是科学复建的亮点。银安殿 12m 的特长大梁采购签订合同前已作荷载和防虫检测，当大梁进场复试验收时发现其中两根有多处虫蛀。供货方无条件退换两根大梁，保证银安殿梁架承载力，从而消除工程质量的隐患。

三、神殿院落

1. 神殿院历史沿革

神殿院落坐落在中路主殿院之后，由神殿及东、西围房，东、西配殿组成。

神殿曾是王府祭神祭祖的场所，其中正殿为主要祭祀之用，与故宫的坤宁宫类似。东配殿为神器库，西配殿为银库，此外在院东南处还设有神杆。

结合样式雷图与 1937 年中国营造学社神殿实测图可以看到，室内正间北面两根后檐金柱之间有祭祀灶台，灶台标有“灶”字的器具，灶台已伸出到北墙外，西面尚有祭台的痕迹。恭王府神殿的室内环北、西、南三面为炕，俗称“万字炕”。根据神殿室内老照片可以看出灶台有精美的木雕，同时神殿外侧灯台华美。

在辅仁大学时期，神殿曾作为女院的礼堂，整体风貌遗失。

2. 神殿院落修缮前现状勘测

神殿院落由神殿正殿，东、西围房，东、西配殿以及后东、后西房组成。

正殿面阔五间、进深三间，前后出廊，

神殿院落区位图

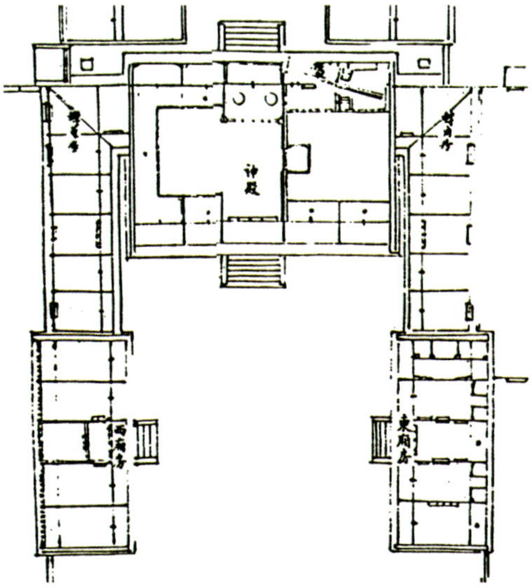

神殿院落样式雷图

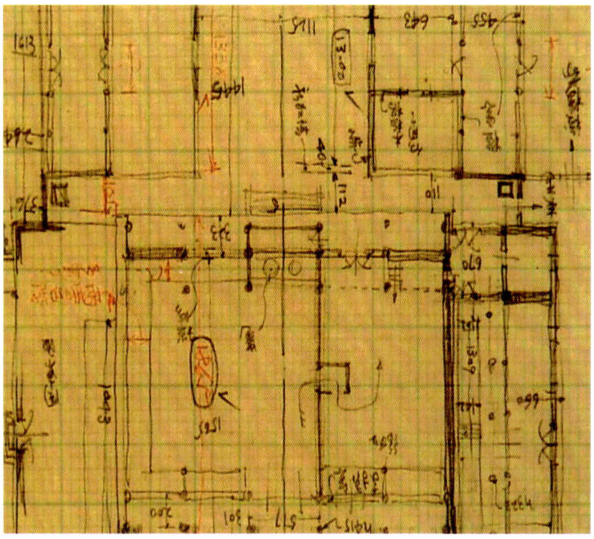

神殿院落 1937 年测绘图

神殿灶台老照片

绿琉璃瓦硬山顶，建筑面积 458m²。东、西配殿面阔五间、进深两间，前出廊，建筑面积共 294m²。正殿与配殿以围房相接，东、西围房建筑面积共 322m²。后东、西房建筑面积各 110.4m²。

1）台基地面

（1）台基

神殿院落建筑台明台帮普遍风化酥碱、石材普遍有残损。神殿前后廊阶条石角部外闪。南侧台阶象眼砖表面有抹灰，北侧台阶埋入土中且垂带石有裂缝。山墙内外侧有后加台阶。

东围房小停泥砖台帮砖体酥碱约 80%，台帮有断裂和下沉现象，多数阶条石断裂、

神殿外灯台老照片

神殿修缮前现状

神殿辅仁大学时期老照片

神殿西配殿修缮前现状

缺角，好头石松动外闪。西围房东面踏跺石移位，残损较为严重。西北埋头石风化并松动，角部台基下沉明显。北部台基西侧有下沉现象，阶条石磨损，角部好头石松动、埋头石外移。台帮砖体松动，勾缝灰脱落。

神殿东、西配殿过半石材缺损，个别石材断裂。其中东配殿阶条石外闪，垂带石向北移位，踏跺有缺损、起翘现象。西配殿局部阶条石外闪，灰浆流失。

神殿后东、西房前檐台明阶条石普遍存在走闪、断裂现象，南侧台帮砖砌体皆有局部下沉现象，基础存在隐患。后东房台帮为小停泥砖糙砌，灰浆罩面且砖体松动。

（2）地面及散水

神殿正殿前廊局部地面被水泥砂浆覆盖，其余近半方砖严重磨损。后廊地砖破损断裂严重。室内地面砖约 35% 缺失，其余保存基本完好，部分方砖尺寸大小不一。其中东梢间为水泥方砖铺地，西梢间方砖缺失。

正殿东、西围房室外地面砖被垫高。廊内地面砖多数磨损、断裂、局部起翘，其中以前廊明间地砖损坏最为严重。室内地面部分为水泥抹面。东配殿室内地面为水泥抹面，柱顶被覆盖。西配殿室内全部为方砖铺地，柱顶也被覆盖。神殿后东房、后西房室内全部为水泥地面。

神殿正殿北侧地面散水缺失。东、西配殿室外为后做水泥方砖散水。东围房东部“褥子面”散水基本完好，北部散水大部分损坏或缺失。西围房西部散水为“一封书”铺砌，基本完好。北部散水为后改铺地砖。

神殿东配殿修缮前现状

神殿东围房修缮前现状

神殿后东房、西房地面为条砖散水，做法简易。

2）墙体墙面

神殿南槛墙表面均为抹灰后划线，北面槛墙及东西山墙砖体酥碱程度较深。东西山墙局部损污，墙体存在多处齿缝，后各加门一道。山墙透风砖被堵、损坏严重。前后廊西墙下碱局部水泥砂浆修补。廊心墙局部有油漆涂抹痕迹。

神殿东、西围房墙体下碱为小停泥砖干摆做法，上身为丝缝做法。槛墙为蓝机砖水泥砂浆砌筑，砖砌窗台板，部分水泥抹面。围房墙体砖多处松动，灰缝流失严重，透风砖多处缺失或为后换。东围房东墙签尖多处开裂。西围房北部后墙有外闪、倾斜并有裂缝。东、西围房内墙均掺泥灰抹面。

东、西配殿所有外墙为原砖砌筑，部分水泥抹面，个别角柱石风化缺角，墙体砖普遍风化酥碱，以前檐槛墙最为严重，后檐墙有后开窗，建筑墀头戗檐砖雕精美且保存较

神殿北侧廊心墙修缮前现状

神殿透风砖雕

神殿东配殿后檐墙后开窗

神殿东、西厢房戗檐砖雕

为完整。东配殿前檐廊心墙较为完好，南侧山墙及后檐墙有裂缝。西配殿中间墙体及南侧山墙有裂缝，最长达600mm。山墙南墙有历史标语。建筑所有内墙掺泥灰抹面。

后东房外墙曾经重砌过，表面局部不平，砖面风化酥碱剥落，现有槛墙为蓝机砖水泥砂浆砌筑，表面灰浆罩面划砖缝，西立面为封护檐后檐墙。后西房建筑外墙、槛墙及墀头均为蓝机砖水泥砂浆砌筑，北侧山墙墙体外闪，西侧山墙上身抹灰。

3）木作

（1）大木

神殿外檐木柱保存较为完好，但所有与墙接壤的柱子柱根糟朽且虫蛀严重；大木屋架裂缝较普遍，个别梁头开裂断裂、变形挠曲严重。东、西围房大木前檐柱柱根部分地仗漆皮脱落，部分柱根糟朽。

东、西围房大木屋架构件制作粗糙，部分构件挠曲、扭闪或脱落，大部分檩垫枋梁及椽飞存在干缩裂缝现象，几乎所有柱子糟朽及柱身裂缝问题严重且有虫蛀现象。西围房角梁有脱榫现象，部分望板有滑脱现象。

神殿东、西配殿大木屋架构件尺寸不一，材质较为良好，部分檐柱柱根有剔补、墩接痕迹。木构件多有开裂，部分构件扭闪，檐椽近70%腐朽开裂，约65%柱子根部糟朽，部分有虫蛀现象。

后东、后西房大木梁架基本保持完好。后东房柱根普遍糟朽，屋顶漏雨导致连檐瓦口望板局部糟朽严重。后西房部分檐柱有墩接。

（2）装修

神殿外檐门窗为后改，与原制不符，室内部分新做吊顶，局部木板墙壁糟朽。东、西围房前檐装修部分横披保留原样，其余门

神殿后东房修缮前现状

神殿后西房修缮前现状

神殿东围房糟朽廊柱柱根

窗隔扇为后期改建。东、西配殿外檐装修为后改。后东、后西房外檐装修已残破，室内吊顶为后改。

4）屋顶瓦面

神殿院建筑屋面瓦件多数剥落，瓦件和脊饰件多有损坏缺失。正殿东、西围房屋面为筒瓦硬山顶。东围房前檐勾头、滴水断裂缺失严重且勾头规格和纹饰不统一，部分垂脊断裂。

神殿西围房廊柱

神殿外檐门窗装修现状

神殿室内天花吊顶

神殿东围房横披窗现状局部

神殿后东房门窗现状

神殿损坏吻兽

神殿东围房损坏垂脊

神殿西配殿正脊砖雕

神殿东、西配殿屋面为灰筒瓦硬山顶，檐口排山勾滴缺失，正脊镶嵌有砖雕且保存完好，其中西配殿屋顶多处望板缺失并有漏雨痕迹，正脊边瓦块隆起，东配殿南侧垂脊缺失。

神殿后东房、后西房屋面为筒瓦硬山顶，屋面有杂草，瓦件碎裂、缺失严重、灰缝松动，瓦件规格不一，过垄脊瓦面开裂脱节严重且勾头滴水多数缺失。

5）油饰彩画

（1）油饰

神殿院建筑部分柱身地仗剥落现象较为严重。后东、后西房门窗木构件油漆约80%脱落。神殿东、西配殿前檐柱柱根部分地仗漆皮脱落。

（2）彩画

神殿院外檐彩画为后做，画工粗糙。屋架脊檩发现的清代彩画保存较为完好。神殿东、西围房檩垫枋彩画普遍有龟裂或剥落现象，其中西围房北侧转角一间大木梁架无彩画痕迹。后东房和后西房梁头和椽枋箍头有少量彩画。

3. 神殿院修缮施工

1）台基地面

（1）台基

拆除正殿东西山墙后加台阶。归安前檐台明走闪阶条石10m，剔补酥碱台帮砖。

神殿东配殿缺失垂脊

神殿内檐佛八宝彩画

神殿内檐苏画

神殿前檐廊步地面施工

拆砌部分后檐台明基础并重新砌筑，归安外闪阶条石。粘补缺角垂带石，修补归安石踏跺，剔补酥碱象眼砖 8 块。后檐垂带台阶清理地面，找出原地坪。

重砌神殿东、西围房前檐台帮，小停泥砖三顺一丁干摆做法。拆砌鼓闪台帮，局部剔除酥碱严重砌体。归安走闪阶条石并粘补断裂踏跺，重做西围房台基。

拆除东、西配殿断角严重阶条石和台明基础，台帮按传统做法更换大城样砖干摆十字缝重砌，更换台明阶条石和风化角柱石并归安，用环氧树脂粘结修补断裂台明石和踏跺，更换风化石材。新换石材表面进行刷道处理。对东配殿的前檐风化柱顶石进行化学保护并补配后檐柱顶石 2 块。

归安后东房及后西房走闪阶条石，拆除水泥踏步，补配青白阶条石及踏跺。拆砌替换残损严重的台帮砖，小停泥砖三顺一丁干摆砌法。替换风化严重的台明石并归安，补配后东房断裂如意踏跺石。

（2）地面及散水

揭除神殿、东西围房及东西配殿水泥方砖地面，并按原规制恢复神殿地面细墁尺七方砖，东、西围房及东、西配殿地面细墁尺四方砖。恢复后东房和后西房之间的甬路。剔除后东、西房室内水泥地面，全部以尺四方砖细墁。

拆除神殿水泥方砖散水，重做大城样砖“褥子面”散水，东、西围房重做“一封书”式散水。保留东、西配殿后檐“一封书”式散水。拆除神殿后东、西房地面水泥砖散水及条砖散水，重做大城样砖“一封书”式散水。

2）墙体墙面

修补神殿墀头缺角开裂的戗檐。封堵神殿山墙后加门并嵌补齿缝，清洗墙体沥青油毡污损处，剔补酥碱砖，补配透风砖。前后檐槛墙内外两侧均为大城样砖干摆十字缝，后檐槛墙拆砌。拆砌廊心墙酥碱下碱砖，修补西北廊心墙缺角。

神殿东、西围房槛墙重新拆砌，按原制恢复金步槛墙，小停泥砖干摆十字缝砌筑。后檐墙按原制重新砌筑，下碱小停泥砖干摆，上身小停泥砖丝缝十字缝砌筑。补配缺失的透风砖。剔除室内原抹灰墙面，室内抹灰墙面全部重做。

去除东、西配殿山墙油漆污损，移走管线并修整墙面孔洞，整个墙面重新打磨墁水活，保留了南侧山墙的历史标语。补配透风砖，修补雕花戗檐砖。东配殿槛墙砌体保留，西配殿槛墙砖局部更换大城样砖。东、西配殿后檐墙拆除重砌，下碱大城样砖干摆，上身小停泥丝砖丝缝十字缝砌筑。对角柱石缺角处进行修补和灌浆处理。东配殿廊心墙墁水活 3m^2，西配殿廊心墙全部墁水活。

重砌后东、西房现有墙体并恢复室内下碱。后檐墙、槛墙、山墙下碱均为小停泥砖三顺一丁干摆做法。山墙上身为小停泥砖丝缝十字缝做法，重做内墙抹灰罩面。添配墙体透风砖、尺四盘头和博缝砖。

3）木作

（1）大木

本次维修对神殿院建筑内所有的有病害

神殿西围房内墙抹白灰

神殿东配殿室内墙面施工

神殿东配殿后檐墙修复后

砌筑神殿后东房山墙

的木柱进行不同方式的处理。神殿大木重新制安。墙柱位置柱根与柱顶石接触面涂刷防腐防潮材料。

后东房、后西房根部糟朽的木柱采用墩接、粘补、剔补和更换的方法。

（2）梁架

神殿及东西围房梁架更换一缝三架梁和五架梁及部分扶脊木。对有裂缝的梁架进行嵌补、加固打箍和防腐处理。嵌补东、西配殿梁架脊檩瓜柱、金瓜柱裂缝，部分打箍加固。更换神殿后东、西房室内所有望板、连檐、瓦口、椽檐并进行防腐处理。将后东、西房原有老椽檐改为脑椽。

（3）装修

拆除神殿及东、西围房后改门窗，恢复原型制隔扇及支摘窗样式。

墩接神殿糟朽大木柱根

归安神殿大木梁架（一）

归安神殿大木梁架（二）

嵌补神殿西围房大木

拆除东、西配殿金步及后檐装修，恢复原有门窗装饰，隔扇外加帘架风门，隔扇门芯采用三交六椀样式并利用现存隔扇。窗子采用步步锦样式玻璃窗并保留上部横披。室内重做轻钢龙骨防火石膏板吊顶，重做靠骨灰墙面并连同吊顶用四纸一布裱糊“益寿延年”银花纸。

拆除神殿后东、后西房后改门窗，恢复原有穿堂形式，保留外檐原有支摘窗，门扇换成隔扇帘架风门。门窗采用“步步锦”样式，双层玻璃。室内新做轻钢龙骨防火石膏板吊顶。

4）屋顶瓦面

神殿院建筑瓦顶全部揭瓦，拆除灰背并重新苫背宽瓦，其中基层望板刷防腐油，以

嵌补神殿西围房大木（细部）

制安神殿西围房门窗抱框

制安神殿东围房门窗抱框

制安神殿东配殿门窗抱框

神殿东配殿墙面裱糊银花纸

神殿屋顶苫背

神殿屋顶绿琉璃瓦施工

油灰麻刀打点严实平整。

将神殿缺失和残碎的更换成新绿色琉璃瓦并补齐筒瓦缺失钉帽。东、西山面拆修安绿琉璃博缝砖，修补西南二层拔檐端部。神殿院建筑瓦顶修缮细则见表 3-1-05。

表 3-1-05 神殿院建筑瓦顶修缮

殿座名称	瓦件补配量	脊饰补配
神殿正殿	瓦件补配约 40%	补配正脊西侧吻的残损琉璃和背兽和正脊东侧吻的背兽；补配仙人 2 件、狮子 2 件
东、西围房	补配瓦件约 30%	东围房：补配小兽 7 件； 西围房：补配小兽 6 件，垂脊 2m
东、西配殿	瓦件补配约 30%	东配殿：补配正脊南侧吻兽及西南、东南脊，补配垂兽 2 件，小兽 15 件； 西配殿：东北脊，安装补配缺失垂兽 4 个、小兽 12 个

神殿东、西围房按现有瓦样补配瓦件，拆除灰背并重新苫背宽瓦 150m^2。东、西配殿按现有筒瓦补配瓦件。前后檐及排山勾头、滴水添配完整。

后东房、后西房更换残损严重的筒板瓦并重新调脊，补配和更换缺失断裂严

神殿东围房挑顶

神殿东配殿苫背

神殿西围房屋顶铺设椽望

神殿西配殿苫背完成

神殿西配殿瓦面施工

神殿西配殿屋顶调脊

神殿西配殿宽瓦完成

神殿后东房瓦面施工

神殿西围房瓦面施工

重的勾头滴水，补配垂脊以及缺失走兽构件。

5）油饰彩画

（1）油饰

对神殿院不符合传统工艺的雀替重做油饰地杖。院落建筑外檐均重做红土子色油饰。

神殿内檐柱子做土红色油饰，东、西围房，东、西配殿及后东、后西房内檐露明大木装修均做乳白色油饰。

（2）彩画

对神殿木构露明部分重新进行彩画绘制，保存东梢间梁柱下少量清代彩画和井口

神殿院落瓦面修缮完工

神殿东配殿木柱油饰及裱糊墙面

天花彩画，保存脊檩垫枋处的金龙彩画，神殿正殿外檐新绘龙锦枋心墨线大点金旋子彩画。东、西围房檐檩垫板檐枋做掐箍头彩画。后东、后西房保留和保护梁头和椽枋掐箍头彩画。

修缮后的神殿院落面貌。

神殿内檐天花彩画修缮完工

神殿新绘外檐彩画（明间）

神殿新绘后东房彩画

神殿竣工

神殿西配殿竣工

神殿后东房竣工

神殿后西房竣工

神殿东围房竣工

神殿西围房竣工

四、后罩楼

1. 后罩楼历史沿革

后罩楼位于恭王府府邸最北面，紧邻恭王府花园，横贯整个府邸东、西两边。后罩楼东悬“瞻霁楼”匾额，西悬“宝约楼”匾额。

关于后罩楼的史料描述及修缮记载很少，依据样式雷图、1937年中国营造学社实测图及老照片清代后罩楼的功能是多样的，除用于寝居之外，还有参禅念经的佛堂和观赏水法的水法楼等。由于恭王府几易其主，后罩楼使用功能改变，又经不断维修，原建筑室内格局被破坏。

在20世纪30~40年代的辅仁大学时期，后罩楼被用于女院宿舍。1949年后，后罩楼一直作为机关单位办公用房。

2. 后罩楼修缮前现状勘测

后罩楼东西方向长150m，为九檩前廊式二层大脊筒板布瓦顶建筑形式，建筑面积2974m^2。

根据恭王府总体平面布局，将后罩楼整组建筑分为东路建筑、中路建筑、西路建筑、水法楼、东面楼、西面楼6部分。

1）台基地面

（1）台基

后罩楼台明石材用料较大，现普遍风化酥碱，并有外闪和缺棱断角，建筑大城砖陡板风化酥碱约70%。建筑前檐台帮为二城样砖三顺一丁干摆做法，台帮砖普遍酥碱整个

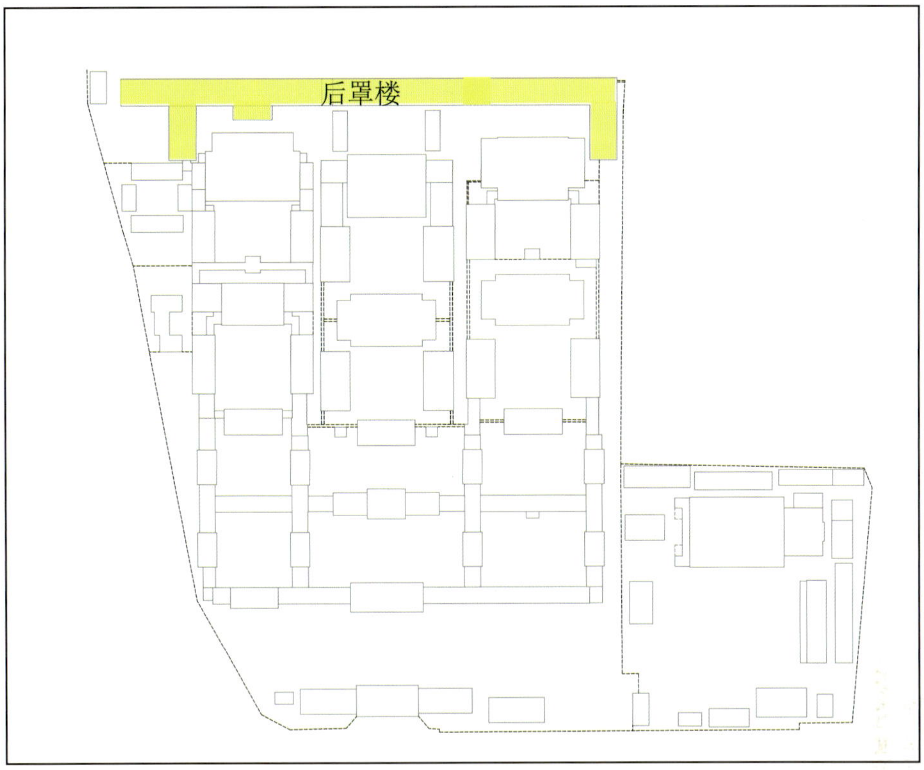

后罩楼区位图

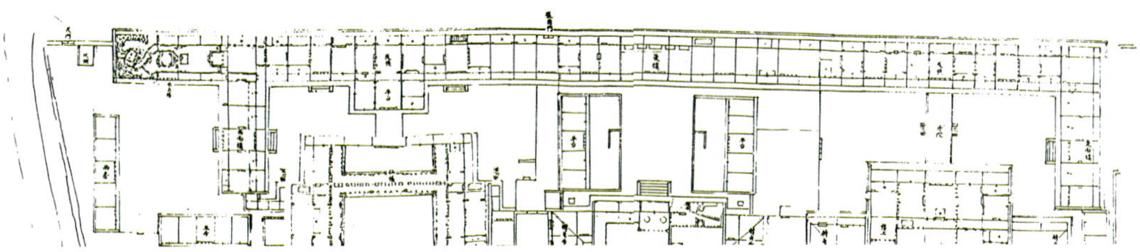

后罩楼样式雷图

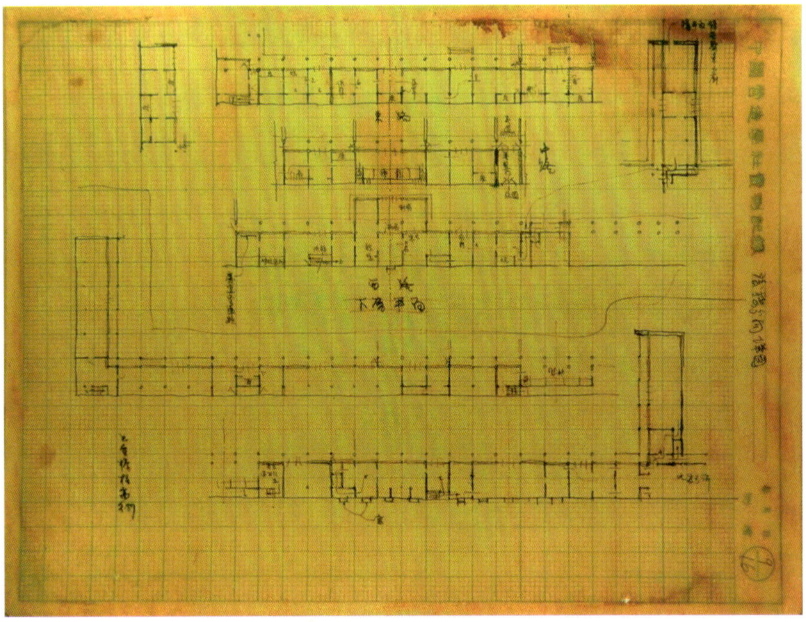

后罩楼 1937 年测绘图

后罩楼老照片

后罩楼瞻霁楼老照片

后罩楼室内佛龛老照片

后罩楼（东）修缮前

后罩楼（西）修缮前

后罩楼水法楼修缮前

后檐台基已改为红机砖退台做法。

中路建筑前檐，个别部位外罩砂浆。垂带台阶基本完好。东面楼明间北侧檐柱处阶条石与柱顶石缝隙达 60mm；南次间及梢间处陡板外罩青灰，踏步基本完好。西路建筑个别垂带台阶象眼断裂、塌陷。水法楼台明阶条石磕楞断角严重，台明窝角处较为污浊。

后罩楼损坏台基

后罩楼二层廊步糟朽地面

（2）地面及散水

后罩楼南北地坪相差 450mm。后罩楼前檐廊步首层地面现为水泥砂浆地面，与柱顶石鼓镜相平，檐步柱顶石风化酥碱严重，地面为碎砖垫层。二层廊步结构层由下至上依次为木望板、掺灰泥层、方砖，其中十字缝铺砌方砖地面磨损严重。由于二层廊步无锡背和有效防水装置，导致个别檐柱与地面交接部位糟朽严重，挑出部分压面方砖尺寸规格不一，东路压面砖为尺四方砖砍制，其余部分多为尺二方砖。

后罩楼室内地面做法杂乱不一且地面标高高于廊步地面约 8cm，柱顶石被掩盖，个别室内地面发现火道。个别间地面尺二方砖完全碎裂；二层室内木地板规格各异，表面磨损严重，板缝缝隙大。

后罩楼前檐散水现为水泥仿二城样城砖“褥子面”形式散水，后檐已无散水。

2）墙体墙面

（1）山墙

后罩楼山墙按平面 F 形状共有 3 组，其做法均为下碱二城样砖干摆砌筑、上身小停泥丝缝砌筑。墀头砖雕做工精美，基本完

后罩楼一层铺地及火道修缮前

好。所有山墙柱通高方向均有铁件加固，三组山墙均无明显变形外闪。

西面楼山墙墙体污损，东面楼南山墙外侧因拆除临建而显露原室内水泥砂浆罩面，墙面因临建举架而形成6处孔洞。

（2）后檐墙

后檐墙下碱为小停泥砖干摆，上身小停泥丝缝，皆为三顺一丁做法。下碱墙面局部酥碱，透风缺失严重。上身什锦窗有精美砖雕。东面楼后檐上身墙面泛碱严重，局部有裂缝。西面楼后檐墙北侧墙面下部污浊。

建筑首层槛墙为二城样城砖干摆十字缝

后罩楼污损西面墙（临水法楼）

后罩楼后檐什锦窗

后罩楼损坏（东）南面墙

后罩楼“福庆有余”什锦窗

做法；二层槛墙为板条外抹青灰做法，抹灰内侧加钢丝网非传统做法。

后罩楼首层内隔墙为砖墙砌筑，水泥砂浆抹面；二层内隔墙板条抹灰墙面；整个后檐墙内侧为水泥砂浆墙面，含墙木柱均无柱门。

东面楼及水法楼首层廊心墙为廊门桶（闷头廊子）作法，灯笼框上绘制彩画；其中水法楼廊门桶已被封堵，外罩黑漆。西面楼首层与二层廊心墙采用方砖心（尺二方砖）作法。廊心墙象眼作法为抹灰做假缝，四周做砖圈。

3）木作

（1）大木

后罩楼后檐首层檐柱全部为含墙柱，柱根普遍糟朽且无八字柱门，个别檐柱及角柱曾做过墩接，加固铁箍外露。东面楼南山墙后檐金柱糟朽严重，含墙部位糟朽深度接近柱径一半。西面楼前檐北侧窝角处角柱已无结构作用。后罩楼二层前檐檐柱与地面接触部位普遍糟朽。

后罩楼首层承重梁及二层梁架普遍存在劈裂现象，裂缝宽度均在 2~4cm，个别房间楞木已更换过；二层三架梁及五架梁多数存在水平劈裂现象，梁架内部檩、垫、枋普遍存在干缩裂缝现象，且通裂缝比较严重；二层梁架中所有瓜柱均做铁箍加固。东面楼、西面楼与北楼交接处局部梁架拔榫，斜角梁处有通裂缝，五架斜梁上瓜柱拔榫；西路建筑与西面楼交角处转角脊檩、上金檩脱榫

后罩楼后砌室内隔断墙

后罩楼后砌室内隔断墙

后罩楼二层大木梁架修缮前

后罩楼二层糟朽梁架细部

达 7cm，基本脱离瓜柱。东北翼角内侧窝角梁处仔角梁梁头糟朽。

后罩楼二层糟朽大木角梁

后罩楼外檐修缮前

后罩楼瞻霁楼外檐修缮前

（2）装修

后罩楼前檐门窗均设在金步位置，门采用隔扇及帘架风门形式，槛窗大方格样式与原型制不符。建筑前檐外檐滴珠板如意云雕饰残损糟朽。

后檐墙每间按上下层各开一窗，下层为长方形窗，上层为形式各异的什锦窗。下层窗上口平口券为尺二方砖砍制，窗下口为尺二方砖窗台板，窗台板残损、断裂、缺失严重，北侧后檐墙下层窗台板方砖近半损坏。后檐墙上层什锦窗共 46 扇（包括北墙 44 扇，东侧墙 2 扇）共 21 种样式，窗檐砖雕精美且筒子口砖雕纹路也各不相同。现室内全部为板条抹灰吊顶，二层为白樘箅子吊顶。

4）屋顶瓦面

后罩楼屋面为大式黑活清水屋面做法，兽前脊饰为一狮子四马。杂草丛生，檐头瓦件缺失。

后罩楼屋面正脊为通脊，陡板部分为陶粒空心砖砌筑，外抹青灰。正脊东西向共有 7 组砖雕脊饰，南坡 4 组（含西路后部建筑一组），北坡 3 组。除中路脊饰为 7 个，其

后罩楼屋顶修缮前

余每组均5个，图案有凤、葵花、莲花等，但每组并未置于各路建筑中线上。后罩楼西路建筑后坡正脊脊饰部分缺失。

后罩楼垂脊大多保存完好，东路东面楼南山墙正脊兽断裂，有铁件加固拉接后檐垂脊及小兽缺失严重。窝角沟处使用七样绿琉璃瓦。

西面楼屋面漏雨严重，椽望糟朽，连檐、瓦口塌陷。

5）油饰彩画

（1）油饰

后罩楼前檐露明檐柱及金柱普遍油饰地仗开裂。

（2）彩画

后罩楼外檐彩画均为20世纪80年代

后罩楼西面楼损坏垂脊

后罩楼屋脊砖雕修缮前现状

后罩楼外檐后绘苏式彩画

后罩楼西北垂脊修缮前

后罩楼内檐轴线（南）彩绘

后罩楼抱厦台基施工

拆除后罩楼前廊步地面

后罩楼一层室内墁地

绘制新式题材彩画。室内天花顶内梁架绘有传统老彩画，其中明间脊檩上绘制反搭金龙包袱雅五墨旋子彩画，檩垫枋三件的檩部彩画金龙采用黄色颜料补绘而未贴金，据老师傅回忆为20世纪60年代更换木构件时重绘。

3. 后罩楼修缮施工

1）台基地面

（1）台基

按照样式雷图恢复楼体西侧抱厦台基。拆除建筑前檐台明基础至灰土，按传统做法重砌大城砖台明基础，拆下的旧城砖用于基础背里用砖。增加前檐台明土衬石，新做大城砖三顺一丁干摆陡板，旧砖使用率约80%。

后檐台明石及基础维持现状不动，仅归安个别台明石。

（2）地面及散水

全部揭除廊步现有水泥地面，更换木地板约40%。首层室内地面细墁尺四方砖。

按传统做法重做二层廊步尺四方砖地面，十字缝形式，并向排水口做好整体地面排水，泛水不小于3%，地面泼墨钻生桐油。对一层西侧水法楼地面杂物进行清理，对火道进行清除杂物，对二层室内残损严重的木地板更换，更换量约30%。其余地板清除粉尘，找平凿毛见新，新旧地板均做一麻五灰地仗，罩棕色光油。

拆除原有旧楼梯间，补做楞木及木地板并新设置楼梯间。补配尺四方砖压面砖，以十字缝形式铺砌。

重做后罩楼前后檐二城样砖“褥子面”

更换后罩楼二层木地板

后罩楼二层地面施工

后罩楼南侧地面施工

后罩楼墙体施工

后罩楼损坏（东）南面墙修缮完成

形式散水，重新墁地。

2）墙体墙面

后罩楼全部打开柱门，按原制补配槛墙，修补建筑外檐墙体。首层槛墙采用二城样城砖干摆十字缝砌筑，内靠骨灰外罩净面麻刀灰。拆除二层板条抹灰槛墙，选用轻质陶粒混凝土砌块重砌，外侧贴仿二城样砖面砖，干摆十字缝做法，

后罩楼内侧强抹白灰

墩接后罩楼（西）糟朽木柱

加固后罩楼二层梁架

内侧抹灰。凡与一层砖砌隔墙对应的墙体为砖砌隔墙，其余均为轻钢龙骨石膏板隔墙。

3）木作

（1）大木

更换前檐二层糟朽檐柱并剔补糟朽后檐柱根。后檐重做八字柱门。墩接并更换部分金柱、檐柱。嵌补首层及二层开裂梁架并进行铁箍加固和防腐处理。更换梁枋楞木。归安东面楼、西面楼与北楼交接处的檩构件，按原状更换东面楼西侧仔角梁和西面楼东侧老角梁和仔角梁。

（2）装修

后罩楼拆除现有金步装修，恢复原有门窗装修、隔扇及支摘窗“步步锦”样式，内侧加铝合金内窗一层，随支窗开启。建筑前檐补配“步步锦”样式坐凳楣子及倒挂楣子，二层更换挂檐板。制安抱厦大木门窗。

修补部分后檐首层窗及什锦窗。补配后檐下层残损砖窗台板。后檐按现状重做内层开启木窗什锦窗棂条样式，什锦窗及边框为不开启窗。

修复白樘箅子并重做室内轻钢龙骨纸面

拆除后罩楼二层后加门窗

石膏板吊顶。凡保留墙体；清除现有浆饰面层，保留原抹灰基层做法，刮腻子找平，重饰大白浆。

4）屋顶瓦面

后罩楼全部挑顶，拨正梁架，按传统做法重新苫背宽瓦，其中屋面旧瓦使用率达30%。全部拆除后罩楼屋面正脊，并按传统

制安后罩楼二层门窗抱框

制安后罩楼抱厦门窗抱框

制安后罩楼什锦窗

修复后罩楼白樘篦子

后罩楼屋顶望板铺设

后罩楼屋顶制安椽望

后罩楼正脊、垂脊施工完成

制安后罩楼屋脊砖雕

做法重做。补配缺失和残损构件，用结构胶粘补牢固，更换或按原制补配安装。补配前檐垂脊，补配脊饰雕中缺失及残损构件，用结构胶粘补牢固，补配两个莲花脊饰。更换糟朽椽望，翼角、窝角在角护板灰上加铅背。

5）油饰彩画

（1）油饰

前檐檐柱、金柱重做一麻五灰地仗。寻杖栏杆重做地仗油饰见新，补配缺失雀替。屋顶及檐椽二层廊步顶棚露明梁架按传统工艺重新油饰。

后罩楼外檐地杖施工

（2）彩画

根据专家论证结果，按亲王府制将后罩楼外檐及廊内掏空部位彩画重新绘制为龙锦枋心墨线大点金旋子彩画。同时对室内老彩画进行保护。

后罩楼外檐梁枋地杖施工

后罩楼外檐油饰施工

后罩楼新做二层油饰

后罩楼外檐梁枋砍扰

后罩楼外檐地杖施工

后罩楼彩画绘制（一）

后罩楼彩画绘制（二）

后罩楼彩画贴金

后罩楼新绘角梁彩画

后罩楼新绘外檐彩画

后罩楼二层修缮后

后罩楼水法楼修缮后

后罩楼（东）修缮后

后罩楼西面楼及抱厦修缮后

后罩楼（中）修缮后

后罩楼瞻霁楼修缮后

第二节　东路建筑

恭王府东路建筑从南至北分布着宫门前区（东路）、多福轩院、乐道堂院等主要院落。

一、多福轩院

（一）多福轩院历史沿革

1. 多福轩院历史沿革

多福轩院为恭王府东路第一组完整四合院，由东二府门、多福轩正殿、正殿东西耳房、东西厢房及月台组成，布局严谨，是府邸中一处重要建筑。

固伦和孝公主和恭亲王时期，这里主要是作为生活居所和接待宾客的会客厅。“据载澄郡王的日记记载，这座大厅用来存放皇帝送来的礼物。根据惯例，这些礼物由王府的主人在大厅前面的月台上跪迎、接受……这里有一对对巨幅中国书法作品。方形红纸摆成菱形，上有皇帝御笔亲书的字迹：福与寿。历代皇帝都写同样的内容，成对装在框里，从天花板上悬挂下来。这类书法作品有一大批，足以证明恭亲王家族的地位和荣耀

东路建筑平面图 ➌

多福轩院落平面图

长盛不衰”①。

1937 年，恭王府成为辅仁大学女子学院后，多福轩正殿为辅仁大学女院图书馆阅览室。在该校出版的刊物和陈岚捐赠的老照片中，有多张多福轩照片，可以看到当时室内仍悬吊着宫灯、多面墙壁上悬挂有皇帝赠予的“福寿”匾额，北墙还立有巨大书架。

1949 年以后，多福轩院被艺术单位使用，多福轩正殿被改造成录音棚。

2. 修缮历史

结合史料研究和现状勘察，可以发现多福轩院自建成至今的 200 多年时间中有进行过两三次较大型的修缮工程，其余则是根据使用需要进行的日常维修和养护。

（1）固伦和孝公主入住和宅前

依据《大清会典》中对建筑等级的区分，和珅宅第与固伦和孝公主的身份是不相符的，因此在公主与和珅之子丰绅殷德成婚前，即乾隆五十四年（1789 年），肯定对多福轩院进行过大规模的营建。多福轩正殿东、西耳房山墙随梁枋处残留的局部凤纹和玺彩绘也证实了此观点。

（2）咸丰元年

咸丰元年（1851 年），府邸赐予恭亲王奕䜣。查咸丰元年内务府档案记载有：“将辅国将军奕劻府第，官为经营，赏给恭亲王居住”。又据《清宫内务府奏销档》中载：“总管内务府为请旨事，前经臣衙具奏，恭亲王第工程，次将修竣，请于何月移居吉期

---

① 辅仁大学《华裔学志》1940 年第 5 期，S.H. 陈，G.N. 凯茨《北京恭王府及其花园》（*Prince kung's Palace and Its Adjoining Garden in Peking*）。

一折，二月初四日，奉朱批依议，着行知钦天监，于本年四月十五日至五月初五日择吉，或五月十一日亦可。钦此。……于咸丰二年二月二十八日具奏。奉朱批圈出四月二十二日分府吉，钦此。”由此说明恭亲王在分府后至入住前，该府邸曾由内务府收回进行过一次大修，时间大约长达一年有余。因此这应该是自和珅宅第建成至庆王家族迁出后进行的具有较大规模的修缮。从本书第一章第二节《恭王府历史沿革》所引文献分析，多福轩应该在内务府此次拟修缮的范围之内。

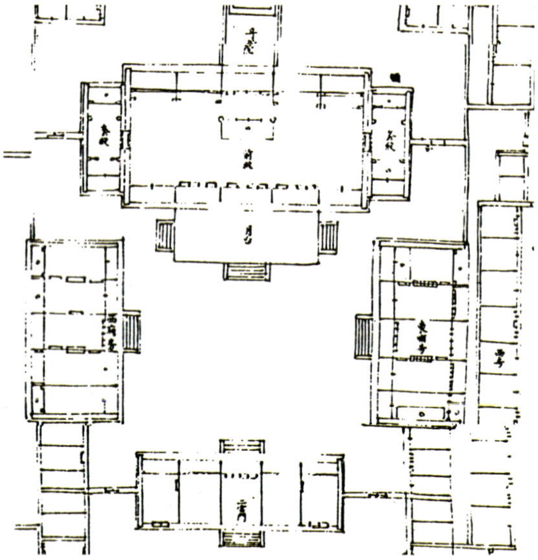

多福轩院落样式雷图

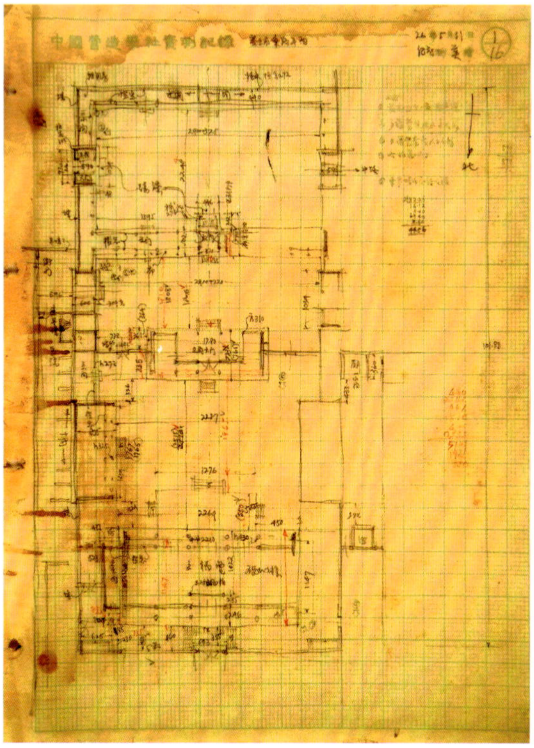

多福轩院落1937年实测图

从目前多福轩正殿内保留的两种风格不同的彩画看，应该在当时一并进行了修缮。因为作为朝廷的内务府机构不可能让恭亲王在体现公主风格的殿堂中居住或办公，所以清除多福轩殿内原公主时期保留的凤纹和玺彩画等体现公主风格的遗迹，并重新绘以龙锦枋心金线旋子图案作为殿堂的装饰应该是这次重新大修的结果。

（3）同治时期

“辛酉政变”后，恭亲王奕䜣被授予议政王，在军机处行走、总管内务府大臣等职，可见同治年间恭亲王具有极大的权势，因此对自己居住的邸园进行修建也在情理之中。国家图书馆收藏的同治年间样式雷图中，绘有恭王府府邸和后花园，十分清晰地反映了府邸院内所有房屋的建筑格局。“多福轩”院的二府门、正殿、月台、耳房、厢房等建筑和室内结构布局也绘制得一清二楚。院落图样的出现，说明府邸建筑有可能在同治年间与后花园一并进行了修缮。

（4）辅仁大学时期

辅仁大学时期，多福轩室内装修如屋顶的天花、匾额、屏门、书架、宫灯等，均为恭亲王时期的原貌。但正殿的门、窗等处则明显做了改动。同治年间样式雷图和1937年中国营造学社恭王府实测图中，“多福轩”

正殿均绘制出三扇大门，即三明两暗的建筑格局。但从 1940 年辅仁大学有关刊物登载的女院图书馆外景照片中，正殿南面前檐仅在明间留下一扇对开大门，而次间的两扇大门已被改成与梢间同样的槛墙和槛窗。由此可确定，“多福轩”前檐原有的三开间门扇的格局已在辅仁大学女院时期被改建。

（5）1949 年以后

1949 年以后，恭王府府邸部分由中央和地方的多个艺术单位使用。如北京艺术师范学院曾根据建筑残破情况和单位使用的需要在 20 世纪 60 年代中期对府邸内的一些建筑进行过修缮。

1982 年，国务院将“恭王府及花园”定为全国第二批重点文物保护单位，当时成立的恭王府修复管理委员会对“多福轩”等府邸建筑的外檐彩绘重新进行了绘制，虽然重绘的彩画与原有风格并不相符且对文物原状有所改变，但新涂刷的油饰毕竟对古建筑木构件起到了一定的保护作用。使用者还根据工作需要，在多福轩殿内安装了吊顶、隔声墙，正门外加砌了砖墙门，成为供单位使用的录音棚，但这些现代材料的安装无形中对殿内天花板和内檐彩绘起到了一定的保护作用，现在看起来这可能也是一件值得庆幸的事。

（二）多福轩正殿及月台修缮

2002 年，因为多福轩在恭王府的特殊地位，它成为府邸中第一座开始修缮的殿堂，而且得到联合国教科文组织赞助。修缮过程中，恭王府管理中心根据古建文物“修旧如旧”的原则，对照收集到的恭王府老照片、实测图等资料，对多福轩门窗、油漆、彩画等进行了复原，恢复恭王府时期多福轩旧貌。

1. 多福轩正殿及月台修缮前现状勘测

多福轩正殿面阔五间，前后出廊，东西各有耳房一间，建筑面积 390m^2，东西耳房建筑面积 40m^2，屋顶为硬山卷棚顶，上覆灰色筒瓦，垂脊带兽，前后檐均绘有苏式彩画。殿前月台方砖墁地，东、南、西方向各

辅仁大学时期多福轩室内

辅仁大学女院图书馆（多福轩正殿）外景

多福轩西配殿

多福轩正殿台邦风化

多福轩正殿台阶走闪

多福轩正殿室内地面

多福轩正殿西山墙

有石台阶一处，月台南部有古藤两株现已成为保护树木。

（1）台基地面

多福轩正殿前檐台明及月台阶条石与踏步石材有风化现象，部分条石走闪，垂带风化走闪、断裂。阶条下沉移位，台帮松动外倾 5~13cm，酥碱严重，象眼残破不堪；月台地面砖破损达 90%。正殿北面砚窝石高出地面 6cm；垂带不是原件，垂带内侧荒料痕迹，上下宽窄差 4cm 为刀把形。正殿室内地面方砖破损严重，上抹水泥砂浆，东、西耳房地面方砖破损达 50% 以上，台明下局部酥碱，西侧与西北侧已无散水，东侧散水残破不全，室内墙面抹灰脱落，局部砖松动。

（2）墙体墙面

耳房内墙部分为木板壁，部分为抹灰，前檐槛墙外侧为水泥面；西山墙有后开小门洞。

（3）木作

正殿明间、西次间、西梢间前檐檐柱、金柱向南倾斜约 8cm；明间正门处加砌砖墙、门斗，遮挡了原格栅门装修，明间后檐门窗已被改砌成墙体，次间前檐槛窗下扇改为实木板封护，殿内外被改建得十分严重。西山墙金柱、中柱两处纵向开裂通缝，山墙外闪。门窗已被使用单位改造，门窗破损严重，室内墙板糟朽，前后大门下槛糟朽严重，东、西次间槅板为包厢。正殿部分梁架及木构件已损坏，木柱柱根糟朽残损严重。正殿及耳房前后檐木构件后期经过油饰，原貌已不详。飞头望板连檐糟朽严重，天花支条断裂，隔扇已残破不全，白樘箅子局部破损，并有五处漏雨痕迹。

（4）屋顶瓦面

多福轩正殿及耳房前檐沟滴受周边树木枝干生长影响，有挤落现象，屋面有杂草灌木生长，脊部损坏很严重，东、西山墙垂脊兽件均有缺失，前檐部分瓦头被周边树挤落，建筑东南角基础已下沉 7.5cm。瓦面檐头下垂局布脱落瓦件破碎，过垄脊脊部断裂约 3~4cm，脊瓦松动达 60%，室内漏雨 5 处，西侧垂脊上部断裂外倾 8cm；博缝砖陡板脱落不全，边垄比正身垄低 13cm，兽前断裂，檐头下垂；东侧垂脊兽前断裂抹灰空鼓，脊部开裂松动，博缝砖松动外闪。

（5）油饰彩画

多福轩正殿外檐现存苏式彩画为 20 世纪 80 年代后绘，已不是王府原彩画。室内现存龙锦枋心，片金坐龙、片金西番莲盒子，金线大点金旋子彩画，内檐梁架现存金线大点金旋子彩画表面已积存大量灰尘污垢，局部彩画因年久失修出现开裂、剥离甚至脱落等问题，殿内顶部天花散乱、缺失，颜料已发生不同程度的褪色。值得一提的

多福轩正殿门窗改制

多福轩正殿屋顶杂草

多福轩正殿西南垂脊

多福轩正殿木柱残损严重

多福轩正殿外檐彩画

是，在修缮中于东、西耳房随梁枋下皮处发现残留有凤尾彩画。此处残损彩画为凤和玺彩画，等级要高于现存殿内的旋子彩画，而且风格完全不同。虽然彩画已经残缺不全，但仍然能从中看出固伦和孝公主下嫁和宅时凤和玺彩画的大致状况。

2. 多福轩正殿及月台修缮施工

（1）台基地面

按传统做法剔补多福轩正殿前月台台帮酥碱严重砖体，归安已走闪的墙体部位，补配台明缺失的方砖，并加砌城砖散水，加固断裂条石，修补残破象眼，对已走闪的踏步条石进行归安。

多福轩正殿修缮前天花散乱

多福轩正殿彩画开裂

多福轩正殿室内凤尾彩画

多福轩正殿前月台台阶修缮施工中

多福轩正殿台基地面砖铺设施工中

多福轩正殿后檐台基地面砖加固施工中

剔除正殿内局部改建的水泥地面和水磨石地面，对残损较严重的地面方砖进行补配，采用二尺方砖细墁方法进行铺墁。正殿明间东西次间用苏州二尺金砖按传统方法干砂细墁，泼墨钻生，东西两梢间地面用原明次间的好砖进行剔补揭墁，泼黑钻生，东侧耳房拆除水磨石地面，按传统方法新做尺四方砖地面，把能用的旧方砖用于西耳房地面。西耳房地面局布揭墁剔补，墁水活干后钻生。前檐廊地面揭墁添配尺七方砖约60%，后檐廊地面局部揭墁剔补约40%。

（2）墙体墙面

拆除残破臌闪砖墙，糙砌大停泥砖墙，砌干摆大城砖墙，砌大停泥砖丝缝墙；拆除室内原山墙板墙，并按现存样式补配缺失的木墙板。保留山墙板门做一麻五灰罩光油；栈板墙制安增厚。除去正殿西梢间墙面青灰，剔补新砖；拆除西耳房加建部分，拆除西山墙后加门洞，重砌墙体。按现存后檐墙内木龙骨位置加纵横龙骨，板壁之间企口衔接，全部重配后檐处木板；修补大殿侧墙木板壁，板面作一麻五灰，三道油，边框墨绿色，版心奶黄色。耳房内墙按现状位置分别做木板壁和抹灰，已存木板壁重做一麻五灰，三道油，奶黄色，剔补局部酥减墙砖。

（3）木作

拆除支摘窗，改做槛窗。门窗抱框、槛框制安，步步锦心屉支摘窗制安，销子固定支摘窗安装，一步条固定玻璃扇制安，浮雕夔龙裙板制安，五抹松木隔扇门制安，屏门制安等。剔除墙内木柱糟朽部分，采用镶拼手法对木柱进行修补加固，并对木柱做防腐处理。

根据照片中留存的历史信息，恢复了“多福轩”明间北部两柱间四扇屏门的室内建筑布局。

（4）屋顶瓦面

支搭双排齐檐五步脚手架，清除正殿及东、西耳房屋面滋生杂草灌木；全面排查屋顶瓦面，拆除屋面筒瓦布瓦。铲除酥裂灰泥

多福轩正殿室内方砖施工中

多福轩正殿墙面青灰去除施工中

多福轩正殿侧墙木板壁修补施工中

多福轩正殿木柱施工中

多福轩正殿门窗槅扇恢复施工中

多福轩正殿前檐门窗更换施工

多福轩正殿前檐门窗更换施工中

多福轩正殿室内装修施工中

背，对屋面重新苫背。拆除望板、檐椽等木构件，对可以继续使用的望板、椽檐等木构件进行局部补配，对糟朽严重的望板、飞椽进行更换。按传统工序重做屋面垫层背、抹护板灰、苫麻刀泥背、苫青灰背。补配正殿南立面受损瓦面，补配北立面1垄宽瓦头。采用1号筒瓦重新宽瓦；配全1号筒瓦屋面檐头、残缺沟头、滴水及脊兽，配全残缺沟头、滴水及脊兽，添配博缝砖陡板砖、混砖。

（5）油饰彩画

此次修缮中对正殿外檐彩绘全部除去重

做，在征求专家意见研究论证后，最终确定为仿内檐彩绘翻至外檐重绘，修缮后已取得较理想效果。在修缮中发现的东、西山墙随梁枋下皮处的局部凤纹和玺彩绘，因其绘制年代和档次要早于并高于现存内檐旋子彩绘，所携带的历史信息和文物价值更显珍贵，为避免修缮时伤及这两处残存彩绘，已在施工中将它原地封护妥善保存。

（三）东二府门及多福轩东西厢房修缮

东二府门，建筑面阔五间，为硬山式卷棚顶。带垂脊，山面带中柱，建筑面积为139m²。多福轩东、西厢房各建筑面阔五间，七檩硬山式卷棚顶，山面带中柱，带垂脊，山墙为封护檐形式，建筑面积各为158m²。

1. 东二府门及多福轩东、西厢房修缮前现状勘测

1）台基地面

（1）台基

东二府门台明阶条石外闪，局部出现30%风化；台阶踏跺、垂带走闪、垂带风化严重。东厢房台明阶条石外闪，阶条石局部出现20%风化；台帮为城砖砌筑，表面抹灰层大部分脱落，严重酥碱；台阶踏跺断裂、垂带严重走闪。西厢房台明阶条石外

多福轩正殿屋顶重做苫背施工中

多福轩正殿屋顶南屋面铺瓦施工中

多福轩正殿重新铺瓦施工中

多福轩正殿外檐彩画重绘施工中

东二府门

多福轩东厢房

多福轩西厢房

东二府门台帮风化酥碱

闪，阶条石局部出现 20% 风化；台帮为城砖表面抹灰画砖缝，大部分有臌闪现象，城砖表面酥碱 70%，南台帮为糙砖砌筑；台阶踏步外闪、垂带严重风化、象眼坍塌。

多福轩东厢房南台明

（2）地面及散水

东二府门地面现存为“褥子面”形式，残存部分散水痕迹；台帮为三顺一丁城砖干摆砌法，城砖表面酥碱 50%；室内现为花砖地面，原方砖无存。东厢房室外方砖碎裂、缺失 80%，室内方砖几乎无存。西厢房地面现存为“褥子面”形式，残存部分散水；室外方砖碎裂、缺失 80%，室内方砖无存。

2）墙体墙面

东二府门两山墙下碱室内、外均为城砖砌筑外抹灰，砌筑形式已不详；上身墙体为停泥砖丝缝十字缝；后加建后檐墙，且墙上开窗，现存明间墙体多处出现裂缝；东山墙因基础下沉造成墙体向东整体外闪；前檐墙全部改变现状，明间后加对开风门和窗，次间后加槛墙，梢间槛墙改变原形式；后檐墙全部改变现状，两梢间开门，明间与次间后窗均改为现代窗扇，明间后窗下碱下沉、松动。

东厢房山墙下碱为城砖干摆三顺一丁，上身墙体为停泥砖丝缝十字缝；后檐墙为封护檐形式，下碱为糙砖砌筑外抹灰，上身墙体为停泥砖丝缝，墙上开窗，现后檐墙向东整体外闪 50mm，且墙体多处出现竖向裂缝，槛墙为城砖糙砌外抹灰。

西厢房后檐墙墙体上身为停泥丝缝，墙体外闪 50mm，且墙体出现竖向裂缝，山墙上身砖严重酥碱，个别砖缺损；抹灰残损严

多福轩西厢房台阶缺失

多福轩东厢房地面

东二府门后檐墙外闪

东二府门后檐墙

多福轩东厢房后檐墙

多福轩西厢房后檐墙

多福轩东厢房外檐装修

多福轩西厢房外檐装修

重，酥碱、空鼓、脱落面积 98m^2。

3）木作

（1）大木

东二府门大木构架基本稳定，外檐柱子未发现有糟朽，望板有漏雨痕迹，部分椽望有糟朽现象，椽头糟朽 10%，飞头糟朽 20%，大连檐、瓦口糟朽或缺失 100%。

东厢房梁架及木构件个别存在开裂、干裂现象，部分瓜柱、檩子有通裂缝，个别构件有脱榫现象；外檐柱子基本完好，墙内柱根普遍糟朽严重，大部分需要更换；望板有漏雨痕迹，部分椽子有糟朽现象，前檐椽头糟朽 10%，飞头糟朽 60%，大连檐、瓦口糟朽或缺失 100%；檐柱有雀替。

西厢房大木构架基本稳定，构件个别存在开裂、干裂现象，部分瓜柱、檩子有通裂缝，个别构件有脱榫现象，西侧檐部木构件表面糟朽；外檐柱子柱根有糟朽，墙内柱根大部分有虫蛀痕迹，糟朽严重，望板有漏雨痕迹，部分椽子有糟朽现象，大连檐、瓦口糟朽或缺失 100%。

（2）装修

东二府门前檐现为檐部装修，可明显看出明次间槛墙有别于梢间，为后加建。

东厢房前檐装修现改为前檐墙、平开门窗，后檐装修现改为后檐墙、平开门窗；吊顶以及内部隔墙多为后期加建。

西厢房前檐装修现为金步装修已改变，但基本保持原装修框架，山墙为后开窗。

4）屋顶瓦面

东二府门屋顶瓦面普遍松动漏雨，有

杂草，瓦件部分碎裂缺失，垂脊残损 4.5m，缺失垂兽 1 个，小兽 10 个。檐口尿檐、沟滴残碎、缺失 30%。

东厢房屋顶普遍松动漏雨，瓦面有杂草，瓦件部分碎裂缺失，大部垂脊无存约 8m，缺失垂兽 2 个，小兽 15 个。檐口尿檐、沟滴残碎、缺失 45%。

西厢房屋顶普遍松动漏雨，瓦面有杂草，瓦件部分碎裂缺失，局部脊件残损 1m，缺失垂兽 2 个，小兽 5 个；后檐檐口大面积尿檐、沟滴残碎、缺失。

5）油饰彩画

东二府门室内后刷白色乳胶漆，室外下架大木红漆，地仗龟裂，油皮脱落，窗棂饰绿。外檐苏式彩画为 20 世纪 80 年代绘制；内部梁架留存有清代龙锦枋心，烟琢墨攒退夔龙、黑叶子花卉盒子，金线大点旋子彩画。

东、西厢房室内后刷黄色乳胶漆，室外下架大木红漆，地仗龟裂，油皮脱落，窗棂饰绿，外檐为苏式彩画，内部梁架未发现彩画痕迹。

2. 东二府门及多福轩东、西厢房修缮施工

1）台基地面

（1）台基

归安东二府门南台帮外闪阶条石、垂带石、象眼石，剔补酥减台帮砖。局部拆安北

东二府门东北垂脊

多福轩东厢房东立面北侧垂脊

多福轩西厢房西南角垂脊

东二府门室内梁架土石白色乳胶漆

东二府门室内彩画

多福轩东厢房外檐彩画

侧阶条石，拆除台帮 90%。恢复北侧石台阶、踏跺。归安东、西厢房走闪石构件，粘补断裂踏跺，铲除台帮抹灰层，局部拆砌台帮、象眼。

（2）地面及散水

全部揭除东二府门室内花砖地面，并恢复细墁尺七方砖地面。清理地坪，恢复散水，东台明地面按原规则重做褥子面散水，散水砖规格 440mm×220mm，牙子宽 80mm。

恢复东、西厢房室内外方砖地面，所用金砖 256 块；揭除室外现地面，重新墁地，地面做法为细墁方砖，面积为 23.7m^2。按原制重做散水，恢复褥子面形式。

2）墙体墙面

按规制恢复东二府门、金步次间、梢间原墙体，复原明间大门外侧上身停泥丝缝十字缝，下碱城砖干摆；内侧糙砌抹灰；拆除现墙体位置，恢复原有墙体，下碱作城砖干摆，上身糙砌，月白麻刀灰打底，外罩青灰浆；拆除东山墙，夯实基础，恢复北侧廊心墙。重新复原前后檐墙墙体位置，并按规制重砌金柱间墙体；室外墙面上身作糙砌，月白麻刀灰打底，外罩青灰浆，室内上身糙砌，麻刀灰打底，白麻刀灰罩面。

拆除东厢房后檐墙，按规制重砌后檐墙

东二府门修缮施工中

多福轩东厢房修缮施工中

下碱，更换补砌断裂单砖。局部拆除前后檐鼓闪台帮。清理山墙上身墙面污物，打点、墁干活。铲除重做残损严重抹灰墙面。拆除金步槛墙，按原制恢复金步槛墙，室外为城砖干摆十字缝，室内糙砌抹灰。修缮时补配安装缺失、残损的博缝砖。

拆除西厢房后檐墙，按规制重砌后檐墙上身。更换补砌严重酥碱、个别砖缺损的山墙上身砖，按照规格砖和灰浆补砌牢靠清理山墙上身墙面污物，打点，墁干活，全部铲除重做墙面内侧抹灰。拆除金步槛墙，按原制恢复金步槛墙，室外为城砖干摆十字缝，室内为糙砌抹灰。补配安装缺失、残损的博缝砖。按原制恢复北侧次间、梢间金步槛墙，室内外均为城砖干摆十字缝，内侧糙砌抹灰，砖 440mm×220mm×110mm。补配北侧两个戗檐砖 2 个，补配 2 块博缝砖。

3）木作

（1）大木

对东二府门现存干裂现象梁、枋构件，先用干燥旧木条嵌补，再用结构胶粘牢；对于出现劈裂的檩、柱子修缮方法与梁、枋相同。墙内木构件、檐部木构架及新换木构架现场均进行防腐处理。飞椽、檐椽糟朽的长度小于 20mm 的，将其砍刮干净防腐处理并粘补。按原制更换糟朽严重的连檐，瓦口和部分望板，更换直椽 205.5m，飞椽 146 根，望板 191.86m^2，添配里口木 34.2m。

对东、西厢房柱根糟朽木柱进行剔补墩接，归安加固走闪劈裂木构件，修补木构件的裂缝，对于糟朽严重构件进行更换，所有大木构件均做防虫防腐处理。对糟朽椽望替补更换。

（2）装修

拆除前后檐墙平开门窗，按原制恢复隔扇窗、槛墙；安装实榻大门、板门；前后檐雀替无存，修缮时按中路二府门型制进行补配雀替 16 个。

拆除东、西厢房金步装修，按原制恢复金步装修，恢复原墙做法。

4）屋顶瓦面

全部揭除东二府门瓦顶，按现有瓦样补配瓦件，拆除灰背，重新苫背瓮瓦，补齐缺失、残碎瓦件，补齐残碎、缺失沟滴 60%；补配南立面西侧垂脊 2m，小兽 5 个。补配北立面东侧垂脊 2.5m，垂兽 1 个、补配小兽 5 个。

多福轩西厢房修缮施工中

东二府门瓦面修缮施工中

东厢房东北角安装补配缺失垂兽1个、小兽5个。西北安装补配缺失垂脊、小兽3个。东南安装补配缺失垂兽1个、小兽5个。西南安装补配缺失垂脊、小兽2个。西厢房补配脊件1m，垂兽2个，小兽5个。

5）油饰彩画

东二府门木柱油漆彩画脱落，柱身均重做红土子色油饰。

多福轩正殿月台台阶竣工图

多福轩正殿室内竣工图

多福轩正殿室内竣工图

多福轩正殿室内竣工图

东、西厢房内檐重做露明大木装修均乳白色油饰，外檐（除彩画部分）均重做红土子色油饰。

（四）特点

1. 唯一性

多福轩是恭王府府邸建筑中现存唯一一座进行室内装修装饰历史陈列复原的殿堂。在本次修缮中，依据历史照片和专家论证会的意见，确定了多福轩作为王府客厅的历史功能及其“边路前堂”的布局地位，同时也恢复了多福轩正殿通敞、屏门前设地平书案、屏门两侧设通壁书架、东西板壁设条案和四件柜的简洁布局构架。东、西配殿内的

多福轩正殿室内竣工图

多福轩正殿室内竣工图

多福轩正殿室外竣工图

多福轩正殿室外竣工图

多福轩正殿室外竣工图

多福轩正殿外藤萝架子竣工图

多福轩正殿室内彩画竣工图

多福轩正殿外檐彩画竣工图

东二府门竣工图

陈设装饰在遵循清代“以炕为主”的起居习惯，又体现了不同区域在不同场合下使用功能的区别和特色。

2. 按历史资料进行原貌复原

从上述有关多福轩的历史照片中可以发现，多福轩正殿室内原有四扇从地面直通屋顶的屏门，屏门上方为御赐“同德延禧”匾额，屏门两侧木柱书有对联（俗称抱柱联），殿内周边墙壁横楣上方间隔挂有“福寿”字匾。根据留存的历史信息，恢复了多福轩明间两柱间四扇屏门的室内建筑布局，使这次修缮更加准确。

3. 多项技术相结合的修缮方法

（1）天花、彩绘的修缮

多福轩正殿内录音棚被拆除后，内檐及屋顶处保留的原有彩绘和天花全部显露出来，与 1940 年辅仁大学留存的照片进行比照，可以看出这些天花和彩绘与当时照片内的景致完全一致。根据内檐现存龙锦枋心金线大点金彩绘和正殿屋顶“玉堂富贵”的天花形式，结合它们的绘制特点及地仗特征，专家认为现存彩绘和天花保留有清代中期风格，具有较高的历史价值和文物价值。

从彩绘的保存现状看，因表面积有大量灰尘和污垢，部分彩画已开裂、剥离、甚至地仗层脱落。殿内顶部天花散乱、缺失，色彩颜料已发生不同程度的褪色。鉴于彩绘和天花的修复加固是一项技术性较强的工作，古建修缮部在施工管理中针对这一现实问题提出修缮要求。

①天花：对散乱天花进行清查，找出确切位置，按原位置归安。对残缺不严重的天花尽量在修补后继续使用。按照原天花的制作方式对缺失天花进行补配，材质、色调及描绘手法尽可能与室内原天花相吻合。

②彩绘：清除彩绘表面积存污垢，采用软毛刷轻扫或荞麦面团搓揉的方法进行清洁处理。有裂隙的地方按照裂隙走向吹出或吸走尘土。对已起翘、开裂的彩绘按原部位进行粘贴。已脱落的彩绘按原位置进行复位粘贴。对硬脆的彩绘残片，需采取软化措施后再进行上述操作。残缺处的内檐彩画，先按照原彩绘重新制作地仗层，然后找准彩绘纹饰比例关系及色彩匹配规律，按照邻近彩绘原状进行绘制。补绘处的图案应尽可能与原彩绘相一致，达到远看近似，近看有别，整体相随的效果。

按照古建修缮部提出的上述要求，经专家指点把关，已残缺破损的天花和彩绘在施工中得到了较好的修复和保护。

多福轩修缮中发现的东、西山墙随梁枋下皮处的局部凤纹和玺彩绘，因其绘制年代和档次要早于并高于现存内檐旋子彩绘，所以携带的历史信息和文物价值更显珍贵。为避免修缮中伤及这两处残存彩绘，已在施工时将它原地封护妥善保存。

正殿外檐彩绘究竟如何绘制，也是一直在探讨的问题。现存外檐的苏式彩画，经调查为20世纪80年代后人重新绘制；由于与历史原貌不符，且绘制水平和质量不理想，显然不能作为文物进行保留。经研究，决定在此次修缮中全部除去重做。关于外檐彩绘样式，最终确定为仿内檐彩绘翻至外檐重绘的方案，修缮后已取得较理想效果。

在天花和彩绘的修缮中，采用了多项技术相结合的修缮方法，依据专家对现存彩绘和天花的建议，对保留有清代中期风格的凤和玺彩画进行原状保护，具有较高的历史价值和文物价值。

（2）木构件的防腐加固和利用

古建筑木构件因自身属于生物材质的缘故，所以在潮湿环境中往往易出现糟朽腐蚀等病害。修缮中为方便施工常常对已朽木构件进行更换，这种全部换新的做法显然与保护原则相违背。在多福轩修缮中，为尽可能保护尚能继续使用的木构件，必须对已糟朽腐蚀的木构材质进行防腐加固处理。施工中首先对能够继续使用的木构材料进行必要的检查，尤其对木柱根部和砌筑在墙体内的木柱进行重点排查；这些部位由于地面潮湿且通风较差，通常糟朽程度最为严重。在进行防腐处理时，先清除木柱表面残破地仗，然后对木柱已糟朽部分进行剔除。工作中特别提醒注意的是，既要彻底清除已经糟朽的部分，又不能损伤未腐蚀的木料。对剔除范围较大且已残缺的木柱采用拼接木条或包镶木块的做法进行修补加固，糟朽特别严重的木柱则需进行墩接处理。为防止旧木料和新补配的木构件继续发生腐蚀，施工中统一对木柱涂刷防腐油进行防腐蚀处理。上述工作程序完成后，按照传统方式在木柱表层重做地仗并涂刷油饰。

（3）地面铺墁

多福轩大部分地面为方砖铺墁。因长期未进行养护，原方砖铺墁处已呈现高低不平，表面斑驳状。经统计原方砖残损程度高达60%，这样的地面不仅经不起继续踩踏，而且有碍观瞻。修缮中出于对多福轩今后使用功能的考虑，在将正殿地面旧砖全部启出后，于明间和次间采用苏州金砖代替原砖，并用细墁法重新铺墁地面。启出的地面旧砖考虑到它们的文物价值及携带的历史信息，决定尽可能予以保留和利用。修缮时对这部分地面旧砖重新进行筛选，从中挑选出部分风化较轻的方砖集中铺墁于正殿梢间地面，通过旧砖的继续使用达到延续和传递文物历史信息的目的。旧砖的保留利用与金砖的补配使用，可以使后人较直观地看到此次修缮的效果以及文物建筑构件再利用的科学内涵。修缮中还对殿内局部地区改建的水泥地面和水磨石地面进行了剔除。

二、乐道堂院

（一）垂花门

1. 垂花门历史沿革

从多福轩院向北穿过垂花门，便进入了府邸东路的第四进院，也是东路的最后一进院——乐道堂院。乐道堂院包括了垂花门，乐道堂正殿，东、西耳房和东、西厢房四个部分。

2. 垂花门考古发掘

据《恭王府府邸文物保护修缮工程·乐道堂庭院垂花门遗址发掘报告》所述：

“垂花门基址位于东路乐道堂庭院中轴线的南端，北距乐道堂台基前台明13.85m，距庭院东、西配殿前台明各9.05m，南距多福轩台基后台明4.15m，平面呈长方形，总面阔4.85m，通进深4.10m。经考古勘察，南北现残长14.1m，东西宽10.60m，深0.50m，内用三合土回填夯筑三层，每层厚0.11~0.16m，在夯土之上砌制台基与南北台阶。台基南壁和进门台阶已被破坏，残存的台基壁和北台阶底部轮廓还较清晰。残存台基壁均用规格0.45m×0.23m×0.11m的青砖十字错缝平砌包边，内用碎砖块加白灰填砌，壁厚0.45m，残高0.06~0.27m。台基内四角方形磉墩用规格0.30m×0.15m×0.06m的青砖砌筑，边长0.62m，残高0.27m。磉墩之间掐砌拦土宽0.38m，残高0.06~0.18m。垂花门南北台阶已被破坏，仅残存北台阶踏跺底部衬砖，台阶面阔4.25m，进深2.23m，用大小不等的残砖块加白灰砌制。

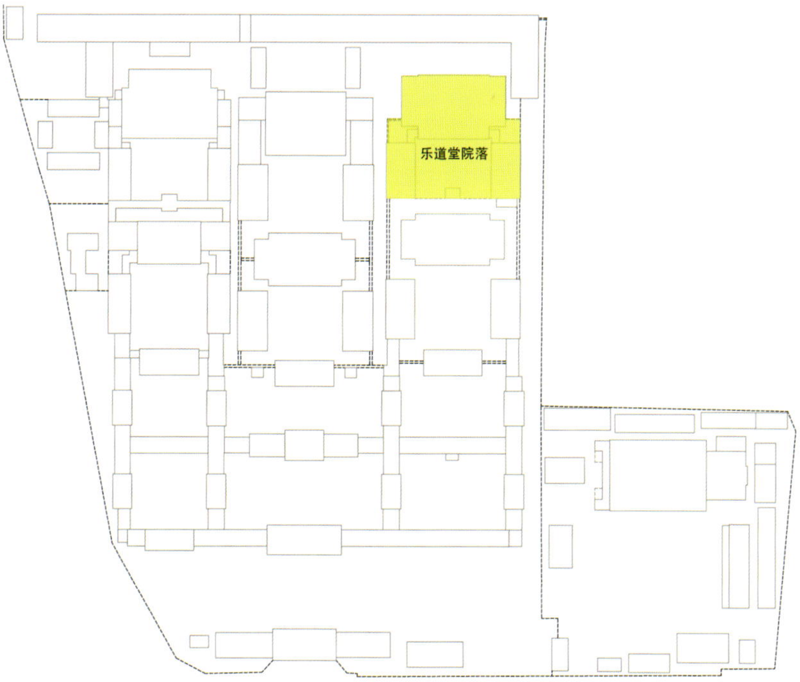

乐道堂院落平面图

垂花门台基东西两侧连接院墙基础，墙基用规格 0.25m × 0.13m × 0.05m 的青砖十字错缝平砌包边，内用碎砖块加白灰砌筑于基槽夯土垫层上，基槽宽 2.30m，深 0.50m；墙基宽 0.60m，残高 0.06~0.28m。”

3. 垂花门复原设计

在垂花门复原设计中，主要依据是样式雷所绘平面，台基部分按十字缝小停泥砖干摆砌法重砌，台帮作法与乐道堂台帮一致。墙面的下碱按干摆砌法，上身按丝缝砌法。檐口处砖件参照锡晋斋游廊型制（垫板檩砖件等均为带雕花形式），屋顶采用“一殿一卷”式，屋顶覆青瓦，两侧院墙高度按乐道堂厢房墀头上所留灰浆残迹确定，其他建筑细部造型与天香庭院垂花门设计一致。彩画设计为苏作枋心式苏画，外檐参考陈鸿舜天香庭院回廊老照片，主要为墨线，双聚锦、

乐道堂垂花门考古发掘（一）

乐道堂垂花门考古发掘（二）

乐道堂垂花门考古发掘（三）

黑叶子花找头，垫板博古，枋心式苏画。本次修缮中将垂花门前门枕石恢复为方形抱鼓的形式，然而在恭王府后续收集到的乐道堂垂花门老照片中发现其抱鼓石原制应为圆形，这是此次修缮唯一的遗憾。

（二）乐道堂院

1. 乐道堂院历史沿革

乐道堂正殿室内梁架上至今保存清代中期的凤和玺彩画，光彩熠熠的金凤无声地讲述着这里作为固伦和孝公主居所曾经有过的富丽堂皇。乐道堂也是恭亲王奕䜣日常居住之所，在恭亲王时期，这里最具特色的装饰

乐道堂垂花门施工中（一）

乐道堂垂花门考古发掘（四）

乐道堂垂花门施工中（二）

乐道堂垂花门望板铺设施工中

乐道堂正殿室内凤和玺彩画

是上下通透的巨大多宝格。1937年，中国营造学社实测图表明，乐道堂主殿室内从东到西横向排列的两扇书架和四扇多宝架将房屋分割为南北两间。辅仁大学保留的乐道堂内部装修的老照片不仅展现了多宝架的独特形式，还确定了南北两间相连通的布局安排，即通过明间多宝架类似花罩门洞的拱形门及东梢间多宝架类似圆光罩门洞的月洞门进入内室。“乐道堂”的匾额是道光帝亲笔所书赐给奕䜣的，最为奕䜣所珍视，并因此自号“乐道主人”。

乐道堂院落1937年实测图

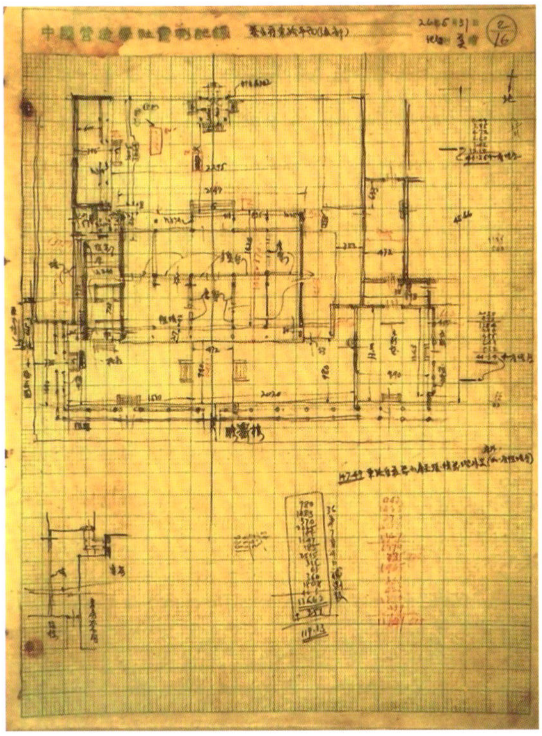

辅仁大学时期保留的老照片中还可以清晰地看出当时乐道堂被改造成演出舞台使用状况。

清华设计复原概念图

乐道堂正殿室内花罩门洞拱形门

乐道堂正殿室内月洞门

乐道堂正殿

乐道堂东厢房

2. 乐道堂院修缮前现状勘查

乐道堂院包括了垂花门、乐道堂正殿、东西耳房和东西厢房四个部分。

乐道堂正殿及东西耳房，为前后卷棚勾连搭结构建筑，面阔五间，进深三间，硬山卷棚布瓦顶建筑，前出五级踏跺。前檐明间后施隔扇及罩门，次间、梢间施槛窗；室内原为方砖地面，梁架、檩、枋后施苏式彩画。前后房连接处用墙体分隔，中部设一小门；后方面阔五间、进深二间，硬山卷棚布瓦顶建筑，其余部分与前房一致。建筑面积为 409m^2，是东路建筑中最大的一处院落。

东西厢房为面阔五间、进深三间，硬山卷棚布瓦顶建筑，前出五级踏跺。前檐明间施隔扇，次间、梢间施槛窗；其余各面为墙体；室内原为方砖地面，梁架、檩、枋施苏式彩画。

1）台基地面

乐道堂主殿室内现为木地板，东侧耳房室内现为水磨石地面，西侧耳房现存部分老地面，正殿及东、西厢房经初步探察，地面现存火道做法，东、西厢房室外地面碎裂、缺失，台明条石地面、阶条石、角柱石及踏

乐道堂西厢房

步条石风化、残缺、局部走闪。

2）墙体墙面

乐道堂主殿及东西耳房西山墙后开窗洞，其中部由于雨水侵蚀，中柱整体糟朽，导致西山墙墙面出现竖向裂缝，南台帮、墙体干摆墙表面灰浆罩面划砖缝，个别断裂单砖、酥碱面砖有剥落现象，北侧台帮局部鼓闪，正殿与东耳房暗柱墙体间存在污物。墙

乐道堂正殿室内地面

乐道堂正殿室内现存火道

乐道堂正殿室内现存火道

乐道堂正殿西山墙被雨水侵袭

乐道堂东厢房墙砖酥碱

乐道堂正殿及耳房北立面

乐道堂东厢房墙砖酥碱

乐道堂东厢房后檐墙

乐道堂西厢房后檐墙

乐道堂正殿室内梁架

面抹灰残损严重，酥碱、空鼓、脱落，北侧金步槛墙被推至檐步，缺头戗檐砖一个。

东厢房台帮、墙体干摆墙表面灰浆罩面划砖缝，个别断裂单砖、酥碱面砖有剥落现象，北侧山墙为后修砌墙砖，墙体砌筑形式和用砖与原规制不符，且将廊子通向厢房廊步洞口封堵；后檐墙墙体上身为糙砖砌筑，山墙上身有污物，与原制不符，无上下碱之分，外闪、抹灰残损严重，酥碱、空鼓、脱落，原金步槛墙被推至檐部。

西厢房北侧山墙台帮、下碱为后修墙砖，墙体砌筑形式和用砖与原规制不符，且将廊子通向厢房廊步洞口封堵；后檐墙墙体上身为糙砖砌筑，墙体有多处竖向裂缝，原金步槛墙被推至檐部，东北角部戗檐砖缺失；台帮、下碱局部松动或后砌补丁不整齐。

3）木作

（1）大木

乐道堂正殿梁枋构件部分有细小干裂现象，天沟处木构件存在糟朽，个别构件有拔榫现象。东厢房大木构件普遍存在干裂现象，部分柱根糟朽严重需墩接。西厢房山面双步梁穿中柱处有拔榫现象，部分柱根糟朽严重需墩接。

（2）装修

乐道堂正殿后檐、耳房前檐装修原为金步装修，现均为后改檐部装修，正殿后檐雀替无存，耳房前檐雀替无存，室内留存部分白樘箅子吊顶。

东、西厢房前檐装修原为金步装修，现改为檐部装修，山墙后开窗，其前檐雀替无存，现存吊顶破损严重。

乐道堂正殿及耳房天沟处木构件糟朽

乐道堂正殿室内梁架拔榫

乐道堂正殿屋顶杂草

乐道堂正殿及耳房天沟

4）屋顶瓦面

乐道堂正殿及耳房瓦顶有杂草，天沟处严重漏雨，瓦件有碎裂、缺失现象，部分瓦件残存裹垄灰。东、西厢房瓦顶有杂草，部分瓦件碎裂、缺失，灰缝松动。

5）油饰彩画

在对乐道堂建筑修缮勘查时，于乐道堂正殿后卷顶棚内的明间脊檩上，发现绘有保留十分完整的反搭金凤包袱、凤和玺彩画，这些彩绘因处于室内白樘篦子顶棚上方，故得到很好保护。同时还发现了乐道堂大殿前卷后檐金檩处的墨线青绿地宋锦福寿团、寿山福海团找头包袱彩画，因封在顶棚之上，所以得以保存，应为和珅迎娶公主之前所

乐道堂正殿脊件缺失

乐道堂东厢房南侧垂脊

乐道堂西厢房西南角垂脊

乐道堂正殿室内彩画

乐道堂正殿室内彩画

绘制。

3. 乐道堂院修缮施工

1）台基地面

（1）台基

对正殿及东西厢房走闪石构件进行归安，粘补断裂踏跺；更换东厢房垂带并补配如意石。其中，正殿及东西耳房归安阶条石 3.5m^3，东厢房归安阶条石 2.4m^3，西厢房归安阶条石 1.6m^3。

（2）地面及散水

在修缮过程中，全部揭除正殿及耳房木地板，检查地面现状，并保留火道遗存原地面做法，即砖垫层上细墁方砖，砖面钻生；对于室外地面碎裂、缺失的，进行全部揭除，探查地面，重新铺墁方砖，恢复原地面火道。全部揭除东、西厢房水磨石地面，检查地面现状，恢复其火道。东厢房地面做法为城砖垫层上细墁方砖，钻生处理。西厢房地面细墁做法为掺灰泥铺底油灰上缝细墁方砖，桐油钻生。乐道堂院砖地面修缮概况见表 3-2-01。

乐道堂正殿修缮施工中

乐道堂东厢房修缮施工中

乐道堂西厢房修缮施工中

表 3-2-01 乐道堂院砖地面修缮概况

构件名称	建筑名称	修缮概况
砖地面	正殿及东西耳房	揭除室内水磨石地面砖 52.6m²，揭除室内木地板 306.4m²，乐道堂金砖 715 块，耳房金砖 240 块，砖垫层 344.6m²；室外地面碎裂、缺失 48m²
	东厢房	揭除室内水磨石地面砖 125m²；金砖 250 块；垫砖一层 125m²；室外地面碎裂、缺失 18.7m²
	西厢房	揭除室内水磨石地面砖 125m²；金砖 250 块；垫砖一层 125m²；室外地面碎裂、缺失 18.7m²

正殿及东西厢房散水按“褥子面”形式重做，泛水小于 5%。其中正殿及东、西耳房重做散水面积为 75m²，东、西厢房重做散水面积为 39m²。

2）墙体墙面

拆砌正殿东、西山墙上身墙体，并按室外城砖干摆十字缝，室内糙砌抹灰，在洞口处恢复墙面，清理正殿与东耳房墙体间的污物，铲除台帮、南山墙下碱表面抹灰层。对室内墙面抹灰残损严重，酥碱、空鼓、脱落部分进行铲除并按厚 20mm 麻刀灰打底和白灰浆罩面重做。对现存的北侧金步槛墙被推至檐步，按原制恢复，室外为城砖干摆十字缝，室内糙砌抹灰。补配乐道堂缺失的戗檐砖进行重修。正殿及东、西耳房墙体、墙面修缮概况见表 3-2-02。

表 3-2-02 正殿及东、西耳房墙体、墙面修缮概况

构件名称	修缮概况
台帮下碱	拆砌西山墙下碱 15m²，拆砌台帮 7.5m²，砖规格：440mm×95mm；铲除南山墙量为 15m²，拆砌南台帮 8m²，砖规格：405mm×85mm；剔补别断裂单砖、酥碱面砖 20 块，砖规格：440mm×95mm；拆砌北台帮 15m²，砖规格：440mm×85mm
上身墙体	拆砌西山墙上身 52m²，砖规格：265mm×55mm；清理墙面污物 20m²
抹灰墙面（内）	剔除原抹灰墙面约 292m²，重做内檐罩面 394m²
槛墙	拆除北侧槛墙 5m³，重砌槛墙 12.9m²，砖规格：440mm×95mm
戗檐砖	补配戗檐砖 1 个，砖规格：360mm×460mm

拆除东厢房后檐墙并按规制重砌后檐墙上身和下碱；拆除北侧山墙和后檐墙，按规制重砌北山墙和后檐墙，恢复北山墙廊步门洞，室外城砖干摆三顺一丁，室内糙砌抹灰；更换补砌个别断裂单砖、酥碱面砖剥落的台帮、下碱，并按原规格砖和灰浆补砌牢靠；清理山墙墙面上污物，打点、墁干活。全部铲除内墙抹灰残损严重、酥碱、空鼓、脱落的部分，并重做厚20mm的麻刀灰打底和白灰浆罩面。拆除檐部槛墙，按原制恢复金步槛墙，室外为城砖干摆十字缝，室内糙砌抹灰。东厢房墙体、墙面修缮说明见表3-2-03。

表3-2-03　东厢房墙体、墙面修缮说明

构件名称	修缮概况
台帮下碱	拆除后檐墙19m^3，重砌后檐墙下碱19m^3，拆砌北山墙下碱9.4m^2，砖规格：440mm×220mm×95mm；铲除台帮21m^2，拆砌南山墙18m^2，砖规格：440mm×220mm×95mm；剔补别断裂单砖、酥碱面砖30块，砖规格：440mm×220mm×95mm；拆砌后檐台帮10m^2，砖规格：440mm×220mm×95mm
上身墙体	拆除北山墙上身估算量29m^3；清理山墙污物10m^2；重砌后檐墙上身35.4m^2，拆除后檐墙上身35.4m^2，砌筑洞口2m^2，砖规格：265mm×55mm
抹灰墙面	剔除原抹灰墙面约38m^2，重做内墙罩面145m^2
槛墙	拆除槛墙4.3m^3，重砌槛墙12.22m^2，砖规格：440mm×220mm×95mm

拆除西厢房北侧山墙和后檐墙台帮、下碱，按规制重砌墙体，恢复北山墙廊步门洞，墙身下碱室外为城砖干摆十字缝，室内糙砌抹灰；对山墙上身和污物进行清理、打点和墁干活；台帮、墙体干摆墙表面灰浆罩面划砖缝，拆除台帮、墙体表面抹灰层。更换补砌个别断裂单砖、酥碱面砖剥落，按原规格砖和灰浆补砌牢靠，并拆砌局部松动或后砌补丁不整齐处。剔除抹灰残损严重，酥碱、空鼓、脱落的墙面，并重做厚20mm的麻刀灰打底和白灰浆罩面。拆除檐步槛墙，按原制恢复金步槛墙，室外为城砖干摆十字缝，室内为糙砌抹灰，对东北角部缺失的戗檐砖按原制进行补配。西厢房墙体、墙面修缮说明见表3-2-04。

表3-2-04　西厢房墙体、墙面修缮说明

构件名称	修缮概况
台帮下碱	拆除拆砌北山墙49m^3；铲除台帮32m^2，砖规格：440mm×220mm×95mm；剔补别断裂单砖、酥碱面砖30块，砖规格：440mm×220mm×95mm；拆砌松动和后砌补丁10m^2，砖规格：440mm×220mm×95mm
上身墙体	拆除北山墙10m^2，砖规格：265mm×55mm；清理墙面污物30m^2
抹灰墙面	剔除原抹灰墙面约30m^2，重做内墙罩面107m^2
槛墙	拆除槛墙4.3m^3，重砌槛墙12.22m^2，砖规格：440mm×220mm×95mm
檐砖	补配戗檐砖1个

3）木作

（1）大木

嵌补并加固劈裂梁、枋，先用旧木条嵌补，然后用结构胶粘牢，并加铁箍；糟朽面积过大的木构件应现场进行防腐处理；用400mm 的扁铁连接拔榫木构件。

乐道堂正殿室内梁架修缮施工中

本次修缮中，各建筑檩的修缮做法与梁枋一致。

剔补或者用干燥旧木料墩接柱根表皮糟朽部分，并加 1~2 道铁箍并进行防腐处理；更换糟朽严重的柱子。

砍刮干净檐椽、飞头糟朽部分并进行防腐处理后再粘补。乐道堂院梁、枋修缮概况见表 3-2-05，乐道堂院檩修缮说明见表 3-2-06，乐道堂院柱子修缮说明见表 3-2-07，乐道堂院椽、飞头修缮说明见表 3-2-08，乐道堂连檐、瓦口、望板修缮概况见表 3-2-09。

乐道堂正殿室内梁架修缮施工中

表 3-2-05　乐道堂院梁、枋修缮概况

建筑名称	构件名称	修缮依据	修缮概况
正殿及东、西耳房	梁、枋	10mm ≤劈裂裂缝宽度≤ 20mm，长不超过 1/2*L*（长度），深不超过 1/4*B*（宽度）时	梁枋构件部分有细小干裂现象，大殿嵌补量总计 30%，耳房嵌补量为 10%，35 根
东厢房			大木构件普遍存在干裂现象，裂缝需嵌补量为 13 根
西厢房			1~3 轴上金枋、2 轴三架梁裂缝需嵌补；嵌补量为 6 根
正殿及东、西耳房		劈裂裂缝宽度大于 20mm，长、深均超过前条时	3~4 轴下金枋、7~8 轴下金枋、4 轴七架梁下的随梁、10 轴南梁架中柱、10 轴南梁架六架梁、1 轴和 2 轴南梁架六架梁等有通裂缝，嵌补并加铁箍 2 道，总计为 14 根
东厢房			4、5 轴五架梁、4 轴三架梁通裂缝，嵌补并加铁箍 2 道，总计为 6 根
正殿及东、西耳房		糟朽深度小于 20mm 时 糟朽深度大于 20mm 时	天沟处木构件、墙内木构件、檐步木构件及新换的木构件均须进行防腐处理，防腐处理详见专项；天沟处木构件、7 轴、8 轴抱头梁糟朽部分需剔补、拼接、加固，总计为 10 根
西厢房			6 轴单步梁现场进行防腐处理
正殿及东、西耳房		拔榫	个别构件有拔榫现象，总计为 3 根
西厢房			6 轴山面双步梁穿中柱出有拔榫现象，总计为 3 根

表 3-2-06　乐道堂院檩修缮说明

建筑名称	构件名称	修缮依据	修缮概况
檩	劈裂	正殿及东、西耳房	3~4 轴中金檩、5~6 轴脊檩、5~6 轴上有金檩、7~8 轴间上金檩、中金檩、下金檩有通裂缝，嵌补并加铁箍 2 道，总计为 10 根
		东厢房	1~2 轴、4~5 轴脊檩有 30 通长裂缝，1~2 轴东侧上金檩和西侧下金檩、2~3 轴东侧下金檩、3~4 轴两侧下金檩、3~4 轴东侧上金檩、5~6 轴下金檩嵌补并加铁箍 2 道，总计为 12 根
		西厢房	1~2 轴脊檩有款 30 裂缝，长 1、2、5~6 轴东侧上金檩有通裂缝，3~4 轴间脊檩有裂缝宽 25，2/3*L*，嵌补并加铁箍 2 道、结合木材所勘察报告，总计为 4 根
	A. 糟朽深度小于 20mm 时； B. 糟朽深度大于 20mm 时	正殿及东、西耳房	天沟处木构件糟朽部分需剔补、拼接、加固，总计为 7 根

表 3-2-07　乐道堂院柱子修缮说明

建筑名称	构件名称	修缮依据	修缮概况
柱子	10mm ≤劈裂裂缝宽度≤ 20mm	正殿及东、西耳房	总计为 8 根
		东厢房	E1 柱粘补裂缝，总计为 4 根
		西厢房	E1 柱粘补裂缝，总计为 4 根
	劈裂裂缝宽度大于 20mm 时	东厢房	1 轴东侧瓜柱、2 轴两个瓜柱、6 轴西侧瓜柱、4 轴三个瓜柱有通裂缝嵌补并加铁箍 1 道，总计为 8 根；墙内柱粘补裂缝，加铁箍两道，总计为 6 根
		西厢房	2 轴上金步瓜柱，5 轴瓜柱有通裂缝嵌补并加铁箍 1 道、估算为 4 根；E2 柱粘补裂缝，加铁箍 1 道，总计为 2 根
	柱根表皮糟朽，深度不超过 1/4*D* 时	正殿及东、西耳房	E3 柱剔补，总计为 6 根
	柱根糟朽严重，高度不超过 1/3*H* 时	正殿及东、西耳房	墙内柱子待查，墩接总计为 5 根
		东厢房	E4、C6、E5 柱等柱根糟朽严重需墩接，高 800mm，总计为 6 根；D3、D6 柱剔补，总计为 4 根
		西厢房	E4 柱等柱根糟朽严重需要墩接，高 300~800mm，总计为 10 根，C1 柱等剔补，总计为 4 根
	柱根糟朽严重，高度超过 1/3*H* 时	正殿及东、西耳房	G1、H3 柱等需更换，总计为 4 根
		东厢房	柱子糟朽严重需要更换，总计为 1 根（ϕ290mm）
		西厢房	E1 柱，总计为 1 根

表 3-2-08　乐道堂院椽、飞头修缮说明

建筑名称	构件名称	修缮依据	修缮概况
椽、飞头	椽、飞头糟朽，当糟朽长度小于 20mm 时	正殿及东、西耳房	总计为 40 根
		东厢房	总计为 40 根
		西厢房	总计为 40 根（90mm×90mm）
	糟朽严重	正殿及东、西耳房	更换飞头总计为 40 根，更换椽子总计 30 根
		东厢房	拼接总计为 10 根，更换飞头（110mm×100mm）总计为 30 根，补配椽子（110mm×110mm）总计为 40m
		西厢房	总计为 20 根（90mm×90mm）

表 3-2-09　乐道堂连檐、瓦口、望板修缮概况

建筑名称	构件名称	修缮依据	修缮概况
连檐、瓦口、望板	糟朽严重	正殿及东、西耳房	更换连檐 100%、瓦口 100%、望板：大殿 30%，东耳房 30%，西耳房 60%
		东厢房	更换连檐 100%（33m）、瓦口 100%、望板 40%
		西厢房	换连檐 100%、瓦口 100%、望板 20%

乐道堂正殿外檐装修施工中

（2）装修

拆除并按原制恢复乐道堂正殿后檐及耳房前檐装修；拆除后檐山墙后开窗洞并封堵。拆除并恢复东、西厢房原金步装修，拆除东厢房后开窗。补配东、西厢房前檐缺失雀替。拆除现有吊顶，均改为轻钢龙骨石膏板吊顶，并在表面刷白色乳胶漆三道。殿内采用传统工艺进行裱糊，纸张由故宫古建修缮中心李永革主任推荐，并得到了故宫博物院的大力支持。乐道堂院装修修缮说明见表3-2-10。

表 3-2-10　乐道堂院装修修缮说明

构件名称	建筑名称	修缮说明
门窗装修	正殿及东、西耳房	拆除装修 134.5m^2，恢复装修 134.5m^2
	东厢房	拆除装修 36m^2，恢复装修 42m^2
	西厢房	拆除装修 33m^2，恢复装修 42m^2
	正殿及东、西耳房	拆除装修 12.5m^2
	东厢房	拆除装修 7.7m^2
	西厢房	拆除装修 6.5m^2
雀替	正殿及东、西耳房	补配雀替 14 个（4.2m^2）
	东厢房	补配雀替 10 个（3m^2）
	西厢房	补配雀替 10 个（3m^2）
吊顶	正殿及东、西耳房	吊顶面积 360m^2，施工时，保留原有白樘篦子吊顶
	东厢房	安装现行规范制作、安装
	西厢房	安装现行规范制作、安装

4）屋顶瓦面

对正殿、东西厢房屋顶瓦面全部揭瓮瓦顶，拆除灰背，重新苫背瓮瓦；补配缺失和残断构件，用结构胶粘补牢固，对残损严重

乐道堂正殿外檐装修施工中

乐道堂正殿及耳房屋顶修缮施工中

乐道堂正殿及耳房屋顶修缮施工中

乐道堂东厢房屋顶修缮施工中

乐道堂东厢房屋顶修缮施工中

乐道堂东厢房屋顶修缮施工中

或不合型制进行更换或按原制补配安装。乐道堂屋顶瓦面修缮说明见表 3-2-11。

表 3-2-11 乐道堂屋顶瓦面修缮说明

构件名称	建筑名称	修缮说明
屋顶瓦面	正殿及东、西耳房	全部揭瓦；灰背估算量约为 100%，重新苫背宽瓦 673.5m²，补配瓦件 40%
	东厢房	全部揭瓦；灰背估算量约为 100%，重新苫背宽瓦 154.4m²，补配瓦件 50%
	西厢房	全部揭瓦并重新苫背宽瓦 154.4m²，补配瓦件 50%
脊兽件	正殿及东、西耳房	补配小兽 18 个，垂兽高 820mm，小兽高 260mm；补配垂脊 3m，檐头盘子 4 个
	东厢房	补配垂兽 1 个，小兽 6 个，垂兽高 800，小兽 260；补配垂脊 2.5m，檐头盘子 2 个
	西厢房	补配垂兽 1 个，垂兽犄角 3 对，小兽 4 个；垂兽高 800mm，小兽高 260mm；补配垂脊 2m

5）油饰彩画

（1）油饰

全部去除旧油皮，砍出新槎，局部修补地仗，重新油饰，并涂刷为红色油漆。乐道堂油饰修缮说明见表 3-2-12。

表 3-2-12　乐道堂油饰修缮说明

序号	构件名称	地杖做法	油皮做法
1	连檐、瓦口	三道灰	一道樟丹油，二道二朱红油
2	椽子、望板	三道灰	三道颜料光油，红帮绿底
3	飞头	四道灰	三道绿色油
4	椽头	四道灰	—
5	梁头	一麻五灰	—
6	挑檐檩、挑檐枋、耳房、柱头	一麻五灰	—
7	外檐；柱、槛框、榻板	一麻五灰	一道樟丹油，三道二朱红油
8	隔扇、窗扇、帘架	四道灰	一道樟丹油，三道二朱红油棂条，三道绿色油
9	绦环板、裙板	一布五灰	一道樟丹油，三道二朱红油

注：1. 内檐露明大木及装修均刷乳白色油漆；

2. 二朱红：银朱兑 30% 铁红，色油最后另罩一道混油。

（2）彩画

修缮中；采用特殊玻璃对现存老彩画进行保护，正殿外檐彩画以乐道堂前卷后檐彩画为依据，设计彩画为墨线青绿地宋锦烟琢墨卡子、福寿团、寿山福海团、夔龙团包袱式苏画；东、西耳房彩画设计为墨线流云、黑叶子花、垫板爬蔓花海漫式苏画。乐道堂东西厢房彩画设计与主殿外檐彩画一致。

乐道堂院落竣工图（一）

乐道堂院落竣工图（二）

（三）乐道堂院值房设计与施工

通过 1937 年中国营造学社实测图和样式雷图可以发现，紧邻着乐道堂东厢房南山墙的小房子以前应为该院的值房。根据设计要求，复建了东值房。西值房则作为遗址进行展示。在孙旭光的建议下，决定将原来拟安装在乐道堂东配殿内的配电设施，移挪到乐道堂东值房内。为此，孙旭光、吴杰及府邸修缮办成员与设计和施工方共同考察，重新规划了移挪线路。东值房作为配电室使用后，既能将乐道堂东配殿腾出作为展览用房，同时解决了古建筑内安装配电设施有可能出现的安全隐患，可谓一举两得。

在修缮施工中，依据 1937 年中国营造学社实测图和样式雷图复建东侧值房。

该值房是新建的砖木结构仿古建筑用房，两开间，通面阔为5.540m，通进深为1.820m，总建筑面积为15.289m^2。本配电室位于乐道堂东厢房南面，配电室北面的墙紧贴乐道堂东厢房的南山墙而建，配电室东面的山墙紧贴东路东围墙的西墙面而建，西侧面的坡屋面和南侧的坡屋面相交形成翼角，屋顶全部为黑活三号筒瓦。

（四）特点

本次乐道堂院修缮中有如下3个特点。

（1）对其院落垂花门进行了考古发掘并按原制进行复建。

（2）对乐道堂院内的火道进行原状保护，对正殿戗檐砖雕用塑料薄膜进行保护。

（3）对乐道堂室内后卷脊檩上遗存的凤和玺彩画采用特殊玻璃进行保护，既保护老彩画现状，也达到了后期的展示作用。

乐道堂院落竣工图（三）

乐道堂院落竣工图（四）

三、宫门前区（东路）

宫门前区（东路）同西路宫门前区相对，主要建筑包括东阿斯门、西二府门、东西厢房以及附属围房。

1. 宫门前区东路历史沿革

恭王府东路宫门前区东阿斯门，是恭王府的主要出入口之一，其余围房及东二府门东、西厢房为服务用房。

2. 宫门前区（东路）修缮前现状勘测

根据相关史料，东路宫门前区在1937年之前，其完整性就已经遭到破坏。在本次府邸修缮前，原东路宫门前区建筑已然无存，除音乐学院教学楼所占据之外，其余皆为空地。

3. 宫门前区（东路）修缮及复建施工

依据修缮，设计在拆除音乐学院教学楼的基础上，根据样式雷图及1937年中国营造学社实测图重新勘测宫门前区（东路）地基及施工范围，恢复东阿斯门，东二府门东、西厢房，围房以及附属建筑。

1）台基地面

（1）台基

依据样式雷图及1937年中国营造学社测绘图，东路宫门前区建筑台基重新进行施工。东二府门东、西厢房新做垂带踏垛，东

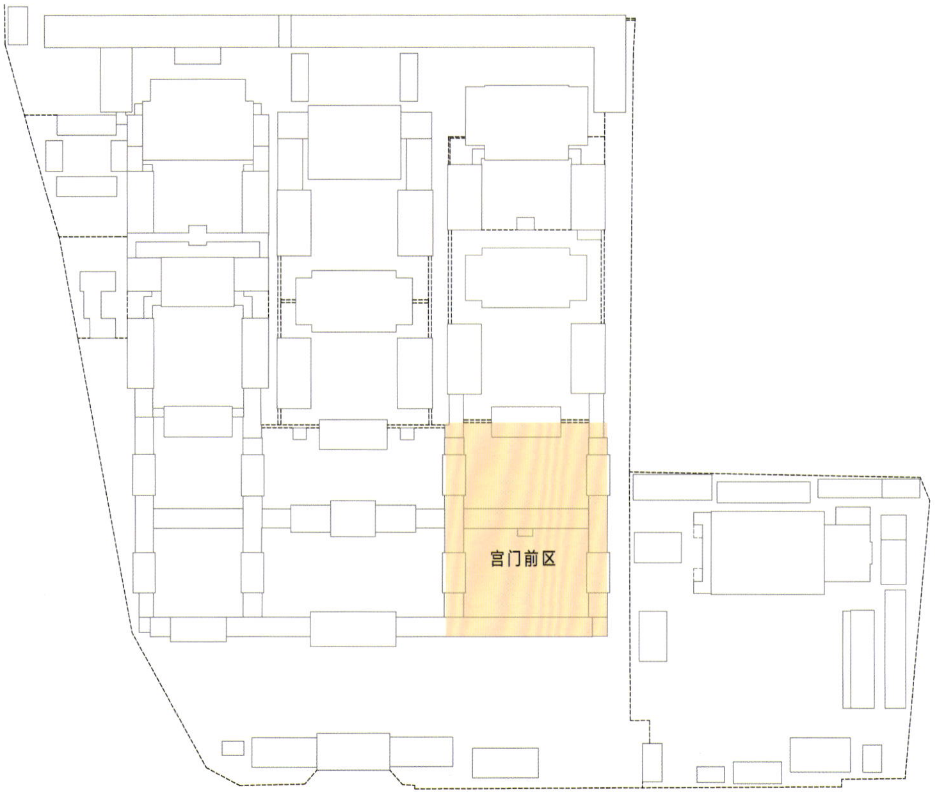

宫门前区（东路）区位图

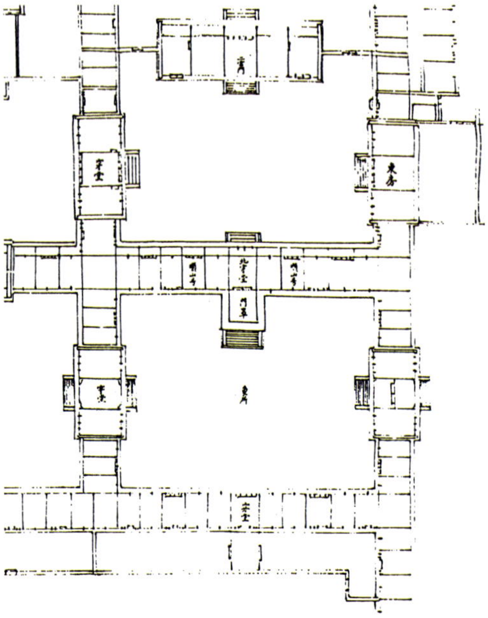

宫门前区（东路）样式雷图

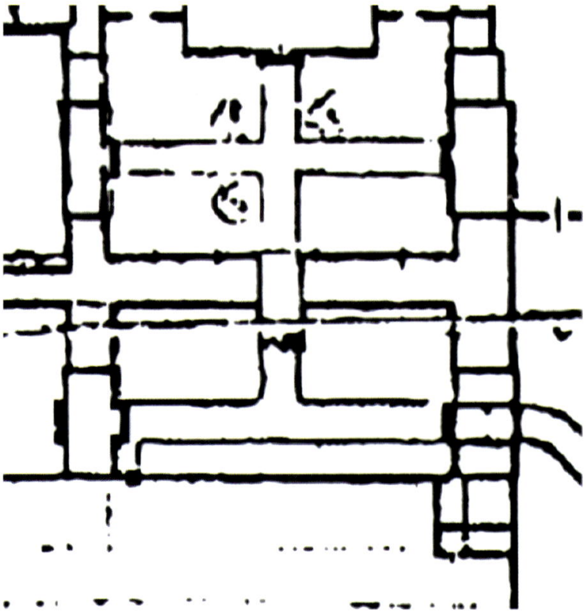

宫门前区（东路）1937 年实测图

东二府门修缮前现状

从头宫门前看东一区（修缮前）

东一区后建房

宫门前区（东路）后建音乐学院教学楼

阿斯门及东一围房北过道台阶为新做礓磋。

（2）地面

恢复东一区、东二区院落甬路并进行石板铺地，并分别留出花池。东阿斯门过道以石板铺地，东二府门东、西厢房以及围房地面以尺四方砖铺地。

（3）散水

东阿斯门，东二府门东、西厢房外侧地面新做大城样砖褥子面散水。其余围房外侧地面新做“一封书”式散水。

2）墙体墙面

东阿斯门和东二府门东、西厢房槛墙为二城样砖干摆做法，墀头及后檐上身为小停泥砖丝缝做法，围房墙体下碱干摆，上身丝缝。东阿斯门廊心墙尺四方砖干摆做法。东一围房北侧过道廊心墙抹白灰。

3）木作

（1）大木

东路宫门前区建筑重新制安大木。东阿斯门及东二府门东、西厢房大木为五架梁结构。

东二府门东厢房台基施工中

东二府门倒座房台基施工（一）

东二府门倒座房台基施工中（二）

东一区东侧围房台基施工

东一区院落地面施工中

东二府门东厢房墙面及门窗施工

（2）装修

东路宫门前区建筑全部新制安外檐门窗。东阿斯门新制安斜方格隔扇窗，东二府门东、西厢房新制安步步锦样式隔扇门及隔扇窗，其余围房新制安步步锦隔扇门，窗子样式为下层玻璃窗，上层步步锦样式支摘窗。

东二府门倒座房墙面门窗施工中

东二府门东厢房大木施工中

东二府门倒座房大木构架

东二府门西厢房门窗施工中

东一区围房及入口大木及门窗施工中

东二府门东厢房油饰施工中

4）屋顶瓦面

新建东阿斯门以及东二府门东、西厢房为卷棚硬山顶，布瓦面，脊饰五跑小兽。东路宫门前区围房为卷棚顶。

东二府门西厢房油饰施工中

东一区院落建筑油饰施工中

东二府门西厢房竣工图

东一区院落建筑竣工图（一）

东一区院落建筑竣工图（二）

5）油饰彩画

（1）油饰

东阿斯门外檐门窗油饰红色，内檐木柱油饰乳白色。东二府门东、西厢房及东路宫门前区围房外檐门窗抱框及木柱油饰红色，门窗步步锦棂条油饰绿色。

（2）彩画

东阿斯门及东二府门东、西厢房外檐新绘制彩画为夔龙黑叶子花枋心墨线小点金旋子彩画。东一区及东二区围房外檐新绘制彩画为一字枋心雅伍墨旋子彩画。

第三节 西路建筑

恭王府西路建筑由三进院组成，从南至北分别为西路宫门前区、葆光室院、锡晋斋院。

一、葆光室院

1. 葆光室院历史沿革

恭王府府邸西路第三进院的正房名为葆光室，与府邸东路第三进院的多福轩相对，因正房明间门楣之上悬挂有咸丰帝为恭亲王奕䜣亲题的“葆光室”匾额而得名。“葆光”一词，典出《庄子·齐物论》“注焉而不满，酌焉而不竭，而不知其所由来，此之谓葆光。”其寓意为隐蔽其光，收敛锋芒。

葆光室最早建于清代和珅时期并曾经作为和珅与庆亲王永璘的客厅。在恭亲王时期，这里是奕䜣重要的私密会客厅。参考样式雷图、1937年中国营造学社实测图及老照片，可推断出这里曾经的功能。

据《翁同龢日记》考证，葆光室也是清廷为恭亲王奕䜣举行丧礼的地方。恭亲王奕䜣逝世后，光绪帝和慈禧太后曾亲临葆光室进行吊丧并议定恭亲王的谥号、出殡等事宜。

在天主教会管辖以及辅仁大学时期，葆光室曾经作为天主教会的神堂。

2. 葆光室院修缮前现状勘测

恭王府葆光室院由西二府门、葆光室正房、东西厢房及连廊组成。西二府门建筑为硬山卷棚顶，面阔五间，进深两间，建筑面积137m^2。葆光室为大式硬山卷棚顶，面阔五间，进深三间，建筑面积260m^2。东、西厢房为硬山卷棚顶，面阔五间，进深一间，前出廊，筒瓦卷棚屋，面单体建筑面积123m^2。东、西厢房北侧通过抄手游廊与葆光室相连，南侧通过抄手游廊与西二府门相接。

1）台基地面

（1）台基

西二府门建筑台帮为三顺一丁城砖干摆做法，大部分酥碱残坏，外抹水泥面脱落。西侧通道台阶为后改，水泥砂浆抹面，“沟漏”风化；东侧通道“沟漏”风化，地面升高。前檐青石垂带、踏跺石风化剥落，狮子抱鼓石移位。台阶西侧好头石开裂，阶条石、柱顶石均有不同程度风化、开裂和外闪现象。

葆光室台基石材普遍缺角，个别有断裂现象，部分阶条石外闪。台基两侧有月台痕迹，台帮砖风化酥碱严重。东耳房台基北侧下水口被封堵，西耳房局部台明下沉。

东、西厢房台基阶条石、垂带石及台帮砌体风化酥碱严重，全部外闪。多数阶条石缺角开裂，部分水泥抹面修补。

恭王府西路建筑区位图

西路葆光室院落区位图

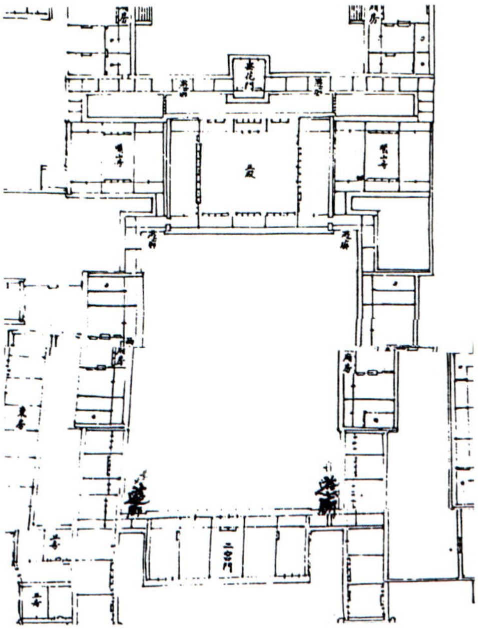

葆光室样式雷图

葆光室老照片

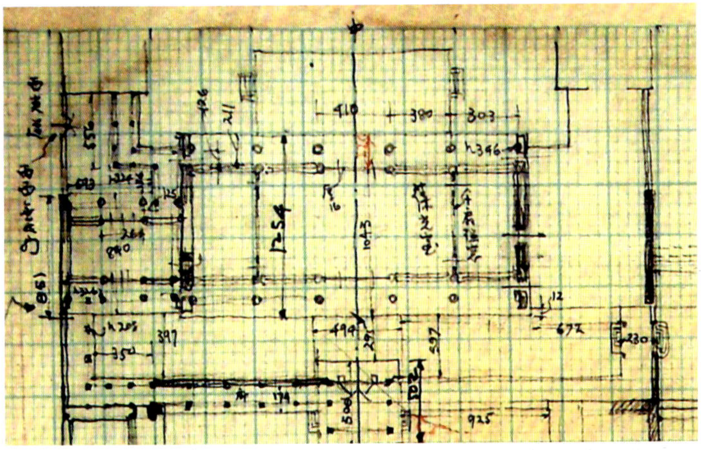

葆光室营造学社实测图

葆光室室内老照片

西二府门修缮前现状

葆光室修缮前现状

葆光室院东厢房修缮前现状

葆光室院西厢房修缮前现状

锡晋斋院游廊修缮前现状

东耳房前抄手游廊台基下沉，砖缝有断裂。

（2）地面及散水

西二府门室外地面被抬高，后改院落铺地不合规制，甬路尺四方砖严重残损。建筑西侧通道水泥方砖铺地。室内全部水泥抹面，上铺复合地板，地面部分被覆盖。

葆光室室内外方砖铺地局部严重磨损，柱顶风化。明次间及东、西耳房室内地面后加复合木地板，其余为方砖铺地。东耳房东回廊地面砖碎裂严重，局部地面下沉。东耳房北侧槛墙与阶条石之间用水泥勾抹。东、西厢房前檐廊步墁以尺二方砖，室内地面部分尺二方砖墁地为非传统做法。

西二府门前檐散水砖为后改，后檐原“褥子面”散水砖体缺角损坏严重。葆光室前檐地面无散水痕迹，后檐现存部分散水。东、西厢房室外前檐地面局部为“褥子面”散水，部分散水缺失残损。

2）墙体墙面

西二府门前后檐均为后改糙砌墙，山墙下碱二城样砖干摆，上身停泥砖丝缝，均为十字缝做法。西侧山墙墙体返潮酥碱并有开裂。建筑东侧戗檐砖雕局部缺失。东侧游廊

葆光室后檐台帮及散水

北墙下碱外罩水泥，上身墙面抹灰。西二府门东侧墙后开门、建筑室内多处后砌隔断墙。

葆光室前檐槛墙为干摆十字缝做法，外抹灰浆，后檐槛墙砖外抹灰。西侧山墙停泥砖丝缝十字缝砌筑。建筑东廊心墙面抹灰。东、西耳房山墙做法不一，其中西耳房山墙为后改砌。东耳房前侧槛墙砖局部混砌，残损约 70%，西耳房南侧有后砌砖墙。

东、西厢房前檐槛墙外面抹灰，后檐墙下碱蓝机砖水泥砂浆三顺一丁砌筑，上身北转角处小停泥砖丝缝五进五出砌筑，西厢房后檐墙南侧紧邻红砖房。东、西厢房山墙下碱为城砖三顺一丁干摆做法，上身小停泥砖丝缝十字缝做法。东厢房后檐墙有 5 处后开窗，西厢房后檐墙有 3 处后开窗。东厢房后檐临近正殿西厢房西山墙墙体残破。

西二府门东侧墙后开门

西二府门室内后建墙

葆光室东耳房北侧下水口

葆光室院建筑戗檐砖雕保存较为完好，个别有缺损。

3）木作

（1）大木

西二府门大木梁架因有彩画保护，保存状况较好，但山墙柱根糟朽问题普遍存在。西二府门梁架仅东梢间遗存走马板，望板有

葆光室南戗檐砖雕

葆光室东北侧戗檐砖雕

渗漏水渍，椽头糟朽，东梢间山墙柱根纵向有干缩裂缝。

葆光室大木梁架为九檩七架梁，材质基本完好，柱子无沉降，部分木构件有开裂现象。

东、西厢房大木屋架基本完好，部分木构件有裂缝，局部构件外闪变形，柱根普遍糟朽。椽望糟朽过半，其中以檐口处最为严重。

（2）装修

西二府门前后檐后加平开门与平开窗，与原制不符。室内后加吊顶板条抹灰，空间也全部变更。

葆光室后改外檐门窗局部残损。室内明间及东西次间为后建文物库房，四周槛墙用三合板封护；石膏板吊顶为后改，吊顶木框架为旧木改装而成。

葆光室东、西厢房室内墙面全部抹白灰，木龙骨板条抹灰吊顶。葆光室抄手游廊装修较为完整。

4）屋顶瓦面

葆光室院建筑瓦顶长草、瓦件规格不统一、捉节灰松动、筒瓦脱节现象普遍，多数

西二府门大木梁架及内檐老彩画

建筑垂脊及脊饰件缺失，个别建筑瓦顶有渗漏状况。

西二府门为筒瓦屋面，前坡西侧后加砖砌烟囱。现两山垂脊塌毁，椽头糟朽、望板渗漏明显。

葆光室及东西耳房瓦件残损约25%，其中西耳房两山垂脊缺失。东侧廊瓦面脱节、残损严重。

东、西厢房瓦件残缺损坏较多。东厢房南侧陡板夔龙砖雕垂脊松动损毁约30%，两山铃铛排山松动。西厢房北侧垂脊缺失近80%，陡板夔龙砖雕现全部缺损，两山铃铛排山损毁约30%。

5）油饰彩画

（1）油饰

西二府门内檐露明大木均刷乳白色油饰。葆光室内檐柱被漆成乳白色，天花油饰起甲剥落。葆光室东、西厢房外檐门窗油饰粗糙简陋，地仗油漆开裂脱落约80%。

（2）彩画

西二府门外檐彩画较为完整，明间梁架彩画表面附着有黄色涂层，大梁两端及东次间北侧梁架彩画保存完整，梁架下颜料层剥

葆光室后檐门窗

葆光室游廊装修

葆光室前檐明间装修

西二府门断裂垂脊

葆光室西南垂脊

西二府门外檐彩画

葆光室外檐彩画

葆光室内檐彩画及隔扇窗

落缺失较多；东梢间三架梁与柱头残存彩画已被熏黑；其他梁架绘制掐箍头彩画，色彩光鲜。

葆光室北侧原外檐彩画图案完整，色彩鲜艳；内檐梁架彩画图案清晰鲜艳，顶部支条彩画存在起翘剥落现象，天花基本保存完整，局部有空鼓剥落现象。

葆光室东、西厢房外檐后做苏式箍头彩画，室内无彩画。

3. 葆光室院修缮施工

1）台基地面

拆除西二府门原地面并重新墁地，归安葆光室及东、西耳房前后檐台基阶条石和角柱石，并进行防风化处理。

葆光室及东、西耳房台帮重新砌筑，正房干摆三顺一丁做法，东、西耳房台帮干摆十字缝做法。参照样式雷图、1937 年中国营造学社实测图及老照片，根据现有建筑历史痕迹，恢复葆光室南侧月台及东、南、西三面垂带踏跺，台帮干摆三顺一丁砌筑。

东、西厢房台帮全部拆除重砌，二城样砖干摆做法，归安走闪石构件，补全残损踏跺并找补墙面。

（1）地面

拆除葆光室室内木地板，露出室内金砖铺地，剔补断裂的地砖，残损严重的区域重新铺墁。剔除东耳房北侧廊步水泥勾缝并剔补残坏地面砖，西耳房重墁尺四方砖。按现存样式重新对院落甬路及地面铺墁。

东、西厢房前檐廊步尺四方砖墁地拆除重做，剔除室内水泥地面，回填灰土垫层并进行尺四方砖细墁。

（2）散水

西二府门、葆光室地面重做“褥子面”样式散水。拆除东、西厢房后檐原散水，改铺条砖“一封书”式散水。

2）墙体墙面

重新砌筑西二府门墙体，前檐槛墙及下碱干摆做法，上身丝缝做法，室内槛墙上身抹白灰。葆光室前后檐槛墙全部拆除重砌。东、西山墙拆砌部分尺七方砖博缝板，上身停泥砖十字缝砌筑。

拆除葆光室耳房室内隔断，铲除墙皮并重新抹灰。西耳房前檐槛墙砖剔补约30%，东耳房前檐槛墙局部拆砌。东耳房东山墙下碱条砖局部剔补约10%，上身墙体保持现状。西耳房西山墙重新拆砌墙体，下碱为二

西二府门台基砌筑

复建葆光室月台

拆除西二府门廊步

复建葆光室月台台阶

恢复葆光室院落铺地

葆光室院落方砖铺地

西二府门修复后墙面

城样砖干摆三顺一丁做法，上身停泥砖十字缝做法，补配东、西耳房墀头戗檐砖雕。

东、西厢房修补墙体局部裂缝并剔除墙面抹灰，按现有构件样式补配通风铁箅子与透风。前檐槛墙重新砌筑，拆砌后檐墙下碱城砖干摆三顺一丁、上身小停泥砖丝缝十字缝做法，保留转角五进五出砌筑。东、西厢房北山墙下碱石构件现状保护，查补下碱砖面，城砖干摆三顺一丁做法，上身砖面局部拆砌，小停泥砖丝缝十字缝做法。东厢房檐口下城砖砌筑四层冰盘檐，西厢房檐口下城砖砌筑两层冰盘檐。拆除东厢房南侧卫生间。

拆除东、西厢房室内后加隔墙，剔除室内掺泥灰抹面，新墙麻刀灰打底罩面。

西二府门后檐墙修缮后

葆光室墀头仓戈檐砖雕修缮

3）木作

（1）大木

对西二府门大木梁架进行防腐处理，并对表面彩画进行防护。葆光室及东西耳房梁架基本完好，近期做防腐处理，个别开裂木构件做嵌补。对东、西厢房柱根糟朽木柱进行剔补墩接，归安加固走闪劈裂木构件，修补木构件的裂缝，对于糟朽严重构件进行更换，所有大木构件均做防虫防腐处理。

（2）装修

葆光室院所有门及支摘窗全部重新制作。

葆光室前檐按原制恢复为隔扇门，门槛包铜皮，后檐恢复原制隔扇窗做法。恢复葆光室室内北侧明间屏门及东西次间和梢间几腿罩，内侧白樘箅子面层裱糊万字银花纸。

葆光室东、西耳房拆除后加隔断墙并根据1937年中国营造学社实测图按原制恢复金步装修。前后檐明间恢复为隔扇门样式，门槛包铜皮，次间为槛墙支摘窗。室内安装轻钢龙骨防水石膏板吊顶，面层裱糊万字银花纸。

东、西厢房保留横披窗。拆除室内后加木龙骨抹灰吊顶，改为轻钢龙骨防水石膏板吊顶，面层裱糊万字银花纸。

4）屋顶瓦面

西二府门、葆光室及东西耳房、东西厢房及回廊建筑屋顶重新揭瓦，并重新苫背宽瓦。

葆光室更换残损瓦件，统一筒瓦尺寸，旧瓦用于后坡。葆光室西北脊拆砌尺七雕花、戗檐及博缝砖，补配东、西耳房脊饰

葆光室东厢房墙体修缮

西二府门装修

葆光室室内墙体裱糊

葆光室室内墙体裱糊银花纸

葆光室西厢房外檐门窗安置

葆光室东厢房外檐门窗安置

西二府门屋面挑顶后

葆光室屋面顶部搭建

葆光室东、西厢房屋面挑顶

件。东、西厢房挑顶维修，补配垂脊残损构件，修复残损脊饰件，拆除西厢房两山博缝及金刚墙。葆光室院屋顶瓦面修缮表见表 3-3-01。

葆光室屋面苫背

葆光室屋面宽瓦完成

表 3-3-01 葆光室院屋顶瓦面修缮

殿座名称	屋顶苫背面积	瓦件补配量	瓦件规格	脊饰构件补配
西二府门	161.1m^2	补配瓦件 70%	筒瓦 ϕ125~150mm	补配垂兽 2 个，小兽 5 个，补配垂脊 12m，檐头盘子 2 个
葆光室正房	303.4m^2	补配瓦件 50%, 排山更换残损勾头滴水 50%	筒瓦 ϕ125~135mm	补配垂脊 8m，补配狮子 8 个，马 23 个
葆光室东、西耳房	194m^2	补配瓦件 50%	筒瓦 ϕ125mm	补配垂脊 13m，垂兽 4 个，小兽狮子 8 个，马 24 个
葆光室院东厢房	110m^2	补配瓦件 100%，补配勾头滴水 50%	筒瓦 ϕ120~125mm	补配垂兽 2 个，小兽 10 个，补配垂脊 5m，草架盘子 1 个
葆光室院西厢房	110m^2	补配瓦件 100%，71.28m^2。补配勾头滴水 50%	筒瓦 ϕ120~125mm	补配垂兽 3 个，小兽 15 个，补配垂脊 12m
葆光室东、西回廊	窝角沟、天沟铺设铅背 21.2m^2	补配瓦件 50%	筒瓦 ϕ90mm	—

5）油饰彩画

（1）油饰

西二府门、葆光室东西厢房内檐露明大木装修均乳白色油饰，葆光室外檐金柱檐柱饰绿色，除彩画部分均重做红土子油饰。

（2）彩画

对西二府门梁架彩画进行保护，对葆光室正房天花进行除尘和修补，东耳房前、后檐廊步原彩画除尘。葆光室院外檐绘制海漫式彩画。

葆光室室内木柱油饰及墙面裱糊

葆光室大木地杖

葆光室外檐廊柱饰绿

修复后的葆光室外檐色彩

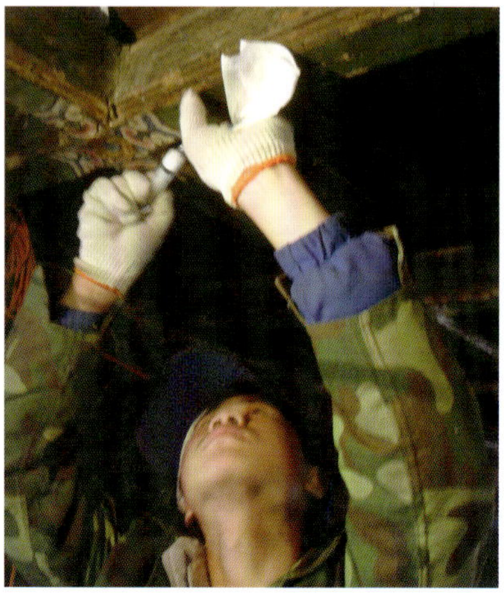

葆光室内檐彩画修复（一）

葆光室内檐彩画修复（二）

修复后的葆光室内檐彩画

葆光室外檐彩画起线

修复后的葆光室外檐彩画

葆光室东厢房外檐彩画修复后

西二府门修缮后（南）

西二府门修缮后（北）

葆光室修缮后

葆光室修缮后（明间）

葆光室修缮后（廊步）

葆光室东厢房修缮后

葆光室西厢房修缮后

葆光室西南游廊修缮后

二、锡晋斋院

1. 锡晋斋院历史沿革

锡晋斋院位于恭王府府邸西路西四区，是由锡晋斋及东西耳房、乐古斋、尔尔斋、垂花门及游廊组成的院落。

锡晋斋原名“庆宜堂①”，俗称“楠木房”，是原和珅时期的建筑，因室内仿照故宫宁寿宫的楠木装修而有名，其中和珅被抄家时列举的“二十大”罪状中的“楠木房屋”和“多宝阁”即指锡晋斋内精致的内檐装修和仙楼。

光绪七年（1881年），西晋陆机的《平复帖》曾被奕䜣专门收藏于庆宜堂。后在溥伟时期将此房称“锡晋斋”。

结合样式雷图、1937年中国营造学社实测图及老照片，可以看出锡晋斋的室内格局及精美装修。

2. 锡晋斋院修缮前现状勘察

锡晋斋是府邸最具代表性的建筑之一。建筑面阔七间，后出五间抱厦，前后带廊，内装修精致；建筑前檐有须弥座月台，平面呈“凸”字形。东、西厢房面阔五间，前侧出廊，庭院建筑以廊相接。院南侧游廊东西各有五处精致什锦窗。

1）台基地面

（1）台基

锡晋斋院建筑台基石材普遍存在走闪、风化现象，部分断裂缺角。锡晋斋前檐须弥

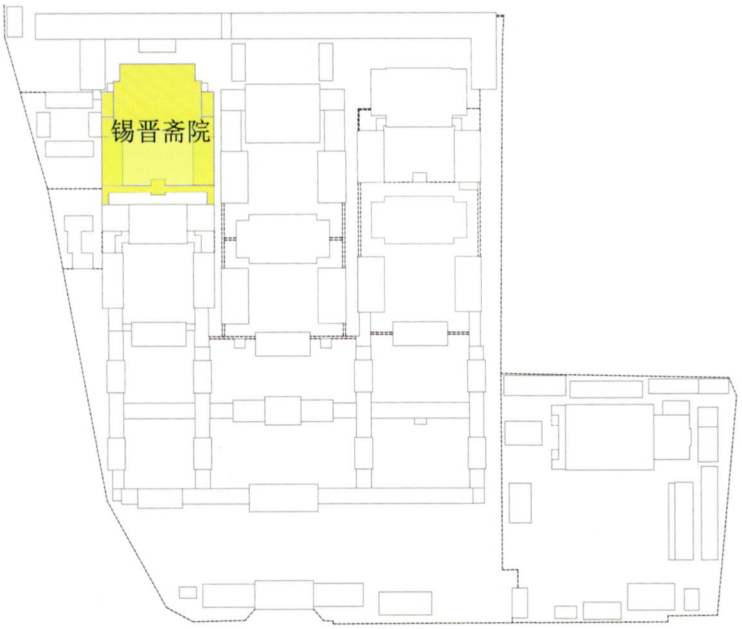

锡晋斋区位图

① 在奕䜣的诗集《萃锦吟·卷五》中，《庆宜堂避暑偶作》原诗第一句注中写道“邸第西，斋言曰庆宜堂，传闻系庆邸居时旧额”。锡晋斋之前名为庆宜堂。

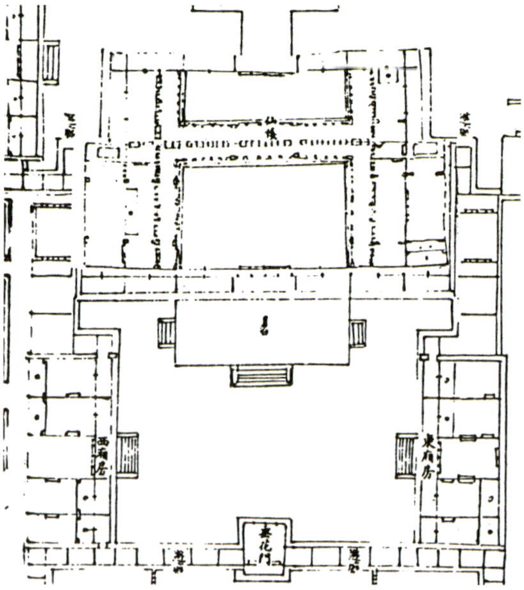

锡晋斋样式雷图

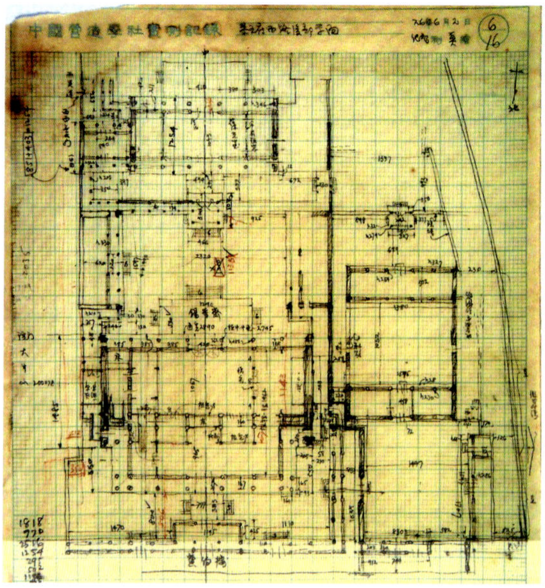

锡晋斋 1937 年测绘图

锡晋斋垂花门及游廊老照片

锡晋斋老照片

锡晋斋室内装修老照片

锡晋斋垂花门及游廊修缮前

锡晋斋修缮前

尔尔斋修缮前

座月台为石制。

建筑台基明间部位阶条石有丹陛痕迹。建筑台帮为二城样砖三顺一丁干摆做法，砖体酥碱风化近90%，耳房台帮为丝缝十字缝做法，其中东侧台帮局部坍塌，东耳房过廊仅余遗址。后檐抱厦廊步阶条石走闪严重。锡晋斋廊步柱顶石为覆莲柱顶样式，室内部分柱顶石有断裂缺失。

东、西厢房台基石材走闪严重，其中个别角柱石断裂。台帮为二城样砖三顺一丁干摆做法。东厢房北山墙廊下台帮白灰抹面；西厢房北山墙廊下为后建水泥踏跺，局部为后期封堵乱砖堆砌。

垂花门台基北侧象眼坍塌。游廊台帮为停泥砖干摆十字缝做法，北侧酥碱约30%，南侧台帮白灰抹面，酥碱约90%。游廊与东西厢房接壤处地基下沉。

（2）地面

锡晋斋月台台明方砖酥碱约70%。前檐廊步花斑石尺寸随室内间统一，部分风化。前檐廊步东侧火道及西檐火道被封堵；后檐抱厦廊步方砖酥碱约60%。锡晋斋一层明间及东、西次间为花斑石细墁，东梢间、东尽

乐古斋修缮前

锡晋斋廊步及柱顶石

锡晋斋后卷方砖铺地

锡晋斋后檐西侧被堵火道

锡晋斋损坏垂花门地面

铺地。游廊东西外侧各有花池一处。

（3）散水

院内甬路尺四方砖铺地残损过半，局部铺地杂乱。院内地面略下沉，排水口堵塞。锡晋斋建筑散水砖体碎裂、凸凹不平。东、西厢房前侧及垂花门地面散水为城砖“褥子面”散水，残缺严重。

2）墙体墙面

锡晋斋除抱厦明间槛墙为后砌筑之外，其余槛墙均为干摆十字缝做法，槛墙内侧表面抹灰，残损近半。建筑西侧廊心墙原为通往耳房的门洞，后被封堵，现门洞墙体局部下沉。山墙墀头戗檐有精美砖雕。锡晋斋东、西耳房北侧墙均有改动，东、西山墙下

锡晋斋游廊地面修缮前

间地面尺四方砖酥碱约40%，局部水泥勾缝，西耳房为水泥地面；二层木地板地面油灰龟裂、起翘脱落。

东、西厢房廊步方砖地面近90%酥碱碎裂。东厢房室内方砖地面酥碱过半，西厢房室内为后做水泥地面。

垂花门地砖尺寸不一，酥碱、碎裂严重，游廊地面方砖全部酥碱破碎，局部水泥

锡晋斋游廊被封堵东侧下水口

锡晋斋东耳房后建墙

锡晋斋室内后加木装置

尔尔斋后檐墙后开窗

碱为干摆三顺一丁做法，砖体酥碱约 35%，上身为丝缝十字缝做法。东山墙和廊各有一处后开窗，廊内后加一道隔断墙。东、西耳房内墙上身白灰抹面，酥碱残损近半。锡晋斋室内后加木质隔断。

东、西厢房槛墙及山墙下碱为二城样砖干摆砌筑，上身为停泥砖丝缝砌筑，均为十字缝做法，槛墙外罩白麻刀灰，砖体风化酥碱约 60%。后檐墙砌筑方式改动较大，上身做丝缝五出五进，墙心开条砖糙砌。东厢房后檐墙三处后开窗，南、北山墙各一处后开门。西厢房后檐墙四处开窗且墙体为后期随意改砌，做法不统一，东山墙一处开门。东、西厢房室内均砌隔断墙，墙面抹灰残损过半。

游廊东、西两侧外墙结构基本完好，局部为后改；墙体下碱干摆十字缝做法，酥碱约 30%，上身十扇什锦窗保存较为完好，个别有局部缺失。游廊单边墙南侧上身白灰抹面，残损约 50%；廊心墙方砖干摆，基本完好。

游廊与葆光室耳房之间的简易小屋为后建，其中东侧墙由于后建门以致原门被封堵。

3）木作

（1）大木

锡晋斋及东、西耳房，东、西厢房大木构架基本稳定，木构件普遍存在开裂、干裂现象，缝宽在10~20mm，个别梁架梁身有通裂缝（抱厦明间西缝梁架的三架梁）。建筑檐口部分椽望、飞椽、连檐等木构件糟朽，其中西耳房上部檩枋糟朽最为严重。

锡晋斋东、西厢房槛墙及后檐墙内柱均存在不同程度的糟朽，室内梁、枋表面外用苇帘灰抹面。

垂花门及游廊大木构架基本稳定，个别构件有开裂现象。柱根均有糟朽，个别柱已墩接；枋有糟朽、缺失现象。游廊窝角梁头糟朽严重。东侧游廊局部檩、枋糟朽、变形。锡晋斋院大木勘测见表3-3-02。

锡晋斋游廊南侧墙体修缮前

锡晋斋耳房梁架修缮前

锡晋斋室内开裂木柱

锡晋斋连廊梁架修缮前

表 3-3-02 锡晋斋院大木勘测

锡晋斋院建筑	大木构架糟朽损坏程度
锡晋斋及东、西耳房	飞椽头糟朽 30%，飞椽糟朽 20%，望板糟朽 40%
东、西厢房	飞椽头糟朽 25%，飞椽糟朽 20%，椽子糟朽 20%，望板糟朽 50%，连檐糟朽 4m、瓦口全部糟朽
垂花门及游廊	檩条糟朽 50%；望板糟朽、漏雨面积达 70%；椽子 60% 有糟朽，飞椽头糟朽 80%。大连檐、瓦口糟朽或缺失 100%

（2）装修

锡晋斋外檐装修有很大改动，室内装修在恭王府府邸内檐装修中遗存最多且保存较为完好。室内楠木包镶木柱（后期有改动）极其奢华。室内隔扇均为金丝楠木制作且样式精美，其中房内东、西、北侧有二层仙楼。

锡晋斋及东、西耳房唯独抱厦尽间北面为原“步步锦”样式窗，其余全部为后期改建。现东耳房北穿堂后加门一扇，东侧山墙及东、西廊步各有后开窗一扇。锡晋斋室内北侧二层仙楼损毁，但存有原位置痕迹。锡

锡晋斋后檐后加楼梯

锡晋斋室内装修现状

锡晋斋后卷装修现状

锡晋斋室内东北角木构架

晋斋东、西厢房现存装修除抱框为原物外，其余门窗均为后改。

锡晋斋一层仙楼吊顶为白樘箅子裱糊；二层为白樘箅子软作井口天花，尽间及后卷吊顶为后做。东、西厢房天花吊顶为后期改建，室内天花表面用苇帘灰抹面。

4）屋顶瓦面

锡晋斋院建筑瓦面杂草丛生，多处瓦件松动脱落、残损断裂严重。单体建筑瓦件尺寸不统一。

锡晋斋及东、西耳房脊兽件残损缺失严重，但整体上保存较为完整。西耳房北坡屋面与正房交接处漏雨严重，后檐抱厦东垂脊上部严重外闪，西垂脊根部筒瓦残断脱节。东、西厢房瓦面局部露出灰背，造成漏雨，勾头滴水部分残损，垂脊及脊饰件残损缺失严重。

垂花门屋脊垂兽小兽缺失，顶部陡板基本完好，博缝板糟朽开裂，排水沟被积淀物封堵，游廊南檐筒瓦碎裂缺失严重。

5）油饰彩画

（1）油饰

锡晋斋和东、西厢房室外下架大木红漆，地仗龟裂，油皮脱落，窗棂饰绿。锡晋斋室内部分柱子后刷乳黄漆，地仗脱落。东、西厢房室内柱子、槛框后刷乳黄漆。垂花门及游廊柱、枋刷绿漆，檩、门刷铁红色油漆。

锡晋斋院落屋顶修缮前

锡晋斋东南垂脊现状

乐古斋东北损坏垂脊

尔尔斋西北损坏垂脊

锡晋斋垂花门屋顶修缮前

锡晋斋垂花门屋顶细部

锡晋斋廊步红色油饰

锡晋斋木柱地仗脱落

（2）彩画

锡晋斋院建筑外檐苏式彩画为近代绘制，游廊为掐箍头及包袱彩画。

锡晋斋西耳房与后罩楼西楼之间连廊海漫式苏画，经断代为咸丰初期。内部梁架未发现彩画痕迹，室内天花彩画为白樘箅子贴纸。东、西耳房内部梁架原遗存彩画较为完整。东、西厢房内部梁架未做彩画。

锡晋斋游廊油饰

锡晋斋后檐后绘彩画

锡晋斋耳房内檐彩画

锡晋斋月台修缮

锡晋斋月台墁地

3. 锡晋斋院修缮施工

1）台基地面

（1）台基

依原制制安锡晋斋月台须弥座并进行化学封护处理，修复月台。归安锡晋斋及耳房走闪台基石材。锡晋斋前檐台帮重砌，后檐台帮局部拆砌，东、西耳房台帮，三顺一丁干摆做法。归安东、西厢房台基石材并重砌。修补垂花门台基阶条石并归安。

东、西厢房台帮条砖前檐局部拆砌，东厢房后檐台帮局部拆砌，西厢房后檐台帮全部拆砌。

游廊东侧台帮砖抽换酥碱条砖约90%，西侧游廊台帮全部拆砌，干摆十字缝砌筑。

（2）地面

揭除锡晋斋全部月台地面并重墁尺四方砖。

对锡晋斋前檐廊步及室内一层花斑石进行化学封护处理，局部剔补。后檐廊步地面全部揭墁，更换酥碱碎裂方砖。恢复后部通道，尺四方砖铺地。清理廊步封堵火道并加罩展示。揭除室内水泥地面，东、西尽间恢复方砖地面。剔补东耳房室内酥碱方砖，西耳房细墁尺四方砖。

东、西厢房室外廊步及室内地面全部细墁尺四方砖，垂花门及游廊全部细墁尺二方砖，廊子泛水不小于3%，重新砌筑游廊南侧花池。

（3）散水

按原制重做锡晋斋及耳房、东西厢房二城样砖"褥子面"散水，泛水大于5%。锡晋斋院游廊南侧重做"一封书"式散水。

2）墙体墙面

剔补锡晋斋及东、西耳房槛墙风化酥碱砖。建筑内西侧墙体局部拆砌，打通通道。后抱厦内部槛墙墙面重新抹灰。

重砌东、西耳房山墙，下碱二城样砖干摆三顺一丁砌筑，上身小停泥砖丝缝三顺一丁砌筑。重砌山墙与厢房连廊墙体。按原制恢复西耳房槛窗。东、西耳房室内墙体上身重新抹灰，刮腻子并刷环保涂料。

剔补东、西厢房槛墙风化酥碱砖，室内槛墙全部抹灰。拆除西厢房后檐墙及室内后加隔断，恢复后檐墙十字缝干摆下碱，保留上身丝缝五出五进做法。

锡晋斋游廊南侧墁地

乐古斋干摆槛墙

锡晋斋游廊南侧地面

砌筑锡晋斋游廊墙体

拆除游廊与葆光室耳房之间的简易小屋。重砌游廊墙体并补配8块透风砖，其中下碱为停泥砖干摆十字缝砌筑，上身廊心墙方砖干摆。游廊北侧墙体上身以白麻刀灰抹面、刮腻子、刷环保涂料。游廊东、西外侧墙下碱为小停泥砖干摆十字缝砌筑，内侧墙上身白灰抹面，游廊东侧外墙小门更改为双开门。

3）木作

（1）大木

嵌补锡晋斋40%开裂的构件，并依照现存实物尺寸制作新构件，对糟朽的室内大木及承重构架进行更换。

锡晋斋游廊南侧墙体施工完成

制安锡晋斋游廊花窗

制安锡晋斋游廊墙体施工

明间后檐西侧的三架梁以及西侧尽间的墙内柱子用结构胶粘结裂缝后，加铁箍两道。西梢间补配两山出际处封板。更换后檐尽间糟朽严重的凹角梁。东、西耳房更换全部飞椽和瓦口并粘结开裂的瓜柱，加铁箍

锡晋斋室内大木施工（一）

锡晋斋室内大木施工（二）

锡晋斋室内大木施工（三）

锡晋斋门窗制安

修复锡晋斋白樘篦子

一道。

对东、西厢房室内糟朽木柱进行墩接。

对垂花门及游廊木柱外闪柱打牮拨正。更换游廊北面局部博缝板，剔补垂花门局部糟朽的木梁，补配随檩枋 1 根，更换全部残损瓦口。

（2）装修

根据老照片、1937 年中国营造学社实测图，同时参考现场遗迹，拆除锡晋斋后改装修并按尽间“步步锦”样式恢复外檐装修。将东耳房外檐装修退至金柱并恢复前檐装修；西耳房装修保留现状。恢复后檐明间隔扇门，打通通往后罩楼的通道。按原貌遗存恢复明间仙楼楼板，补配楼梯、栏杆、梅花柱等。修补白樘箅子并对内檐装修重新进行组装。

保留东、西厢房门窗抱框，依原制重新

锡晋斋内装修拆卸制安（一）

锡晋斋内装修拆卸制安（二）

制作门窗，窗扇内侧加铝合金双层玻璃窗。按现状原制补配垂花门、游廊倒挂楣子、什锦窗。

拆除锡晋斋明间木板吊顶，保留和恢复室内天花白樘篦子吊顶。东、西厢房重做轻钢龙骨防火石膏板吊顶。锡晋斋与东、西厢房室内裱糊银花纸。锡晋斋院银花纸裱糊见表3-3-03。

锡晋斋室内吊顶裱糊（一）

锡晋斋室内吊顶裱糊（二）

锡晋斋大木挑顶

表 3-3-03 锡晋斋院银花纸裱糊

位置	银花纸类型	裱糊面积	做法
锡晋斋一层抱框及顶棚	“益寿延年”银花纸	抱框：68.62m²； 顶棚：229.72m²	四纸一布
锡晋斋二层抱框及顶棚	万字石绿花银花纸	抱框：52.66m²； 顶棚：119.04m²	抱框：四纸一布； 顶棚：六纸一布
锡晋斋东、西厢房	万字石绿花银花纸	126m²	四纸一布

4）屋顶瓦面

锡晋斋院对糟朽的飞椽、望板、连檐和瓦口全部更换，所有建筑均全部揭瓦并重新苫背宽瓦，其中东、西厢房瓦件补配以多数规格为准，补配残损缺失脊饰件。旧瓦集中用在后坡。所有天沟和山墙交接处均增加防水处理。锡晋斋院屋顶瓦面修缮见表 3-3-04。

锡晋斋大木挑顶

锡晋斋屋顶苫背（一）

锡晋斋屋顶苫背（二）

锡晋斋后卷歇山施工

锡晋斋垂花门瓦面施工

锡晋斋院建筑瓷瓦完成

表 3-3-04 锡晋斋院屋顶瓦面修缮

殿座名称	瓦件补配量	瓦件规格	脊饰构件补配
垂花门、游廊	80%	筒瓦规格：ϕ105mm； 板瓦规格：ϕ155mm	补配垂兽 2 件，小兽 9 个，狮子 4 件，马 5 件
锡晋斋及东、西耳房	40%	筒瓦规格：ϕ135mm； 板瓦规格：ϕ185mm	垂兽 5 件，狮子 6 件，马 23 件，檐头盘子 5 个
东厢房	45%	筒瓦规格：ϕ125~130mm； 板瓦规格：ϕ180mm	补配垂脊 11m，垂兽 2 件，狮子 2 件，马 10 件，檐头盘子 2 件
西厢房	45%	筒瓦规格：ϕ125~130mm； 板瓦规格：ϕ180mm	补配垂脊 11m，垂兽 3 件，狮子 2 件，马 11 件，檐头盘子 3 件

锡晋斋廊柱砍挠

5）油饰彩画

（1）油饰

锡晋斋外檐大木下架全做一麻五灰地仗，檐柱金柱饰绿色油漆。

（2）彩画

以锡晋斋老照片、葆光室现存内檐彩画、1937 年中国营造学社实测图为依据。将锡晋斋外檐绘制金线素箍头宋锦包袱式彩画，并对西耳房与后罩楼西楼之间连廊海漫式苏画进行保护，在北檐步外侧重绘墨线黑叶子花海漫式苏画。锡晋斋东西厢房外檐及廊内掏空部位彩画为包袱式苏画。

锡晋斋木柱地杖施工

锡晋斋垂花门地杖施工

锡晋斋游廊地杖施工

锡晋斋外檐油饰

锡晋斋外檐木柱饰绿

锡晋斋垂花门油饰

锡晋斋垂花门影壁油饰细部

锡晋斋游廊油饰及彩画完成

锡晋斋后檐油饰及彩画完成

锡晋斋垂花门修缮后

锡晋斋垂花门及游廊修缮后

锡晋斋回廊修缮后

锡晋斋游廊修缮后

锡晋斋修缮后

乐古斋修缮后

尔尔斋修缮后

锡晋斋室内修缮配置后

三、宫门前区（西路）

宫门前区（西路）同东路宫门前区相对，主要建筑包括西阿斯门、西二府门东西厢房以及附属围房。

1. 宫门前区西路历史沿革

在同治四年（1865 年）所绘恭王府样

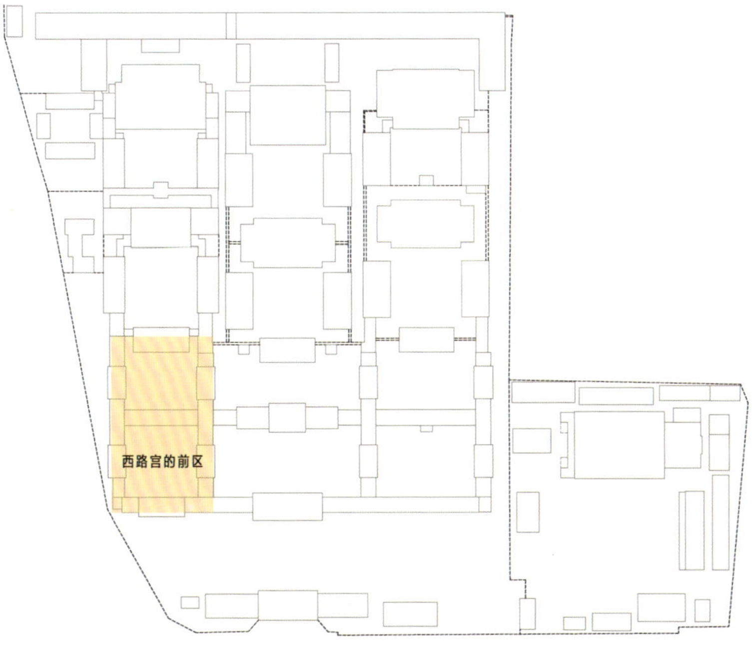

宫门前区（西路）区位图

式雷图中，恭王府府邸西侧为河，西阿斯门被称为“宫门”，说明西阿斯门是当时恭王府的主要出入口之一，西一区北侧围房有穿堂，直通西二府门院。西二府门东、西厢房均为府邸服务用房。1937 年中国营造学社实测图中，西路宫门前区建筑格局仍然保持完整。

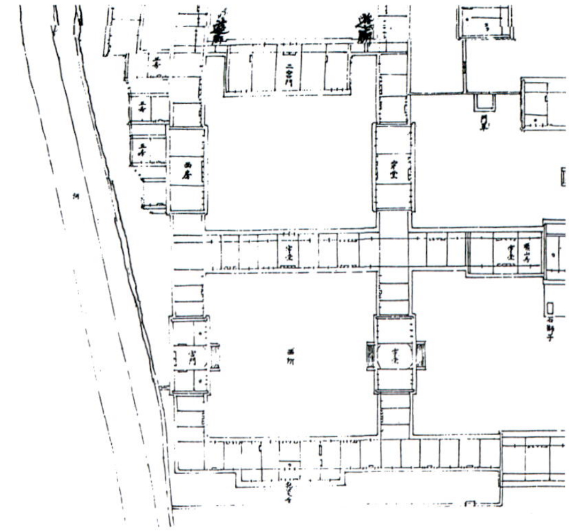

宫门前区（西路）样式雷图

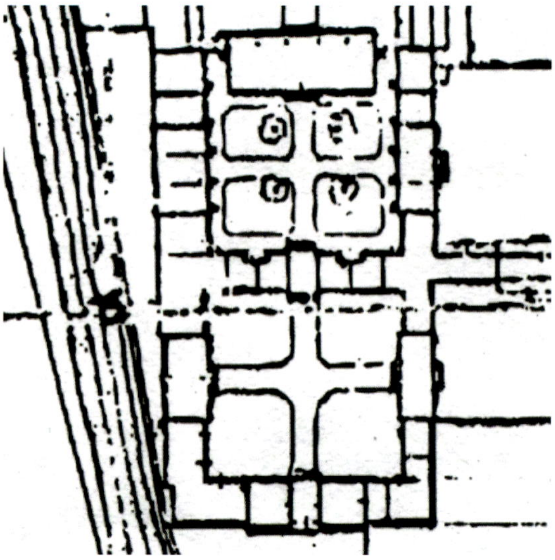

宫门前区（西路）1937 年测绘图

2. 宫门前区（西路）修缮前现状勘测

本次府邸修缮前，原西路宫门前区建筑仅存西二府门东厢房及围房，其余均被音乐学院教学楼所占据。

所存建筑被后多次改造，已与原貌严重不符。

（1）台基地面

现存西二府门东、西厢房及围房建筑台基台帮砖酥碱，阶条石断裂缺角严重。院局部地面以水泥方砖和城砖铺地，做法杂乱。建筑散水均已缺失。

西二府门西厢房修缮前现状

西二府门东厢房修缮前现状

西二府门西厢房修缮前现状

（2）墙体墙面

西二府门院南侧有后砌筑墙体。西二府门东、西厢房及围房外檐墙体及室内墙体均为后砌筑，建筑被分成诸多单独小室。建筑外墙墀头戗檐砖雕损坏严重。

（3）木作

西二府门东、西厢房大木屋架基本完好，部分木构件有裂缝，局部构件外闪变形，柱根普遍糟朽。

西二府门东、西厢房及围房外檐门窗均为后改，与传统型制不符。传统内檐装修已全无。

（4）屋顶瓦面

西二府门东、西厢房现为硬山卷棚顶，屋面布瓦多处残损，屋脊断裂较为严重，部分小兽缺失。围房为卷棚顶，瓦面残损较为严重。

（5）油饰彩画

西二府门东、西厢房及围房外檐梁枋为后做红色油饰，彩画已无存。

3. 宫门前区（西路）修缮及复建施工

在拆除音乐学院教学楼后的基础上，依据样式雷图及1937年中国营造学社实测图，重新勘测地基及施工范围，宫门前区（西路）恢复西阿斯门、西二府门东、西厢房及围房。

1）台基地面

（1）台基

加固西二府门东厢房及围房台基，剔补损坏缺失台基砖。在基于前期调研测绘基础之上重新砌筑西一区西阿斯门及围房台基。其中西阿斯门台基为礓磋做法，西一区北穿堂及南房台阶为垂带踏垛。西二府门东、西厢房台阶为垂带踏垛，其余围房台阶为如意踏垛。

（2）地面

西一区及西二府门院甬路石材铺地，其余地面墁大城样砖并做花池。西阿斯门室内、西二府门东西厢房室内及宫门前区（西路）围房廊步及室内地面铺地为尺四方砖细墁。

西二府门院南侧的音乐教学楼

修筑西一区建筑台基（一）

修筑西一区建筑台基（二）

安置西一区建筑台基柱顶石

(3) 散水

西阿斯门，西二府门东、西厢房外侧地面地面新做大城样砖“褥子面”散水。西路宫门前区其余围房建筑外侧地面新做一封书式散水。

2) 墙体墙面

拆除西路宫门前区建筑后改墙并重新做墙面，西阿斯门与西二府门东西厢房槛墙及后檐墙下碱为二城样砖干摆做法，上身及墀头为小停泥砖丝缝做法，其中墀头戗檐以砖雕装饰。西路宫门前区围房下碱为小停泥砖干摆做法，上身丝缝做法，戗檐无装饰。

3) 木作

(1) 大木

重新归安加固西二府门东、西厢房及围房大木梁架，替换糟朽的木柱。西一区围房及新建西阿斯门重新制安大木梁架及木柱。

(2) 装修

西路宫门前区建筑全部新制安外檐门窗，西阿斯门新制安斜方格隔扇窗。西二府门东、西厢房新制安步步锦样式隔扇门及隔扇窗。

西阿斯门墙面及门窗施工

西二府门东厢房制安门窗

西二府门西厢房制安门窗

西二府门东厢房瓦面施工

西一区围房油饰施工

其余围房建筑新制安步步锦隔扇门，窗子样式为下层玻璃窗，上层步步锦样式支摘窗。

4）屋顶瓦面

西二府门东、西厢房及围房全部挑顶，重新苫背宽瓦。新建西阿斯门为硬山卷棚顶，布瓦面，脊饰五跑小兽（一狮四马）。西路宫门前区围房新做瓦面为卷棚顶。

西二府门东厢房修缮后

西二府门西厢房修缮后

西一区建筑竣工（一）

5）油饰彩画

（1）油饰

西阿斯门外檐门窗油饰红色，内檐木柱油饰乳白色。西二府门东、西厢房及西路宫门前区围房外檐门窗抱框及木柱油饰红色，门窗步步锦棂条油饰绿色。

（2）彩画

西阿斯门及西二府门东、西厢房外檐新绘制彩画为夔龙黑叶子花枋心墨线小点金旋子彩画。西路宫门前区围房外檐新绘制彩画为一字枋心雅伍墨旋子彩画。

西一区建筑竣工（二）

西一区建筑竣工（三）

第四节　配套工程

一、消防设施

1. 设计范围及依据

本修缮工程消防设施的设计范围为恭王府府邸现存的文物建筑及复建建筑（不含新建仿古建筑办公区）。

参考恭王府府邸的院落式布局以及全面开放后的博物馆功能，本修缮工程设计依据《博物馆建筑设计规范》《古建消防管理规则》《建筑灭火器配置设计规范》等相关文件严格进行设计与施工。

2. 消防设计内容

在消防设计方面，首先在府邸东侧开辟消防通道，与府邸西侧临街和府邸后花园之间通道，形成环路；其次是将府邸内外原有架空露明电线埋入地下，以城市热力管网替代燃油锅炉房供热。

本修缮工程消防设计包括室内外消火栓灭火系统、固定消防水炮灭火系统及灭火器，在府邸前广场地下设计大型消防水池，在府邸中设置消防监控体系和室外消火栓系统，并以院落为单元进行控制，各建筑院落均设置灭火器。消防水炮取水自蓄水池。室外消火栓用水由市政供水管提供，供水通过地下管廊进入。消火栓、消防水炮消防属性见表 3-4-01。

消防水池施工（一）

消防水池施工（二）

消防水池施工（三）

地下管廊施工

表 3-4-01 消火栓、消防水炮消防属性

类别	流量（L/s）	使用时间（h）	一次火灾用水量（m^3）
室外消火栓	30	3	324
室内消火栓	20	2	144
消防水炮	40	2	288

府邸消防环网设置 8 台自动消防水炮，主要对后罩楼、锡晋斋、葆光室、神殿、乐道堂、多福轩进行保护。自动消防炮技术参数见表 3-4-02。

消防水炮

表 3-4-02 自动消防炮技术参数

自动消防炮属性	参数数值
最大额定压力	16×10^5Pa
流量	40L/s
入口法兰	*DN*100
水平旋转角度	330°
垂直旋转角度	-85°~+60°
炮身自重	35kg
外形尺寸（长 × 宽 × 高）	900mm×310mm×370mm
喷射式后坐力	1250N
最大驱动功率	170W

除了上述消防设施外，府邸室内外设置4kg 装手提式磷酸铵盐干粉灭火器，用于扑灭 A 类火灾。配电室内设置 30kg 装推车式二氧化碳灭火器，用于扑灭带电火灾。

消火栓及提示牌

火灾报警装置

室内烟感器装置

广播系统装置

360° 旋转监控摄像头

报警按钮装置

电子巡更系统

除了硬件设施外，本工程还启动火灾自动报警及联动系统、火灾探测及显示设备的设置、消防通信、火灾紧急广播等预案。

在建筑单体方面，根据《古建筑木结构维护与加固技术规范》，对恭王府原有木构建筑部分梁架进行防火处理，同时对新复建的木构件进行难燃处理。为了文物保护和古建风貌的需要，府邸内古建室内不设置消火栓和自动喷淋灭火设施，由专业消防队员操作设置在室外的地下式消火栓进行灭火。

二、安防设施

王府府邸安防设施按照一级风险大型工程防范标准进行设置。府邸安防中央监视值班室设置于新建区内并与消防值班室共室，室内设系统矩阵主机，十六画面分割器覆盖全面覆盖府邸院落、并可进行视频录像。

安全防范系统综合了保安电视系统、防盗报警系统、周边防范系统、电子巡更系统、智能钥匙管理系统等，24 小时中央监控设备与各子系统联网监控。府邸安全防卫系统基本属性见表 3-4-03。

表 3-4-03　府邸安全防卫系统基本属性

防卫系统名称	系统功能
保安电视系统	通过各处摄像机监测各重要部位的安全情况，并可实现报警联动及复核等功能
防盗报警系统	通过无线红外被动探测器实现报警及联动
周边防范系统	通过主动红外对射探测器实现周边防范
电子巡更系统	通过保安人员固定巡更路线，实现整个区域的控制
智能钥匙管理系统	通过电子钥匙可管理电子门锁
中央监控设备与各子系统联网监控	当防范区内出现非法入侵时，能准确地发出报警信号，同时启动联动点的视频切换，中央值班室 24 小时内音像自动进行录像

三、供电设施

依据消防设计及相关文件，恭王府府邸保安照明、消防控制室、安防控制室及通信机房内设备用电为一级负荷；消防设备用电、机房用电、应急照明为二级负荷。一级负荷采用双回路供电，末端自动切换，并采用 UPS、EPS 作为第三备用电源，二级负荷采用双回路供电，末端自动切换。

在府邸古建筑内、变配电室、弱电机房、设备机房、走廊、楼梯间等处设置了应急照明、安全疏散指示及安全出口指示照明。应急照明灯具自带蓄电池，蓄电池供电时间不少于 90min。

四、避雷设施

恭王府避雷工程按二类防雷建筑物进行设计，防雷装置能满足防直击雷、雷电感应及雷电波，系统设总等电位联结。

由于原有避雷线损坏严重，本工程在古建修缮过程中按古建防雷设计规范要求重新沿屋脊设置避雷线，在屋顶正脊或正吻处设置避雷针作为直击雷接闪器。

本工程防雷引下线采用 ϕ12mm 圆钢，

屋脊避雷线装置

避雷线接地装置

明敷在建筑物隐蔽处，间距不大于18m，在距地面1.5m处做断接卡子，与接地装置可靠连接。各建筑物单体重新做一组或多组接地极，源引入处作重复接地，防雷接地、重复接地、保护接地公用接地极，总接地电阻不大于1Ω。

五、绿化工程

恭王府内的园林绿化，在注重情景交融的自然审美观下，重视植物的文化内涵，通过身体的感知使游客从中获得精神的享受和升华。府邸内运用了大量富有文化寓意的植物，托物言志、借景抒情，如娇艳的海棠、华贵的牡丹。通过运用这些植物，寓意府邸主人兴旺不衰、富贵延年，满足居住者的愿望。绿化植被的选择和种植方式无处不体现着“福、贵、平安”的主题。牡丹为国花，是富贵、繁荣昌盛、幸福和平的象征，大面积的牡丹与紫藤架相搭配，寓意“富贵盛远”，暗喻主人祈盼生活富贵永长。西府海棠遍布全园，王府中的海棠享誉京城，“棠”与“堂”谐音，海棠与玉兰、牡丹相配，寓意“玉堂富贵”。院内还种有国槐、玉兰、月季、石榴等寓意吉祥的植物，寄托着主人对富贵、和平的美好生活的向往。

从恭王府现存老照片中可以发现，府邸绿化配置主要是以国槐、枣树、竹子、榆树、海棠、银杏、洋槐植物为主。辅仁大学时期，种植了许多不符合王府绿化特色的树木，如柏树、松树、杨树等。

1913年前东阿斯门院落国槐树（东阿斯门院落由东向西看）

辅仁大学时期头宫门院落种植国槐树（中路头宫门院落由西向东北看）

1913年头宫门院落国槐树（中路头宫门院落由东南向西北看）

辅仁大学时期东路二宫门院落国槐树（东路二宫门院落由东南向西北看）

辅仁大学时期东路二宫门院落国槐树（东路二宫门院落由东向西看）

辅仁大学时期二宫门院落国槐树（中路二宫门院落由北向南看）

1937 年二宫门院落国槐树（中路二宫门院落由西向东北看）

辅仁大学时期葆光室后夹道早园竹（葆光室后夹道由西向东北看）

辅仁大学时期多福轩院落种植枣树（多福轩院落由南向北看）

辅仁大学时期葆光室院落种植榆树（葆光室院落由西南向北看）

辅仁大学时期葆光室院落种植榆树（葆光室院落由南向东北看）

辅仁大学时期葆光室后夹道早园竹（葆光室后夹道由东向西北看）

辅仁大学时期锡晋斋院落海棠树（锡晋斋院落由西向东看）

辅仁大学时期嘉乐堂院落种植银杏树（嘉乐堂院落由南向北看）

辅仁大学时期锡晋斋院落种植洋槐树（锡晋斋院落由西向东北看）

辅仁大学时期后罩楼院落海棠树（后罩楼院落由西向东看）

辅仁大学时期后罩楼院落海棠树（后罩楼院落由东向西看）

辅仁大学时期后罩楼院落海棠树（后罩楼院落由南向北看）

（一）绿化方案设计

1. 邀请相关专家进行现场考察与探讨

2007 年 10 月 28 日，清华大学建筑设计研究院邀请了中科院院士、园林绿化专家孟兆祯等就恭王府府邸绿化和树木移伐修缮问题进行了现场考察与深入探讨。孟兆祯针对现场的考察情况，对府邸环境和绿化工作提出了如下建议：

（1）建议将多福轩院内的铁质藤萝架换成木质花架，既美观又不影响藤萝的寿命。

（2）应尽可能地保护现存的古树，保留西侧古树并将地面做成自然形的环岛，移走东侧那两颗长势不好的树木和宫门前区的梨树，并更换乐道堂院内的两棵树。

（3）府邸内可种植石榴、丁香、海棠等植物，为符合天香庭院的意境，应移走天香庭院内的竹子，并种植精品牡丹。府邸种植树木可多在边角考虑，这样占的空间少，但覆盖面大。

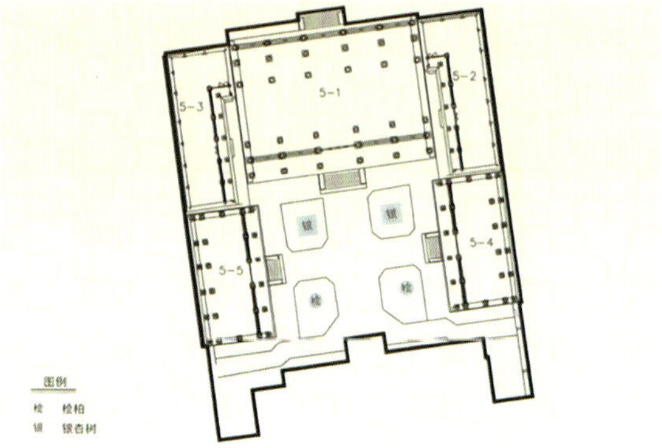

嘉乐堂

2. 方案设计

本次府邸修缮后，府内的园林绿化由清华大学建筑设计研究院承担方案设计。方案中提出保留恭王府各院落内原有优秀品种的树木，如银杏、槐树、紫藤等，松柏树移栽他处，并补种一些树木，如国槐等。此外在各个院落补种花卉及灌木，如丁香、玉兰、海棠紫荆、连翘、榆叶梅、紫叶小檗、金叶女贞等。为保证冬季有绿色，群植一些五花灌木，如大叶冬青、小叶黄杨等。各个院落

孟兆祯院士（中）指导绿化工程

还可以栽植一些花卉，可以满足四季有花观赏的需求，并营造活泼的环境氛围。花卉品种如牡丹、芍药、菊花、月季、兰花、玉簪花等。

各院植物配置有所不同，现分述见表3-4-01。

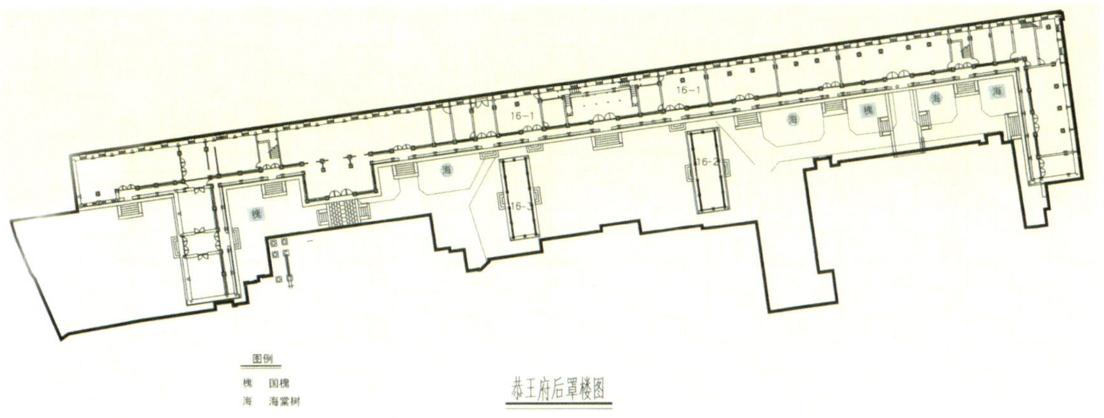

后罩楼

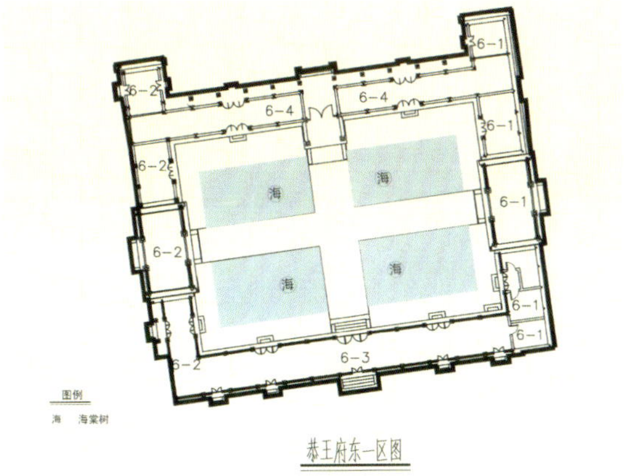

东一区

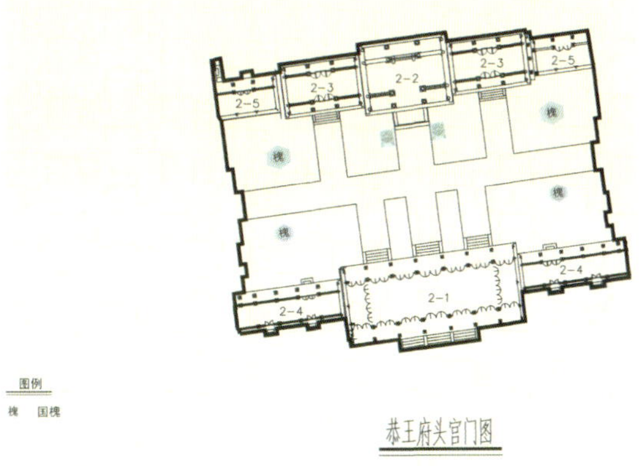

头宫门

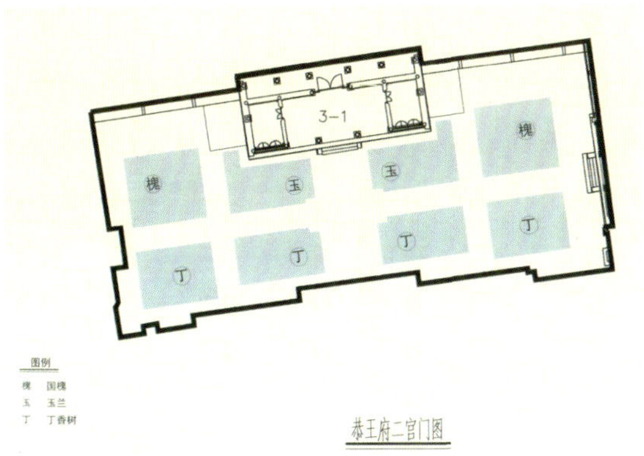

二宫门

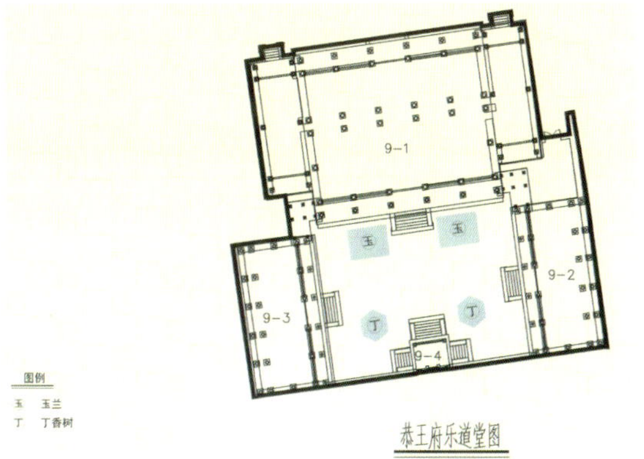

乐道堂

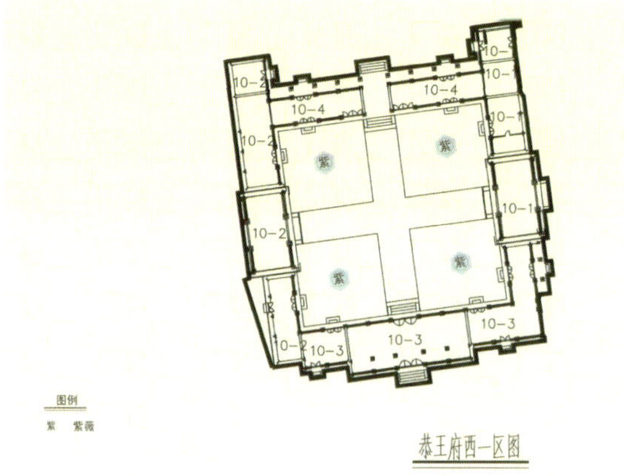

西一区

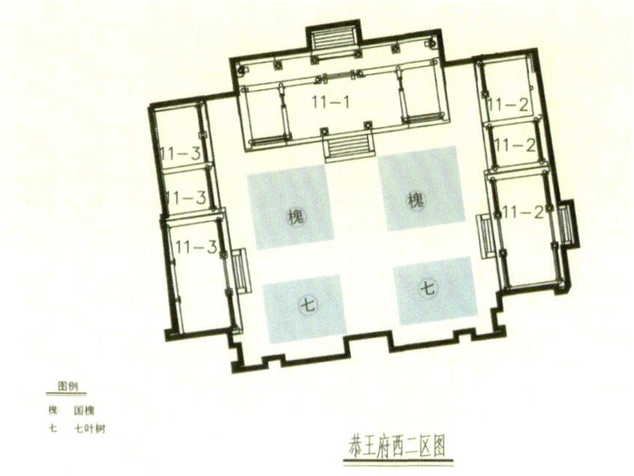

西二区

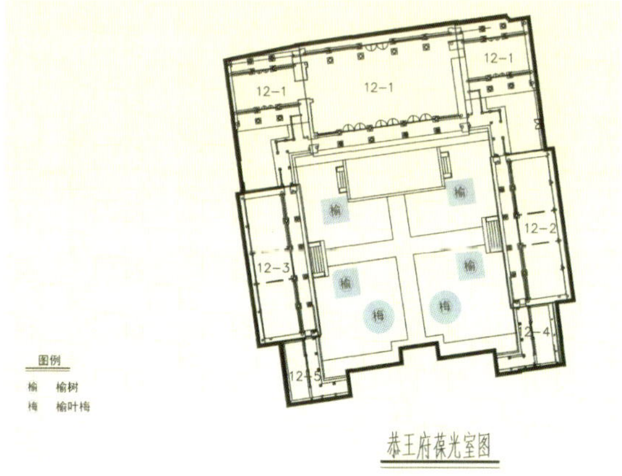

葆光室

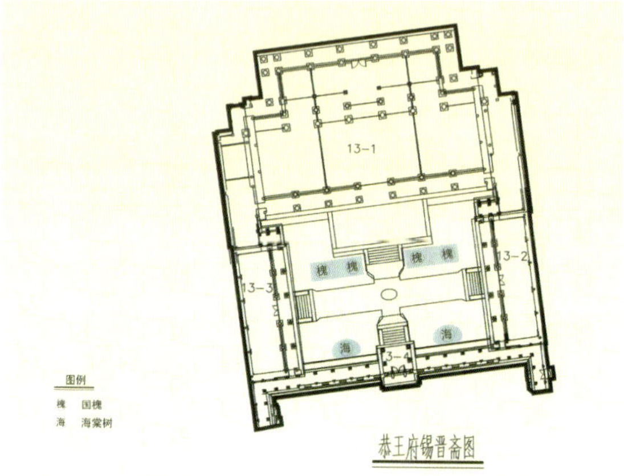

锡晋斋

表 3-4-01　恭王府府邸各院落植物配置

位置	名称	位置	名称
倒座房院	以丁香、石榴为主，考虑停车可栽植复叶槭树、枫树遮荫	银安殿、东、西配殿前院	不栽植树木
头宫门前院	以国槐为主	多福轩院	保留原有紫藤，增加海棠
东阿斯门院	以国槐为主	葆光室院	保留原有榆树、榆叶梅
西阿斯门院	以国槐为主	嘉乐堂院	保留原有银杏
二宫门前院	以国槐为主	乐道堂前院	以玉兰、海棠为主
东穿堂门院	以国槐为主	锡晋斋前院	保留原有海棠，增植丁香
西穿堂门院	以国槐为主	后罩楼前院	增植海棠
三角地院	局部保留原有柿树、枣树	—	—

（二）绿化工程实施

1. 移挪保护古树

北京市西城区园林市政工程服务中心主要负责恭王府树木移植工作，位于待修的消防水池上方那棵古树，对恢复倒座房和修水池有影响，本着保护古树的目的，决定将它移到消防水池西北角，并派专人养护，最终已成活。

2. 配植景观绿化

按照绿化方案进行栽种。孙旭光、吴杰与府邸修缮办成员和古建修缮部的同志一起，按照老照片内原树木种类和绿化设计方案要求，亲自到西城区园林基地挑选合适直径的树木，尤其是东阿斯门内槐树和乐道堂前的玉兰，栽植后达到了十分理想的效果。

移挪古树（三）

移挪古树（一）

移挪古树（二）

移挪古树（四）

3. 绿化修剪养护

北京陶然亭园艺有限责任公司负责修缮工程的古树修剪工作，主要修剪常绿大树、落叶大树、花灌木、小乔木、藤木、绿篱、竹子等植物。修缮中主要是参照恭王府府邸各院落内原有优秀树木品种、恭王府现存老照片中绿化配置、北京市其他王府府邸建筑绿化配置，再结合府邸建筑不同院落功能设置及氛围进行合理配置。

六、景观照明

恭王府作为北京现存较为完整的清代王府，其夜景形象要为北京王府构筑一个有影响力的起点，景观形象要气派大方，追求整体性和局部变化，烘托出独具王府气质的环境气氛，照明效果要照顾到各种时日的使用，即不论是平时的形象展示，或是节日的气氛烘托，它都能有效地扮演好应有的角色。此外，它还应与街道建筑形成某种程度的呼应和对比。

在经过多家单位的设计方案汇报后，本次恭王府府邸文物保护修缮工程夜景照明工程最终是由北京广灯迪赛照明有限公司来负责设计。

1. 设计依据及原则

（1）结合所在殿座的历史与现今的使用功能、室内空间尺度，参考其他王府古灯型制进行建筑的灯具配置选型，营造特定的环境氛围。

（2）根据多福轩老照片中的恭王府宫灯，确定府邸宫灯的简洁大气的基本造型和华贵素雅的整体风格基调。

（3）根据历史老照片及现状遗存的

挂灯环，结合使用功能，确定灯具数量和定位。

（4）对于有老彩画的殿座，灯位和光源的选择充分考虑老彩画的保护，把灯具走线及光辐射对彩画的影响降到最低限度。

2. 材质

大殿仿制宫灯主要采用红木制作，配殿及后罩楼仿制宫灯采用了胡桃木，宫灯的构造主要是运用榫卯结合的做法。

3. 各路主要殿宇灯具设计

1）中路

（1）银安殿：井口天花及大梁不设宫灯，展柜顶部或四周柱上设小型三基色射灯。正殿不设宫灯；东西耳房设小号宫灯5，共4盏；东西厢房设中号宫灯4，共20盏。

（2）嘉乐堂：明间及西次、梢间不设宫灯，在四周柱上设小型三基色射灯。东次、梢间设4盏大号宫灯1（参照坤宁宫东暖阁宫灯仿制，高约1200mm，距吊顶约1000mm）。东西耳房不设宫灯；东西厢房设中号宫灯4，共20盏。

2）东路

（1）多福轩：利用现有4缝大梁随梁梁底灯环设8盏大号宫灯2（根据多福轩老照片中宫灯仿制，细部参考故宫太和殿、翊坤宫老宫灯，高约800~850mm，距随梁底约500mm）。正殿设大号宫灯，共8盏；东西耳房设小号宫灯5，共4盏；东西厢房设中号宫灯4，共4盏。

（2）乐道堂：根据老照片灯环设20盏中号宫灯（根据多福轩老照片中宫灯及故宫太和殿、翊坤宫老宫灯仿制，高约700mm，距吊顶约200mm）。乐道堂宫灯图案与葆光室有别。正殿设中号宫灯，共20盏；东西耳房设小号宫灯，共4盏；东、西厢房设中号宫灯，共20盏。

3）西路

（1）葆光室：利用井口天花支条现存灯环，设16盏中号宫灯（根据多福轩老照片中宫灯仿制，细部参考故宫太和殿、翊坤宫老宫灯，高约700mm，距吊顶约200mm）。葆光室宫灯图案与乐道堂有别。正殿设中号宫灯，共16盏；东西耳房设小号宫灯，共16盏；东西厢房设中号宫灯，共10盏。

（2）锡晋斋：南部明、次间二层高敞厅设4盏大号宫灯（根据多福轩老照片中宫灯及故宫太和殿老宫灯仿制，高约800~850mm，距吊顶约400mm）。北部明、次间二层高敞厅设2盏大号宫灯（根据多福轩老照片中宫灯及故宫太和殿、翊坤宫老宫灯仿制，高约800mm，距吊顶约400mm），灯位于假井口天花支条严格对位。锡晋斋其他部位不设宫灯，布置落地仿古灯或仿古桌灯。正殿设大号宫灯，共6盏；东厢房耳房设中号宫灯，共10盏；东厢房耳房设小号宫灯，共2盏。

4）各路东西厢房

每间设2盏中号宫灯（根据宋庆龄故居宫灯仿制，要求简洁素雅，高约600mm，距吊顶约200mm）。

值得注意的是，需要挂仿古宫灯的大

殿套殿或耳房建议设小号宫灯（四方宫灯，高约 400mm）。后罩楼无宫灯，嘉乐堂东西耳房无宫灯，葆光室、锡晋斋东西厢房每间 1 盏中号宫灯，葆光室东西耳房每间 1 盏小号宫灯，锡晋斋东西耳房每间 1 盏小号宫灯，乐道堂东西耳房每间 2 盏小号宫灯。

第四章

恭王府古建筑修缮的创新点和难点

第一节 府邸木构件检测及保护

恭王府建筑以木构建筑为主体，主要结构由梁、架、柱、枋、檩等木构件组建而成。由于木材自重轻，且通过榫、卯方式组合形成的结构点具有较好的柔韧性，因此能适应较剧烈的晃动，具有较好的抗冲击性能和较强的抗震能力。充分体现出我国古代劳动人民的聪明才智和高超的技艺。然而木材作为生物材料，又使建筑本体存在着天然弱点和缺陷，主要表现为易燃、易腐、易蛀、易开裂、变形等。恭王府府邸中路第一进院中的主殿银安殿及院内厢房、配殿等建筑于1920年3月全部遭到焚毁，仅留下地表部分的砖石遗迹和地下建筑基址。府邸其余建筑在历经200多年沧桑后，也已经破败不堪。府邸中大部分木构建筑存在腐朽和开裂问题。

为更加科学、准确地查清府邸木构建筑的现存状况，有针对性地进行修缮，恭王府管理中心于2002—2004年，委托中国林业科学研究院木材工业研究所对府邸建筑的主要木构件进行了详细勘查和科学检测，同时对建筑所用材质进行了树种鉴定。2005年林科院木材工业研究所在勘察基础上，拟定出整体修缮方案。经招标投标中标过程，承担了府邸修缮工程中木构件防腐、防虫等处理工作。

一、府邸建筑材质现状勘查

勘查工作采用PILODYN、阻力仪及显微镜等仪器设备对梁、枋、檩、柱等木构件出现的腐朽、虫蛀、开裂、扭曲变形等病害进行了科学检测。

（一）各个院落殿堂建筑材质现状勘查

勘查结果表明，府邸建筑的各个主殿、配殿、耳房、后罩楼，以及回廊和门庭等处的木构件，均不同程度地出现了腐朽、虫蛀、开裂及扭曲变形等现象。其中20世纪80年代维修过的几处殿堂，有部分木构件由于缺乏有效的保护处理，也已发生了严重的腐朽和虫蛀现象。具体状况如下所述。

1. 头宫门、二宫门

勘查时已经拆开，能够观察到部分木构件的材质状况。头宫门C4柱严重腐朽，建议替换。二宫门五架梁有贯穿开裂，柱子两侧与墙交界处腐朽，有虫眼。

2. 嘉乐堂院

（1）嘉乐堂主殿

立柱大多地仗完整，部分有开裂。迎门柱B3和柱B4根部墙体已拆开，腐朽和虫蛀非常严重。这两根柱树种鉴定结果均为楠木。在以往的勘查中，楠木构件发生如此严重的腐朽和虫蛀现象尚不多见。该柱的腐朽类型为褐腐，在木材内部发现有成片干枯的菌丝。在采集的样本中，发现了完整的象鼻虫虫体和典型小蠹虫蛀道，说明此处曾有多种害虫共生，近期以象鼻虫危害为主。阻力仪检测结果表明，柱 B3 距柱根 30cm 处，东北侧有 3cm 深腐朽，中心部材质较好；柱 B4 距柱根 30cm 处，东南侧有 20cm 深腐朽，中心部材质较好；距柱根 100cm 处，未见腐朽。

其他与墙体相接的柱子，因勘查时未拆开墙体，仅从柱头处进行了 PILODYN 检测和含水率测定，对部分柱子进行了阻力仪检测。阻力仪检测发现部分立柱，特别是与墙体相接部分，一般均存在不同程度腐朽。

梁、檩、枋、椽等顶架结构材质较好，开裂较普遍。特别是梁、檩，裂缝最宽 3cm，深达 15~20cm。裂缝均可采取修补措施。

下金檩 E3~E4 扭裂，未见腐朽，材质较好。一般斜纹理的木材，如侧柏容易发生扭裂，不适合作立柱，但可以用于横向受压的构件，如梁、檩、枋等。

五架梁 C3~D3 中部断裂下垂，致梁弯曲，内部有轻微腐朽。应考虑替换或进行整体加固。

天花梁随梁 B5~C5 与柱 B5 脱榫，并用抱柱支撑。

天花梁 B5~D5 南端东侧断裂。

檐檩 F5~F6 修补过，南侧部分用胶合

嘉乐堂明间前檐东柱柱根腐朽

嘉乐堂下金檩 E3~E4 开裂

多福轩殿糟朽的柱根

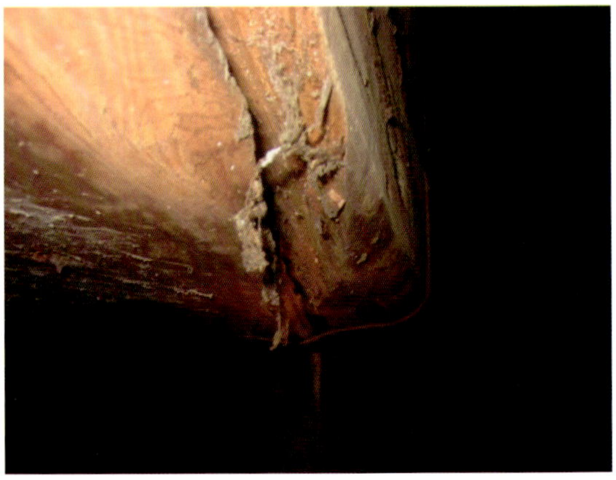

嘉乐堂五架梁 C3~D3 劈裂下垂

板包装，内部有深 15cm 腐朽。

此外，个别构件，有局部腐朽，不严重。

屋顶未见明显漏雨痕迹，椽、望材质基本较好。

屋顶外围构件地仗较完整，彩绘略陈旧，局部有脱落，部分穿插枋和桃尖梁表面有局部腐朽，不严重。有开裂，最宽 2cm，深 20cm。材质基本较好。

（2）嘉乐堂东配殿

柱 A 系列部分柱根地仗漆皮脱落，一般材质较好。柱 A1 和柱 A6 与墙体相接处有腐朽，后檐柱（柱 E 系列）多有腐朽，特别是与墙体相接部分腐朽严重。部分柱根曾做过剔补或墩接，现已严重腐朽。对腐朽严重的檐柱，建议替换。

屋架材质基本较好，未见明显腐朽。木构件多有开裂，裂缝最宽 3cm，深 20cm，如五架梁 B4~D4。屋顶未见明显漏雨痕迹。

（3）嘉乐堂西配殿

檐柱与墙体相接处均有腐朽，柱 E6 破损严重，建议替换。前檐廊柱及不与墙体相接处的檐柱（A 系列和 B 系列）一般彩绘地仗完整，未见明显开裂和腐朽。

屋架材质基本较好，多有开裂，脊檩 3~4 及后上金檩 C3~C4 断续贯通开裂，最宽 4cm，深 25cm；脊檩 2~3 有多条顺纹开裂，并有虫蛀痕迹。一般裂缝较小。个别构件（后上金檩 C1~C2）表面局部腐朽，面积 30cm × 20cm，深 1cm。部分屋顶漏雨，如南一间、南二间等，望板部分腐朽，并有脱落，其余未见明显雨迹。

嘉乐堂天花梁 B5~D5 南端东侧断裂

嘉乐堂天花梁 B5~D5 南端断裂

府邸二府门檐柱的典型褐腐状况

嘉乐堂西配房3~4间脊檩断续贯穿裂

嘉乐堂西配房2~3段脊檩顺纹开裂虫蛀

嘉乐堂西配房C1~C2后上金檩表面腐朽

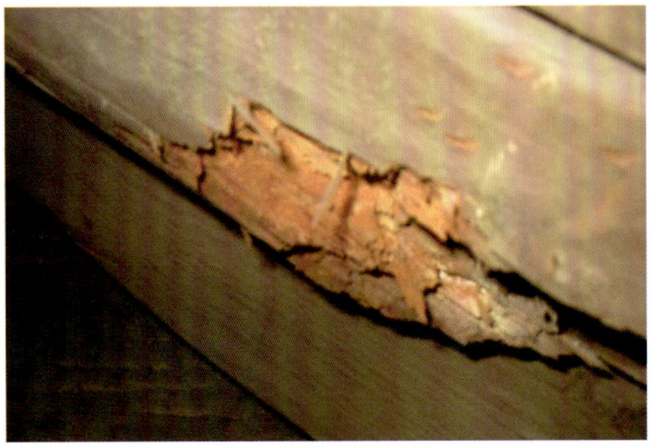

嘉乐堂东耳房转角处五架梁头腐朽脱榫

（4）嘉乐堂东耳房

由于长期无人使用和维护，外观破坏严重。柱根多已腐朽，有的曾做过剔补，现又腐朽。部分立柱周围墙体拆开后露出的柱根严重腐朽。勘查时未拆开的檐柱与墙体相接处部分腐朽。

屋架材质基本良好，部分有开裂，间有扭裂，最宽3cm，深15cm。个别木构件严重腐朽，如东北角子角梁。老角梁部分腐朽，子角梁相接处的木构件严重腐朽。北间五架梁与东北至西南五架梁相接处脱榫局部腐朽，有木块垫起，并用抱柱支撑。屋顶未见明显漏雨痕迹。

（5）嘉乐堂西耳房

北间檐柱柱根均有不同程度的腐朽，墙体已经拆开的后檐柱柱根多有腐朽，墙体未拆开的檐柱A1、柱A6局部腐朽。

屋顶木构件材质基本良好，部分构件有腐朽或开裂现象，如北间脊檩上侧面有开裂，并有表面腐朽；前上金枋有雨迹，并有表面腐朽。后檐檩C4~C5因屋顶漏雨，局部腐朽，深约2cm。屋顶局部因漏雨而致椽子和望板腐朽。

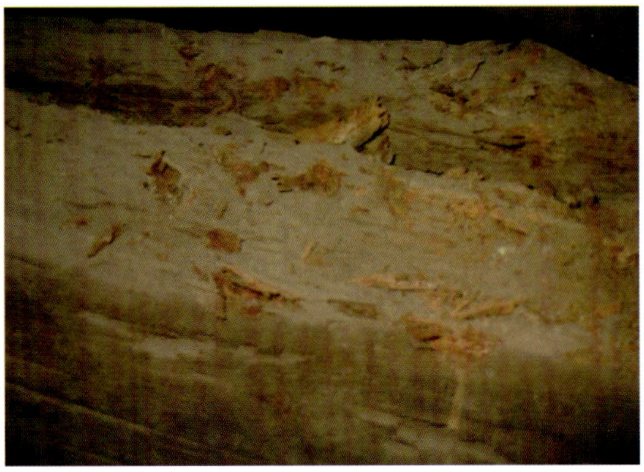

嘉乐堂东耳房转角处五架梁上部腐朽

嘉乐堂西耳房后檐檩 C4~C5 局部腐朽

3. 后罩楼

勘查时，每相隔 4~5 间，打开后罩楼顶棚的天花板，逐间观察屋架，具体状况如下。

（1）01~05 室

屋顶部分漏雨，后檐较严重，漏雨处椽子、望板腐朽。梁、檩、枋多有开裂，最宽 3cm，裂缝处未见明显腐朽。材质基本较好。多数瓜柱由两块板拼接，并用铁件加固。01 室金檩枋稍有外闪。

（2）06 室

梁及斜梁、枋等材质较好，金檩和下金檩端部受压劈裂，建议修缮时进行修补。木构件多有开裂，未见明显腐朽。屋顶局部漏雨，漏雨处木构件有腐朽。

（3）07~09 室

09 室前下金檩脱榫 2cm，屋架木构件多有开裂，如五架梁、后下金檩扭裂，材质基本较好。有漏雨痕迹，未见明显腐朽。

（4）10~12 室

木构件多有开裂，金檩和下金檩开裂较严重，贯通或断续贯通。最宽达 5cm。材质基本较好，未见雨迹。

（5）13~14 室

梁、檩、枋材质较好，多有开裂，上、下金檩更明显，裂缝最宽 5cm，屋顶有漏雨处椽子、望板有腐朽。立柱开裂，深达 15cm，个别贯通开裂。

（6）15~16 室

屋架材质较好，有开裂，未见明显腐朽。个别檐柱柱根腐朽，不严重。

（7）17~20 室

屋顶构件材质较好，多有裂缝，檩较严重。裂缝最宽 3cm，个别贯通，裂缝表面未见明显腐朽。椽子、望板材质基本较好，局部有腐朽。个别檐柱柱根腐朽。

（8）21~24 室

木构件有开裂，裂缝宽 3cm，深约 10cm，个别贯通，材质基本较好。屋顶局部漏雨，椽子、望板有部分腐朽。个别后檐柱柱根腐朽。

（9）25~26 室

屋顶漏雨，椽子、望板有腐朽。25 室三架梁东侧中段上下沿处有腐朽，长约 40~50cm，宽约 10cm，深 2cm。其余材质基本良好。

（10）27 室

前檐望板腐朽严重。七架梁贯通开裂，裂缝表面腐朽较严重，深 5cm。五架梁开裂，深 15cm，宽 30cm；三架梁开裂深 3cm。屋顶有水迹，椽子、望板部分腐朽。

（11）28 室

木构件多有开裂，后上金檩裂缝宽 20cm，深 4cm。裂缝表面未见明显腐朽。屋顶局部漏雨，椽子、望板有部分腐朽。其余材质基本良好。

（12）29 室

木构件多有开裂，个别贯通。裂缝表面材质较好。五架梁下的枋木有小块腐朽，长宽各约 10cm，深 1cm。其余木构件材质基本较好。屋顶漏雨，后檐较严重。椽子、望板有部分腐朽。

（13）30 室（楼梯间）

脊檩及脊檩枋有贯通开裂，后上金檩断续贯通开裂，宽约 3cm，深 15cm。表面未见腐朽，材质基本良好。屋顶局部漏雨，椽子、望板有部分腐朽。

（14）31~34 室

从 34 间观察，脊檩、上下金檩及前檐檩均有开裂，呈断续状贯通开裂，下金檩开裂深约 15cm，宽 3~4cm。三架梁、五架梁断续开裂，裂缝表面均未见明显腐朽。屋顶有漏雨痕迹。椽子、望板有腐朽。

（15）35~36 室

木构件多有开裂，宽约 5cm，深约 15cm。裂缝处未见腐朽。材质基本良好。有雨迹。椽子、望板有部分腐朽。36 室后金檩裂缝宽 4cm，深 15cm，贯通开裂。

（16）37~39 室

梁、檩、枋等多有开裂，裂缝最宽达 5cm，深 20cm。缝隙表面未见腐朽。屋顶未见明显水迹。椽子，望板有部分腐朽。后罩楼二楼立柱总体材质状况良好，个别柱根局部腐朽。一楼部分檐柱已发现严重腐朽。

4. 多福轩院

（1）多福轩院主殿

多福轩院主殿因已经完成修缮，正在装修，故未做木构件材质状况的勘查。但是施工过程中，墙体拆除后可看到木柱柱根糟朽严重。

（2）多福轩东配殿

勘查时后檐柱柱根全部拆开，均有严重腐朽，并有蠹虫虫眼。腐朽高度大于 200cm，深大于 3cm。梁、檩、枋等主要问题是开裂，最宽 2cm，深 15cm。裂缝表面未见腐朽。三架梁 B2~D2 下部条状腐朽，较严重。屋顶局部漏雨，漏雨处椽子、望板部分腐朽。未拆开的檐柱有轻度腐朽。

（3）多福轩西配殿

勘查时后檐柱柱根全部拆开，均有严重腐朽，最高 1m，深 10cm 以上，并有虫蛀。梁、檩、枋等多有开裂，裂缝最宽 4cm，深 10cm，裂缝表面未见明显腐朽。脊瓜柱 5、五架梁 B2~D2、D1~D2 及后檐檩 D5~D6 有局部腐朽。后檐檩漏雨处，腐朽更严重。未拆开的檐柱有轻度腐朽。

5. 乐道堂院

（1）乐道堂主殿

屋顶前厅未见明显漏雨痕迹。椽子、望

多福轩殿糟朽的柱根

板材质基本较好。后厅屋顶局部漏雨。椽子、望板未见明显腐朽。梁、檩、枋等材质基本较好，部分构件有裂缝，裂缝处表面有轻腐，修补时应做适当防腐处理。部分檐柱已经拆开，根部腐朽，高 50cm，深 3cm。

（2）乐道堂东配房

梁、檩、枋等多有开裂，最宽可达 5cm，裂缝表面未见明显腐朽。屋顶局部漏雨，椽子、望板部分有腐朽。已经拆开的檐柱及个别金柱柱根腐朽，高度超过 100cm，深 20cm。未拆开的檐柱未进行阻力仪检测。

（3）乐道堂西配殿

梁、檩、枋等材质较好，多有开裂，最宽约 3cm，未见明显腐朽，屋顶局部漏雨，椽子、望板部分腐朽。已经拆开的檐柱部分金柱腐朽，高约 100cm，深约 20cm。未拆开的檐柱未进行阻力仪检测。

6. 锡晋斋院

（1）锡晋斋主殿

屋顶材质基本较好，多有开裂，裂缝最宽 3cm，深 20cm。裂缝表面未见明显腐朽，可直接做裂缝修补。

个别木构件表面开裂腐朽，如三架梁 D5~E5，三架梁 D4~E4，五架梁 B2~D2。五架梁 B3~D3，五架梁 B4~D4，五架梁 D6~E6 及上金枋 D6~D7 等均有表面局部腐朽。腐朽深约 2cm，其中五架梁 D6~E6 腐朽深约 5cm。

对部分立柱及西北角子角梁进行阻力仪探测，子角梁距梁头 1.2m 处，自下向上，均有腐朽。

（2）锡晋斋东配房

屋顶普遍漏雨，漏雨处望板，椽子大多腐朽。檩多有开裂，裂缝处表面有腐朽，修补时应注意剔除表面腐朽部分，并做相应的防腐处理。一般材质基本较好。

（3）锡晋斋东耳房

彩绘陈旧脱落，屋架材质基本完好，未见明显漏雨痕迹。木构件未见严重腐朽。

（4）锡晋斋西配房

屋顶部分漏雨，漏雨处椽子、望板腐朽。梁、檩、枋等材质较好，多有开裂，裂缝处表面未见明显腐朽。天花枋多有腐朽。檐柱柱根多有严重腐朽，高约 50cm，深约 20cm，应做墩接，并做相应的防腐处理。

恭王府锡晋斋三架梁 D4~E4 开裂

锡晋斋五架梁 D2~B2 开裂腐朽

（5）锡晋斋西耳房

屋顶彩绘地仗脱落。屋顶漏雨，房檐处漏雨更严重。枋、椽严重腐朽、脱落。屋顶内木构件材质基本较好，多有开裂，裂缝处未见明显腐朽。

通过此次勘查，较全面地掌握了府邸木构建筑存在的病害及残损状况，为府邸修缮打下了坚实的基础。

（二）府邸建筑结构材质的树种鉴定

对府邸建筑木构件的树种进行鉴定。一是可以对府邸建筑所用木料有所了解；二是可以有针对性地做好残损腐朽木料的更换，工作意义重大。

本次勘查在恭王府府邸共采集建筑材质 495 个样本。通过显微分析对树种进行鉴定，确定府邸建筑的结构材质由 14 个树种构成，即润楠、黄杉、云杉、杉木、油松、华山松、落叶松、桤木、杨木、香果新木姜、春榆、香椿、臭椿、圆柏。

（1）在嘉乐堂共采集结构材样本 122 个，树种鉴定结果发现嘉乐堂使用了 11 个树种的木材。柱材主要使用了硬木松、软木松、楠木等木材，其中还发现部分杨木木材。三架梁和五架梁木材以松木为主，只出现了 1 根杨木和 1 根云杉的三架梁。天花梁共取了 4 个样本，出现了杨木、楠木和油松 3 个树种。桃尖梁和穿插枋全部使用的是硬木松。檩材的树种比较杂，使用了大量阔叶材，如桤木、楠木、臭椿、香椿和春榆材，针叶材主要使用的是硬木松和云杉。枋主要以云杉材为主。

（2）在嘉乐堂东配房共采集结构材样本 25 个，树种鉴定结果发现嘉乐堂东配房使用了 5 个树种的木材，全部是针叶材，柱、梁、檩、枋材 90% 以上使用的是硬木松。椽材使用的是圆柏和杉木。

（3）在嘉乐堂西配房共采集结构材样本 117 个，树种鉴定结果发现嘉乐堂西配房使用了 6 个树种的木材，全部是针叶材。柱、三架梁、五架梁、单步梁和双步梁 90% 以上使用了硬木松，桃尖梁全部使用的是云杉，穿插枋全部使用的是松木，檩和檩枋主要使用的是松木和云杉，其中松木所占的比例更高一些。

（4）在嘉乐堂东耳房共采集结构材样本 24 个，树种鉴定结果发现嘉乐堂东耳房只出现了油松和云杉 2 个树种的木材。其中油松材占 80% 左右。

（5）在嘉乐堂西耳房共采集结构材样本 28 个，树种鉴定结果发现嘉乐堂西耳房只出现了油松、云杉和黄杉 3 个树种的木材。其中柱材全部是云杉，梁、檩、枋和椽材 90% 以上使用的是油松材。

（6）在后罩楼共采集结构材样本 59 个，树种鉴定结果发现后罩楼使用了 4 个树种的木材。柱材使用了落叶松、云杉和杉木木材。三架梁、五架梁和檩、枋以落叶松木材为主。椽子使用了云杉和油松。

（7）在多福轩东配房共采集结构材样本 27 个，树种鉴定结果发现多福轩东配房共使用了 3 个树种的木材。其中绝大多数是落叶松和油松。

（8）在多福轩西配房共采集结构材样本 38 个，树种鉴定结果发现多福轩西配房使用了3个树种的木材。柱材主要使用了云杉和油松木材，只有少量的落叶松木材。三架梁和五架梁全部是油松木材。檩、枋和椽使用的是油松、落叶松和云杉3个树种的木材。

（9）在锡晋斋共采集结构材样本55个，树种鉴定结果发现锡晋斋使用了5个树种的木材。柱材主要以落叶松木材为主，有2根柱子的包厢使用了楠木，三架梁、五架梁和七架梁主要使用了落叶松和油松木材，檩使用的是落叶松材，枋和椽使用的全部是杉木。

通过鉴定，了解了不同木构件所选用树种材料的特性，对维修时破损构件替代木材的选择，起到了重要的参考作用。

二、恭王府府邸木构件菌虫类型调查和危害分析

木材的腐朽是由木腐菌造成的。木腐菌主要是通过酶溶过程使木材分解，以获取自身生长发育所需的营养。所以木腐菌是木材最重要的损害生物。根据木腐菌对木材的损坏情况，木材的腐朽主要有色变、褐腐、白腐和软腐等。其中，褐腐菌和白腐菌是主要的木腐菌。

（一）恭王府府邸木腐菌的调查

在恭王府木构件勘察中发现的木材腐朽基本属于褐腐。褐腐菌破坏纤维素和半纤维素，使受害木材呈红褐素或棕褐色裂块状的腐朽形态。从颜色和腐朽的形态，很容易识别。在腐朽状况勘查中发现有生活的或已干枯的菌丝。

（二）恭王府府邸木材害虫的类型

在恭王府木构件勘察中发现，明显腐朽的部位大多有虫蛀发生，这也是木材菌虫危害中存在的普遍现象，即虫蛀和腐朽的伴随和相互促进。在所有发现虫蛀的部位取样，并在实验室内对府邸木构件的切片采用显微

恭王府二府门檐柱C1典型褐腐

恭王府乐道堂西耳房柱C1木腐菌菌丝

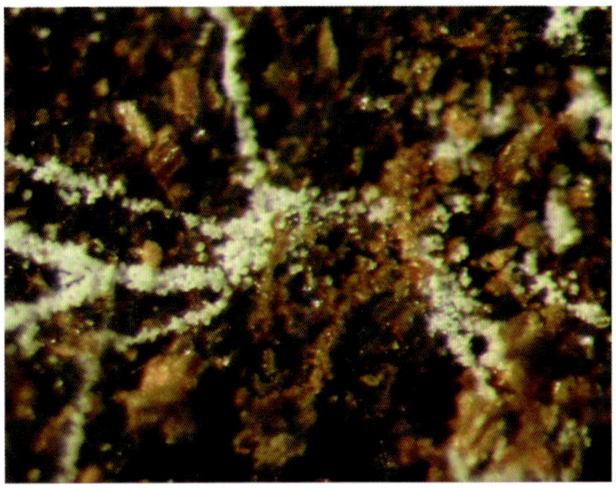

恭王府乐道堂西耳房柱C1木腐菌菌丝（高倍）

后罩楼西北廊柱菌丝

恭王府后罩楼西北角柱菌落（高倍）

恭王府后罩楼西北角柱菌落

头宫门柱 C4 木腐菌菌丝

镜在实验室内进行形态观察，共发现四种类型的木材害虫：象鼻虫、小蠹虫、粉蠹虫、木蜂。

后罩楼西北角廊柱蛀道内生长菌丝

（三）木构件腐蚀、虫蛀、开裂造成的危害

上述勘察情况说明：目前府邸建筑中主要木构件的腐蚀、虫蛀、开裂等问题已经相当严重，它直接危害到府邸木结构建筑体系的稳定。

1. 菌类造成的危害

恭王府位于什刹海地区，因地下水位偏高，所以府邸周边环境较为潮湿，这种环境比较适合木腐菌、细菌的生长。经在显微镜下对府邸建筑木构件的切片进行观察，发现了存在其中的木腐菌菌丝和菌落。木腐菌是木材最主要的损害生物，它主要通过酶溶过程使木材分解，以获取自身发育所必需的营养，所以木腐菌的生长造成了木构件的腐朽。尤其是温度在 25~30℃、木材含水率在 36%~60% 的情况下，木腐菌的生长会大大加快，此时木材发生腐朽、霉变的几率和速度要远远超出干燥的环境和地区，所以潮湿的环境和适宜的温度是木构建筑的大敌。

府邸木构建筑的腐朽基本属于褐腐型，主要破坏木材的纤维素和半纤维素，而纤维素和半纤维素是木材的主要机械支撑物质。发生褐腐的木构件，其力学性能会大大降低。因此在纵向和横向均易产生裂纹，其典型特征是呈现方块形破裂，从而导致木材的密度、强度等力学性能下降，对木构建筑造成破坏。

2. 虫类造成的危害

恭王府木构件的虫蛀问题也需引起重视。

（1）象鼻虫

象鼻虫是一类我国北方经常发现的木材害虫。此次府邸发现了有完整虫体的象鼻虫。该害虫的最大特点是头部向前延伸，呈象鼻状，口器在象鼻的顶端，成虫为有光泽的圆柱体，体长约 3.5mm，鞘翅上有条状点刻，幼虫弯曲成 C 字形，成虫和幼虫均能蛀蚀木材，因此它对木材的危害非常严重。在布达拉宫等古建筑中，危害木构件的主要害虫也是象鼻虫。

（2）小蠹虫

小蠹虫是一种体形较小的昆虫。它的特点是在树皮下或木材的浅层作横、竖规则的蛀道。新砍伐的树木皮下多有这种蛀蚀，如果原木保管期内未采取有效的杀虫措施，害虫就会深入木材内部继续危害。府邸嘉乐堂采集样本中发现的典型小蠹虫蛀道，成为鉴定该害虫的重要标志。

（3）粉蠹虫

粉蠹虫身体细长、扁平，鞘翅较柔弱呈浅褐色。一般蛀蚀阔叶材，以木材中的淀粉为食。它的最大特点是在木材表面蛀成针孔状的小虫眼，同时虫道内储有极细的蛀粉。由于这种害虫较柔弱，虫体很难在虫道内保存下来。因此发现虫体的几率很小。虽然在府邸古建木结构勘察中，并未发现虫体，但是通过它的典型危害形态，证明了它曾经

象鼻虫（一）

象鼻虫（二）

二宫门柱 A1 和 C1 粉蠹虫危害

嘉乐堂柱 B3 典型小蠹虫虫道

嘉乐堂东耳房 A2 柱活的木蜂幼虫

存在。

（4）木蜂

钻蛀木材的木蜂属于蜜蜂科。它的一大特点是繁殖时在木材中钻洞，蛀洞比较直，在洞中贮存花粉，并在其中产卵，花粉作为幼虫孵化后的食物。产卵完毕后，将洞用泥土或分泌物封死，然后在外端继续产卵再封死，如此周而复始，从蛀道的剖面看呈竹节状。恭王府发现的木蜂虫孔较故宫木构件上发现的虫孔小，从蛀道看，体形较小，并有活体幼虫。

由于木蜂虫体大小不同，因此木材表面蛀孔也有大小之别，一般蛀孔直径可在 3~10mm。木蜂的蛀道大小不等，所以其斑驳虫眼呈疏密不同状，对古建筑木构件材质造成的危害目前比较普遍。北京故宫、历代帝王庙、宁波的保国寺，天水麦积山等处均有发现。

在恭王府发现的这四类害虫中，前三种虫害较为普遍，而且对木材的危害非常严重。这三种害虫主要易发生在与墙体相接的柱根处，及有漏雨痕迹的湿度较高的部位。木蜂的发生与周围环境密切相关，一般在建筑物周围树木花草茂密的地方易发生木蜂危害。恭王府周围花草树木并不十分茂盛，因此木蜂的危害较前三种虫害相比尚不严重。

上述虫害蛀蚀可使木构件的材质出现针孔样虫眼、使被蛀木材内部形成纵横交错的坑道，呈现出海绵、疏松、中空等危害状况；严重时虫害的侵蚀可使木构建筑彻底被蛀空，甚至出现崩塌，因此对虫害造成的破坏必须引起足够重视。

3. 开裂变形等造成的危害

府邸木构材质在建造后的 200 多年中，因长期处于受压、干燥乃至受力不均、用材不当等状态，致使梁、枋、柱等部分木构件产生开裂、扭裂、木构架塌陷变形等物理损害状况。如嘉乐堂天花梁南端东侧已断裂、嘉乐堂五架梁明显劈裂下垂、锡晋斋三架梁开裂严重等，大大降低了木材的抗弯、抗拉、抗压等机械强度，直接影响到木结构的稳定，所造成的危害不容忽视，必须严加防范。

上述几种因素导致府邸木构建筑出现的生物、物理、化学损害，将加速木材的降解，削弱木材的强度。面对如此严重的残损状况，必须及时采取有效的处理措施，避免古建木构件的结构发生更加严重的损坏。

三、府邸木构件的保护修缮原则

（一）全力保留府邸文物建筑历史信息

在府邸木构建筑的保护和修缮过程中，尽可能地注意保存建筑上的原有构件，以使文物建筑中的历史信息得以继续传递。因此除必须采取的剔补、墩接、替换等修缮技术措施外，在保证结构安全可靠的前提下，对可用的旧构件进行防腐、防虫、加固等处理，使文物的原真性最大限度地得以保留。

（二）有针对性地进行木构件的修缮防护

古建筑的修缮大多缘起于木构件的残损导致的结构破坏。根据勘查结果，决定在府邸修缮中针对腐朽（主要是褐腐）和虫蛀（主要是蠹虫、象鼻虫和木蜂等）这些主要病害，制订科学有效的杀虫、灭菌等防护措施，以保证府邸建筑在修缮后的较长时间内不再受到菌虫危害。

四、府邸木构件的防腐、防虫工作

木构件的防腐、防虫是一门综合性的学科。它涉及生物学、材料学、化学、物理学及工程学等相关领域。因此对府邸建筑进行修缮和木构件的防腐和防虫处理时，做好以下几点是关键。

（一）按国家规定的标准严控含水率

为保障工程实施后不留隐患，在工程中严格控制新换木料的含水率。对入场的新构件进行含水率监测，达到国家规定的标准后准予入场。不达标的木构件，必须采取相应措施降低含水量，在达到国家规定的标准后方准予入场。严格控制木材含水率的目的，一是防止木材在使用后因失水出现干燥开裂现象，同时也是为了达到木材的标准吸药量。

（二）合理选择药剂和确定处理工艺

大多数修缮工程证明：木材防腐防虫处理的成败有两个关键因素，一是选择适宜的药剂，二是处理方法的确定。

1. 有效药剂的选择

1）防腐剂的选择要有针对性

木材防腐、防虫是指用有毒药剂对木构件进行处理，使其免受各种菌虫损害，以延长木材使用寿命的化学处理方法。能够防治生物损害的一类化学物质通称作防腐剂。

对于防腐剂的要求首先应该是高效、低毒和环保。木材的生物损害由于不同部位，不同树种及不同材质状况，特别是危害生物种类的不同，对防腐剂的选择也不同，因此在选择上要有针对性。

1992年颁布的国家标准《古建筑木结构维护与加固技术规范》(GB 50165—92)中推荐的主要防腐剂有：硼硼合剂、氟酚合剂、铜铬砷合剂(CCA)、有机氯合剂、菊酯类合剂等。标准颁布后对古建筑木结构的防腐工作起到了较大的指导作用，也使古建筑木结构的防腐工作逐步走入正轨。

防腐剂虽然种类很多，但大体上可分为三类：油类、油溶性和水溶性防腐剂。因此需根据府邸建筑的具体情况，有针对性从上述国家标准规定用药中选择适用的防腐剂。从勘察结果看，恭王府的木结构腐朽主要是褐腐，虫害主要是蠹虫类，未发现其他如天牛、白蚁等害虫。因此药剂宜选用含硼的防腐剂，如BBP(或BBF)及CCB等，还可考虑选用ACQ。根据实践经验，防治蠹虫类害虫，硼类药剂可以达到非常好的效果，而且硼本身又有一定的阻燃作用，是目前国际上普遍使用和开发的一类优质药剂。

此外，不同的部位应选用不同的防腐剂，如望板背面和檐柱墙体内部分应选用防腐油处理，旧的保留木件宜用油溶性药剂，室内一般木构件特别是新替换的、含水率较高的木构件，应该选用水溶性药剂处理。同时，对于含水率高的木构件还应采取特殊措施，增加扩散作用，提高处理质量。

2)根据现场勘查结果确定施工用药

(1)BBP

主要成分：硼、硼、酚。作用：防腐、防霉、防蠹虫、阻燃。

(2)BBF

主要成分：硼、硼、氟。作用：防腐、防蠹虫、阻燃。

(3)CCB

主要成分：铜、铬、硼。作用：防腐、防蠹虫、阻燃。

(4)ACQ

ACQ是季铵盐的铜盐，国外近年发展很快，国内也正在大力推广使用，效果与CCA相近，但毒性远低于CCA。

(5)MFO-1

MFO-1是“古建筑木结构维护与加固技术规范”中规定的制订用药。主要成分：五氯酚、林丹。作用：防腐、防虫。

(6)MFW-1

主要成分为五氯酚钠、硼酸、硼砂。特点是具有防腐、防虫(特别针对蠹虫类的杀虫、防虫效果显著)及阻燃效果。

(7)防腐油(克里苏油)

作用：防腐、防虫、防潮。

其中，BBP、BBF、CCB、ACQ为水溶性药剂，各有特点，可选择一种使用，用于机械法及现场涂刷和喷淋处理。BBP和BBF是常用的优质木材防腐剂，主要成分是硼，有附带的阻燃效果。上述水溶性药剂吸药量要求为4kg/m^3。CCB与CCA是对应的同种类型的药剂，区别只是把CCA中的砷(A)换成对人体低毒的硼(B)。CCB、CCA与

ACQ一样，它们都是固定型药剂，该类药剂进入木材后相互作用，形成不溶于水的沉淀物，固着在木材中而不会再被水流失。CCB也是目前国内外普遍使用的药剂，与ACQ一样，药剂处理后使木材呈黄绿和蓝色，但干燥后，不影响油漆彩绘。

2. 木构件的防腐处理方法

药剂选择确定之后，需要解决的另一个关键问题就是确定切合实际的、有效的防腐处理方法。要确定不同部位、不同药剂的实施处理方案，对替换的材质按使用位置和功能进行科学选择等，对保留下的旧构件、原木和已经做好的新构件，进行全面的杀虫和灭菌处理。

施工处理主要有机械方法和手工方法两类。

1）机械方法

有加压法、真空法、热冷槽法、压力滴注法。

2）手工方法

有浸泡、喷淋、涂刷及吊瓶滴注等。

这些方法的关键点在于保证木材的吸药量。根据经验，喷淋或涂刷时，至少3~5遍。当木材含水率过高时，每遍处理后用塑料薄膜包裹或覆盖木构件，以充分利用药剂的扩散作用，达到吸药量的要求。本次处理工程采用的方法除真空法、冷热槽法外，还在现场根据不同情况采用了喷淋、涂刷、浸泡、吊瓶滴注和加压注药等方法。

3）针对不同部位的新、旧木构件，采用不同的方法进行处理，以保证药剂的吸收量。

（1）工地新加工的木构件

由于新木料的含水率过高，一般40%左右，部分高达60%以上，因此处理时要有一个药剂的扩散过程。柱、梁、枋、墩接件、望板、椽及方椽等加工定型后，用BBP、CCB、ACQ药剂彻底喷淋，并采用塑料薄膜严密包裹的辅助措施，防止药剂散发，数日内（根据需要）可反复处理至少三次。

（2）望板

先用BBP、CCB、ACQ药剂反复处理2~3次，并用塑料薄膜覆盖。望板安装后，在苫背前表面再用防腐油+MFO-1，均匀涂刷1~2遍，达到防腐、防虫和阻湿效果图，稍干后即可作背。

（3）椽子及所有替换的立柱、板材、枋材等

用药剂MFW-1、CCA、ACQ进行处

采用塑料薄膜严密包裹的辅助措施

望板安装后在苫背前表面涂刷防腐油（一）

望板安装后在苫背前表面涂刷防腐油（二）

檐柱与墙体相接部分涂刷防腐油

理，有条件时尽量用机械方法处理。

（4）墩接或剔补部分的新构件

用药剂 MFW-1、CCA、ACQ 采用机械法或手工法进行浸泡、涂刷处理。

（5）檐柱与墙体相接部分

用药剂防腐油 +MFO-1 进行涂刷处理。

（6）现场保留的旧构件

根据不同部位的构件采用不同方法处理。

①大面积裸露的木构件，表面用 BBF 作喷淋处理。为达到预期效果，至少喷淋 3 遍。需要立面喷淋（如木柱）或仰喷时，喷淋次数适当增加。

②剔补或墩接部位保留的旧木料端头用 MFO-1 油溶性药剂涂刷，至少 3 遍。

③已处理的木构件，在现场再加工后（如锯、刨、钻孔等），将加工面用 MFO-1 涂刷作补充处理。

④保留下来的立柱及柱根部，1m 以下用 MFO-1 作吊瓶滴注处理或加压注药处理。

（7）维修中所有裸露的新旧木料

用药剂 MFW-1、CCA、ACQ 进行喷淋法处理，至少 3 遍。

立面喷淋处理

（8）裂缝

填补裂缝时，要仔细剔除裂缝内的腐朽部分，以适合的木条用高分子树脂粘补，或用高分子材料与锯末混合后填补。填塞的剔补面和新木条均用药剂 MFW-1 或 CCA、ACQ 进行处理。榫接的梁、枋端头内部可选用高分子材料做榫，以使榫接部位更加牢固。

在工程施工中，按上述方法对府邸建筑构件认真处理后，保证了药量的吸收要求，达到了防腐、防虫的效果，并可使木构件的使用寿命在原基础上延长 3~5 倍。

第二节　府邸彩画保护及修复

恭王府因前身曾为和珅宅第和庆王府，历经不同府主和不同时代，所以建筑上留存的彩画，不仅形式多样，而且纹饰繁复，具有极高的历史价值和艺术价值。在 2004 年启动的府邸文物保护修缮工程中，彩画的保护和修复成为一项十分重要的工作。

在对彩画整体状况进行调研后，发现原府邸建筑内檐留存的老彩画，因年代久远、环境变迁，已经出现不同程度的病害，急待进行科学保护和修复。府邸殿堂的外檐彩画大多为 20 世纪 80 年代后绘。除中路建筑彩画基本沿袭王府规制后绘龙锦枋心旋子彩画外，其他大部分为包袱式苏画或掐箍头苏画。不仅绘制依据不充分，而且不符合王府规制。因此在确定修缮原则的基础上，做好资料查询、方案设计、分析检测、科学修复等工作，是使彩画在保护修缮后达到恢复王府建筑原貌，保存历史信息以及展示王府建筑装饰艺术的关键。

一、修缮原则

如何对彩画进行全面保护和修缮，使其展现历史原貌，将历史、文化、艺术信息传承给后人，是此次修缮工程中一项相当艰巨的工作。因此，确定彩画保护修复的指导思想和修缮原则十分重要。根据国家文物局颁布的《中华人民共和国文物保护法》和《文物保护工程管理办法》（文化部令第 26 号），恭王府管理中心决定在彩画保护修缮工作中，坚持将“文物保护工程必须遵守不改变文物原状的原则，全面地保存、延续文物的真实历史信息和价值；按照国际、国内公认的准则，保护文物本体及与之相关的历史、人文和自然环境”的原则作为指导思想。在修缮工作中认真贯彻“恢复历史原貌”“保存有价值的历史信息”“不改变文物原状”的工作理念。在指导思想确定后，面对府邸建筑需要保护和整改的彩画现状，尤其是后人重绘的外檐彩画，究竟按照什么历史时期对彩画进行保护和修复，是必须要考虑和解决的问题。在认真进行调查研究和多方查询历史资料的基础上，针对历史遗迹、照片史料、现存状况，经与专家共同研究、听取多方意见后，根据文物专家提出的“有必要在尊重王府建筑历史原貌和尽力保持文物古迹真实性的前提下，对王府建筑进行保护和复原”的意见，对修缮工程给予了非常清晰的定位，即“按照清代同治、光绪年间，恭亲王府最兴盛、最辉煌时期的历史原貌进行恢复性修缮。同治、光绪时期之前的，有重要价值的历史信息要尽可能地予以保留”。确定了对恭王府府邸建筑彩画进行全面保护和修缮的依据和方案。

为使彩画保护和修缮不留遗憾，府邸修缮办提出：要严格按照建造规制和营造技艺，运用传统材料、传统工艺，以及与现代科技方法相结合的技术手段，对府邸建筑彩画进行科学保护和修缮。对历史留存的老彩画要进行原貌保护，对与历史原状不符的，要有根据地进行重绘。确保在老彩画修复和新彩画绘制后达到传递和珅宅第及王府时期历史信息的目的。

二、资料检索

恭王府曾历经变迁，府主易人。因此要恢复王府彩画原貌，查找资料检索是关键。2004 年府邸修缮前，对历史资料进行查找和收集整理，详见各殿座彩画老照片。

三、现场勘查

在修缮工程实施前，对府邸建筑彩画的整体状况进行了现场勘查。并先后于2004—2006 年修缮施工期间，在多福轩、乐道堂、嘉乐堂、府门、葆光室、锡晋斋、后罩楼等建筑中，发现遗留于天花吊顶上和顶棚内的老彩绘。

（一）修缮前勘查结果

1. 外檐彩画

府邸建筑外檐彩画为 20 世纪 80 年代后绘制。中路建筑绘龙锦枋心旋子彩画，但彩画中的饰金部位全部采用黄颜料代替，外观效果欠佳。其他建筑上大多是后绘的包袱式苏画，乐道堂院的建筑外檐仅采用土红油漆刷饰。不仅绘制依据不充分，而且不符合王府规制和王府彩画原貌。

2. 内檐彩画

东路：多福轩内檐保留有老彩画，龙锦枋心，片金坐龙、片金西番莲盒子，金线大点金旋子彩画。

西路：葆光室内檐留存有老彩画，为金线、青绿地点金宋锦包袱，流云、黑叶子花找头，包袱式苏画。

两处殿堂内的彩画应是恭亲王入府时所绘，均出现了不同程度的开裂、翘曲、空鼓、脱落等现象。

嘉乐堂（一）

嘉乐堂（二）

葆光室院（北）

乐道堂

多福轩（一）

多福轩（二）

（二）施工中发现

1. 东路

（1）东路多福轩是最早进行修缮的殿堂，2004 年初，工人在拆除大殿与东、西耳房山墙覆盖层时，发现在殿内随梁枋下皮处有残留彩绘，经专家考证为和玺类凤尾图案。不仅与殿内现存龙锦枋心金线大点金的

葆光室老彩画

旋子彩绘风格完全不同，而且等级明显高于现存旋子彩绘。

（2）在随后进行乐道堂建筑修缮勘查时，又于乐道堂大殿后卷顶棚内的明间脊檩上，发现绘有保留十分完整的反搭金凤包袱、凤和玺彩画。这些彩绘因处于室内白樘篦子顶棚上方，故得到很好保护。

同时发现的还有乐道堂大殿前卷后檐金檩处的老彩画，为墨线，青绿地宋锦包袱，福寿团、寿山福海团找头，包袱式苏画。因

多福轩老彩画（一）

多福轩老彩画（二）

封在顶棚之上，所以得以保存。应该是和珅迎娶公主之前所绘。

（3）东二府门上绘金线大点金旋子彩画，檐枋底面里层有残留的金线大点金旋子

乐道堂老彩画（一）

乐道堂老彩画（二）

多福轩老彩画（三）

头宫门老彩画（一）

头宫门老彩画（二）

头宫门老彩画（三）

头宫门老彩画（四）

彩画，与外表彩画呈叠压状。金线大点金旋子彩画，等级明显高于中路和西路二府门的墨线大点金旋子彩画，彰显出和孝公主居住在东路的尊崇地位。

2. 中路

中路头宫门次间内檐，绘龙锦枋心，片金西蕃莲、异兽盒子墨线大点金旋子彩画，象征吉祥的大象、蝙蝠等异兽，形象生动，栩栩如生。

中路二宫门梢间内檐，绘片金夔龙、片金西蕃莲枋心，片金西蕃莲、金抱瓣攒退夔龙盒子，墨线大点金旋子彩画。遗憾的是彩画已被 20 世纪 20 年代时焚毁银安殿的那场大火熏黑。

头宫门老彩画（五）

头宫门老彩画（六）

嘉乐堂大殿的井口天花之上，发现明间脊檩上有反搭金龙包袱，片金西蕃莲盒子，金线烟琢墨石碾玉旋子彩画，单皮灰地仗。从彩画形式和地仗看，和东路乐道堂大殿后卷顶棚内明间脊檩的凤和玺彩画，极为相似，应该是和珅时期所绘。

嘉乐堂大殿东暖阁仙楼的井口天花之上，东梢间后檐金檩上绘八字梵文，宝珠吉

嘉乐堂老彩画（一）

嘉乐堂老彩画（二）

嘉乐堂老彩画（三）

嘉乐堂老彩画（四）

嘉乐堂老彩画（五）

嘉乐堂老彩画（六）

嘉乐堂老彩画（七）

嘉乐堂老彩画（八）

后罩楼压脊彩画（一）

后罩楼压脊彩画（二）

祥草枋心，佛八宝，暗八仙找头，金线旋子彩画。同时还发现的还有苏式彩画，从绘法和工艺看应该晚于梵文旋子彩画。

后罩楼的明间脊檩上发现有反搭金龙包袱，整破栀花盒子，雅五墨旋子彩画。应与嘉乐堂大殿明间脊檩上反搭金龙包袱、金线烟琢墨石碾玉旋子彩画同时期所绘。

3. 西路

西路穿堂门顶棚上留有攒退夔龙、黑叶子花枋心整破栀花盒子雅五墨旋子老彩画。

西路二宫门内檐四间刷饰米色油漆，掐箍头彩画，东梢间内檐为龙锦枋心雅五墨旋子彩画，檐枋底部留有墨线大点金掐池子彩画残迹。

西路葆光室后檐井口天花之上，发现有金线，素箍头，青绿地福寿锦，流云飞蝠，皮球碎花找头，包袱式苏画。与内檐现存的金线，素箍头，青绿地点金宋锦袱，流云，黑叶子花找头，包袱式老彩画不同，应该是

葆光室井口天花之上彩画（一）

葆光室井口天花之上彩画（二）

葆光室井口天花之上彩画（三）

葆光室井口不天花之上彩画（四）

恭亲王入住前所绘。

西路锡晋斋东西厢耳房及西耳房与后罩楼西楼之间连廊处的顶棚内，发现了老彩画，上绘墨线，流云，黑叶子花，垫板葡萄藤或攒退卡子把子草，海漫式苏画。

（三）老彩画现状

现存古代彩画经历二百年的自然侵蚀和自身材料老化，加上多年未进行保护维修，使这些彩画出现了不同程度的损坏现象。各处古建筑彩画的保存状况大致如下：

（1）头宫门：内檐彩画表面附着黑色物质，大部分彩画图案已经难以辨认。

（2）十字房明间：内檐梁架上彩画保存状况较差，图案较难辨认，颜料和地仗剥落较多。

（3）东二府门：明间内檐彩画表面存在颜料层片状剥落病害，但下层地仗和麻层完整。灰尘附着较多。

（4）东路乐道堂：内檐彩画仅存于脊檩，保存基本完整，颜料鲜艳，主要病害是局部的颜料和地仗剥落，露出木基体。

（5）西二府门：明间梁架彩画表面附着有黄色涂层，大梁两端彩画保存基本完好，东此间北侧梁架彩画保存完整，图案清晰，颜色鲜艳，梁架下局部存在地仗空鼓和麻层断裂，颜料层和地仗剥落缺失较多。脊檩处彩画保存基本完整，颜色鲜艳。

（6）西路葆光室：内檐彩画保存较为完整，梁架表面彩画图案依旧清晰鲜艳，近距离检查发现主要病害是地仗与木基体脱离造成的空鼓，顶部支条彩画存在起翘剥落现象，天花基本保存完整，局部存在空鼓剥落病害；北侧原外檐彩画由于后来建筑结构改变被封在天花内，因此保存完好，图案完整，颜料鲜艳。

（7）西路锡晋斋东耳房：内檐彩画保存状况不好，表面附着灰尘较多，梁架上彩画存在空鼓开裂等病害。

整体归纳起来，主要有以下几方面问题：

锡晋斋西耳房老彩画（一）

锡晋斋西耳房老彩画（二）

锡晋斋西耳房老彩画（三）

锡晋斋西耳房老彩画（四）

（1）老彩画表面积有灰尘污垢，色彩有不同程度的褪变。

（2）部分彩画有鸟粪等动物活动造成的污染或建筑漏雨形成的水渍痕迹。

（3）部分彩画已出现不同程度的开裂、翘曲、龟裂、空鼓等现象，严重的甚至出现彩画剥离和地仗层空鼓脱落等问题。

（4）一些彩画被白石灰泥层覆盖，无法辨清彩画图案。

（5）中路二府门彩画因府邸失火被烟熏层覆盖，表面已呈现黑灰色。

（6）殿内顶部的天花大多存在散乱、缺失等问题。因此急需进行科学治理和修复。

四、彩画设计

府邸修缮办、古建修缮部与承担设计的清华设计院一起对府邸彩画现状进行了勘察。在此基础上，通过与专家、设计方共同商讨和研究，决定“对老彩画进行修复保护；对建筑外檐后绘的不符合王府原貌的彩画，彻底清除后重新绘制。清华设计院根据所掌握的历史照片、营造学社实测图，结合内檐留存的老彩画，对府邸建筑外檐彩画进行整体设计。”

针对府邸彩画遗存现状和历史价值，工程设计中一共采用了四种保护修缮方案。一是原状保留，不对其进行任何扰动。如对于保存在建筑天花吊顶以上的老彩画，因长期处于黑暗封闭状态，故保存较好。二是保留现状，按照最少干预的原则，只对其进行除尘和局部的修复。如对于保存在建筑内檐的老彩画和保存较完好的外檐老彩画。绝不能因为其色泽陈旧、装饰效果不如从前而砍去重绘。三是局部保留现状，对残留部分进行加固保护，对不完整的缺失部分进行补绘。如对于残破缺失较多的老彩画。四是局部或全部复原重绘，用于原有历史彩画完全缺失，现有彩画没有太多历史文物价值，或现有彩画老化病害严重已丧失保护木构作用的情况下。

府邸彩画修复主要包括：残存历史彩画的化学保护修复（重点在内檐）和缺失彩画及复建建筑彩画的复原重绘（重点在外檐）两大部分。清华设计院就彩画的复原进行了深入研究，郭黛姮教授定下了“外檐彩画复原根据内檐老彩画翻绘”的大原则。经过各方专家的共同努力和故宫彩画专家王仲傑、张德才先生的指导帮助下，设计方案在深入勘察研究的基础上几易其稿，将每一栋建筑的彩画深化到构图、纹饰、色彩、原始工艺的细节复原设计。对于纹饰复杂独特的清代中晚期苏式彩画，陈彤等设计人甚至绘出1∶1的详图。精益求精的设计加上严格要求的施工过程，终于使恭王府府邸的彩画重现昔日的辉煌，成为古建筑彩画复原的经典案例。

彩画专家审核方案

（一）彩画复原设计思路

复原设计单体建筑的彩画从全局出发。先考虑每座院落在府邸中所处的位置和使用功能，分出大层次，定下院落彩画的整体基调。然后考虑各单体建筑在院落中的等级分布和左邻右舍建筑的关系，分出小层次。最后深入推敲各单体建筑彩画的细部纹饰、色彩和工艺做法。

（二）彩画复原难点研究

1. 后罩楼彩画复原

由于府邸后罩楼与王府后花园毗邻，其后檐彩画首先要进行复原重绘，于是首先需要研究和论证的是后罩楼的彩画复原。

修缮前后罩楼的彩画为20世纪80~90年代所绘的清晚期风格的包袱式苏画。脊檩彩画为反搭金龙包袱，整破栀花盒子，雅五墨旋子彩画。在后罩楼彩画复原的多次论证上，综合起来有以下三种观点。

观点一：内檐脊檩彩画与外檐彩画没有必然联系，枋底多画八卦，主要起镇宅（保佑房子太平）的作用。后罩楼位于府邸的最后端，为女眷的居所，属于生活区。府邸是按照“前堂后寝”的格局布置的，因此就建筑空间氛围而言，前半部分的礼仪建筑严肃，后半部分生活建筑轻松活泼。后罩楼后檐的砖雕什锦窗造型也很苏式，与后部的王府花园非常协调。从后罩楼在府邸整体格局所处的位置看，不得不配苏式彩画。至于彩画的时期，以同光时期为宜，因为恭亲王时期肯定会对后罩楼彩画进行重绘。因此，后罩楼的彩画应复原为清代晚期金线包袱式苏画。

观点二：从 1937 年中国营造学社的后罩楼老照片看，几乎看不到有彩画的痕迹，显然是早已老化褪色多年了。根据现藏中国第一历史档案馆的《道光三十年十一月二十日柏俊等为奏报勘修赏给恭亲王府第并另给奕劻住房请旨折》，修缮的银两仅为六万八千五百六十三两七钱四分，并不充裕。从一些史料看当时内务府财政已经吃紧，推测咸丰元年（1851 年）修缮恭王府时只是重点维修改建，没有全部见新。加上和珅建宅邸的乾隆晚期，苏式彩画极为流行，后罩楼作为女眷生活区，后罩楼彩画可复原为清代中期风格的枋心式苏画或包袱式苏画，具体可以参考天香庭院的枋心式苏画或葆光室的包袱式苏画。

观点三：后罩楼位于王府中轴线的尽端，中轴线的几间一般供奉佛龛，其地位的的重要性不言而喻，不能仅从生活区建筑的角度来看待它。从现存王府后罩楼存留的老彩画看，均为旋子彩画。如醇亲王府后罩楼，上层为金线大点金旋子彩画，下层等级略低，为墨线大点金旋子彩画。孚王府后罩楼为墨线小点金旋子彩画。脊檩彩画虽与外檐彩画不能等同，但包袱的衬底为雅五墨的旋子彩画，这一信息非常重要。考虑到与府邸其他中轴线建筑的匹配关系，后罩楼彩画应复原为墨线大点金旋子彩画。

通过对北京现存王府后罩楼彩画的深入调查研究，参照其他案例，最后确定第三方案作为最后的实施方案。

2. 银安殿彩画复原

在府邸的诸多建筑中，以中路第三进院的王府正殿（银安殿）的历史图档资料最为奇缺。由于 20 世纪初的一场大火，使银安殿院化为灰烬，其正殿的屋顶形式已成永远的历史之谜，更不用说建筑上的彩画了。

从理论上说，按照王府的规制，王府正殿是整个府邸等级地位最高的建筑，其彩画也应该是整个府邸中等级最高的。显然，以恭亲王的地位还不可能像摄政王府一样将府邸彩画等级最高提到和玺的级别，只能在旋子彩画中考虑。从目前恭王府多福轩内檐表层为迎接恭亲王入府而绘制的金线大点金旋子彩画来看，等级已相当高了。王府正殿的彩画等级显然不可能低于此，比之更高等级的旋子彩画只有三种，即浑金旋子彩画、金琢墨旋子彩画和烟琢墨旋子彩画。浑金旋子彩画见于故宫奉先殿，显然不适用。在金琢墨石蹑玉、烟琢墨石蹑玉和金线大点金这三种旋子彩画中采用哪一种最为合理？先从其他王府正殿老彩画的遗存看，孚王府（九爷府）正殿内檐老彩画为墨线大点金，淳亲王府正殿为墨线小点金，郑王府正殿为金线大点金。可见一般的王府正殿彩画到金线大点金等级已经相当高了（当然，有的王府会在正殿中部的几榀大梁局部提高彩画的等级)。再从彩画的艺术效果来看，金琢墨石碾玉彩画所有线路均采用金线，用金量过度，有一种浓厚的“脂粉气”，等级虽高但与王府正殿不能匹配。综合考虑，以金线大点金旋子彩画最为适合。

3. 乐道堂彩画复原

乐道堂院各建筑的外檐在本次大修之前均为土红油饰，没有留下任何彩画遗痕，更没有一张反映彩画信息的老照片。除了前卷后檐白樘篦子吊顶之上和珅时期的墨线包袱式苏画和后卷脊檩和孝公主时期的金凤和玺彩画外，可以说设计的依据极为匮乏。从历史沿革来看，乐道堂经过多次改扩建，其彩画也必然随之重绘过多次。一次是公主下嫁前夕，乐道堂扩建后卷，成为公主的寝宫，原有和珅的墨线苏画显然和公主的尊崇地位不相匹配。所以，当时重绘金线包袱式苏画的可能性最大，但其样式已不可考。至于恭亲王入府前，又对乐道堂院进行了较大规模的改建，乐道堂成为恭亲王的起居之所，其彩画的重绘当属必然。和同时期的葆光室和锡晋斋的外檐金线包袱式苏画彩画当属同一类型。令人遗憾的是，至今没有发现1937年中国营造学社乐道堂外檐老照片，因此没有任何直接的历史依据。在这样的情况下，可选择的复原设计方案有二：一是将葆光室内檐的表层金线包袱式苏画彩画移植过来。二是将乐道堂前卷内檐和珅时期的墨线包袱式苏画翻到外檐。显然，两者都各有得失——彩画的复原设计永远不可能达到完美。最后经反复论证，还是决定采用第二方案。因为保存完好的乾隆中晚期包袱式苏画在北京已属凤毛麟角，和珅初建宅邸时保留较完好的苏式彩画在恭王府内仅此一处，其珍贵程度是不言而喻的，但在本次大修之后又将永远地封存在吊顶之上。因此，将恭王府现存的珍贵彩画历史信息最大限度地展示出来，使更多的人能领略到清代中晚期苏式彩画的风采是非常有意义的。而且，这一历史信息属于乐道堂的本体，相对从别处移植而来的彩画样式，最具历史的真实性。

4. 葆光室、锡晋斋彩画复原

在葆光室的修缮中，在后檐处的天花吊顶内发现了廊部推出前的外檐老彩画，这是与现存内檐彩画完全不同的金线，素箍头，青绿地福寿锦，流云飞蝠，皮球碎花找头，包袱式苏画。因此外檐是按照现存内檐的金线，素箍头，青绿地点金宋锦袱，流云，黑叶子花找头，包袱式彩画直接翻出来重绘，还是按照吊顶内的后檐彩画进行设计，最终决定还是按照吊顶内的后檐老彩画重绘。

油饰和彩画有着极为密切的相关性，这一点往往被人们所忽视。因为历史照片都是黑白的，除了纹饰图案外，不可能直观地看到色彩。设计时按照大修之前柱子的原貌和古建筑油饰的一般规律，将两个院落的柱子设计为红色。但是在2007年的现场施工中，却发现葆光室耳房后檐被辅仁大学从金步推到檐部的装修墙体拆除后，露出了绿色油饰的柱子。后来在拆除葆光室正房两次间的外檐装修时，与槛墙相接的柱段都露出了保存完好的绿油饰，随后又在锡晋斋老支摘窗的砍活过程中发现棂条绿油皮下层的老油饰。为此，按照历史遗留及时修改了油饰设计方案，最终还原了葆光室和锡晋斋这两个院落绿油饰柱子的历史原貌。

葆光室油饰色的确认

（三）府邸彩画设计方案

根据府邸各殿堂老彩画的不同损坏程度及现场彩画的具体情况，设计方做出了详细的彩画修复方案，详见表 4-2-01。

表 4-2-01　恭王府府邸建筑彩画设计一览

建筑	现存外檐彩画	现存内檐彩画	彩画历史照片	老彩画断代	备注	彩画设计
* 中一区倒座房	—	雅玉墨旋子彩画	清代咸丰时期	—	以西二区穿堂现存内檐雅五墨彩画为参考	攒退夔龙，黑叶子花枋心，整破栀花盒子，雅五墨旋子彩画（用于外檐及廊内掏空部位）
* 东一区南房及转角房	—	雅玉墨旋子彩画	清代咸丰时期	—	—	一字枋心，整破栀花盒子，雅五墨旋子彩画
* 西一区南房及转角房	—	—	—	—	—	一字枋心，整破栀花盒子，雅五墨旋子彩画
* 东一区阿斯门	—	—	—	—	以西二区穿堂现存内檐雅五墨彩画为参考	攒退夔龙，黑叶子花枋心，整破栀花盒子，墨线小点金旋子彩画

续表

建筑	现存外檐彩画	现存内檐彩画	彩画历史照片	老彩画断代	备注	彩画设计
*东一区穿堂门	—	—	—	—	以西二区穿堂现存内檐雅五墨彩画为参考	攒退夔龙，黑叶子花枋心，整破栀花盒子，墨线小点金旋子彩画
*西一区穿堂门	—	—	—	—	以西二区穿堂现存内檐雅五墨彩画为参考	攒退夔龙，黑叶子花枋心，整破栀花盒子，墨线小点金旋子彩画
*西一区阿斯门	—	—	—	—	以西二区穿堂现存内檐雅五墨彩画为参考	攒退夔龙，黑叶子花枋心，整破栀花盒子，墨线小点金旋子彩画
头宫门	金线大点金龙锦枋心异兽龙盒子旋子彩画	龙锦枋心，片金西蕃莲，异兽盒子墨线大点金旋子彩画	1912年，1913年头宫门照片，外檐彩画同现存内檐彩画	清代光绪时期（小恭王溥伟时期）	保护现存内檐老彩画，外檐拟按现存内檐原迹重绘	龙锦枋心，片金西蕃莲，异兽盒子，墨线大点金旋子彩画（用于外檐及廊内掏空部位和明间内檐）
头宫门耳房	墨线小点金龙锦枋心旋子彩画（以黄代金）	—	—	—	以清代彩画的一般配置规律，拟绘清晚期墨线小点金旋子彩画	攒退夔龙，黑叶子花枋心，整破栀花盒子，墨线小点金旋子彩画（用于外檐及廊内掏空部位）
*东一区北房（除抱厦）	—	—	—	—	—	一字枋心，整破栀花盒子，雅五墨旋子彩画
*东一区北房抱厦	—	—	《华裔学志》照片2张，似为有盒子攒退夔龙，花卉枋心雅五墨旋子彩画	—	以老照片为依据，以西二区穿堂现存内檐雅五墨彩画为参考	攒退夔龙，黑叶子花枋心，攒退夔龙，黑叶子花卉盒子，墨线小点金旋子彩画（用于内外檐）
*西一区北房	—	—	—	—	—	一字枋心，整破栀花盒子，雅五墨旋子彩画
*东二区东房	—	—	—	—	以西二区穿堂现存内檐雅五墨彩画为依据	攒退夔龙，黑叶子花枋心，整破栀花盒子，雅五墨旋子彩画

续表

建筑	现存外檐彩画	现存内檐彩画	彩画历史照片	老彩画断代	备注	彩画设计
*东二区穿堂门	—	—	—	—	以西二区穿堂现存内檐雅五墨彩画为依据	攒退夔龙，黑叶子花枋心，整破栀花盒子，雅五墨旋子彩画（用于内外檐）
西二区穿堂门	土红油饰	攒退夔龙，黑叶子花枋心整破栀花盒子雅五墨旋子彩画	—	清代乾隆中期	保护现存老彩画，外檐依据现存内檐彩画	攒退夔龙，黑叶子花枋心，整破栀花盒子，雅五墨旋子彩画
西二区西房	土红油饰	—	—	—	以西二区穿堂现存内檐雅五墨彩画为依据	攒退夔龙，黑叶子花枋心，整破栀花盒子，雅五墨旋子彩画
*东二区东围房	—	—	—	—	—	一字枋心，整破栀花盒子，雅五墨旋子彩画
*东二区西围房	—	—	—	—	—	一字枋心，整破栀花盒子，雅五墨旋子彩画
西二区东围房	土红油饰	—	—	—	—	一字枋心，整破栀花盒子，雅五墨旋子彩画
西二区西围房	土红油饰	—	—	—	—	一字枋心，整破栀花盒子，雅五墨旋子彩画
中路二宫门	龙锦枋心，异兽升龙盒子，金线大点金旋子彩画	东西梢间内檐老彩画为片金夔龙西蕃莲枋心，片金西蕃莲盒子，墨线大点金旋子彩画	—	清代乾隆中期	保护现存老彩画，外檐以二宫门现存内檐彩画为依据	片金夔龙西蕃莲枋心，片金西蕃莲，金抱瓣攒退夔龙盒子，墨线大点金旋子彩画（用于外檐及廊内掏空部位和明次间内檐）
*中路二宫门看面墙东，西抱厦	—	墨线小点金旋子彩画	—	清代咸丰时期	以东一区北房抱厦老照片和西二区穿堂现存内檐雅五墨彩画为参考	攒退墨夔龙，黑叶子花枋心，攒退夔龙或把子草，黑叶子花卉盒子，墨线小点金旋子彩画（用于内外檐）

续表

建筑	现存外檐彩画	现存内檐彩画	彩画历史照片	老彩画断代	备注	彩画设计
东路二宫门	包袱式苏画	龙锦枋心，烟琢墨攒退夔龙，黑叶子花卉盒子，金线大点旋子彩画，檐枋底部留有金线大点金彩画残迹	—	内檐彩画为辅仁大学时期重绘作品，檐枋残留彩画为咸丰初期	保护现存老彩画，外檐参考现存内檐彩画（内檐现存彩画的等级与多福轩内檐清咸丰彩画匹配成序）	龙锦枋心，片金坐龙，片金西番莲盒子，金线大点金旋子彩画
西路二宫门	墨线小点金龙锦枋心旋子彩画（以黄代金）	内檐四间为米色油，掐箍头彩画，东梢内檐间为锦枋心雅五墨旋子彩画，檐枋底部留有墨线大点金掐池子彩画残迹	—	掐箍头彩画为民国辅仁大学时期所绘之物，内檐雅五墨彩画为乾隆中期遗迹，檐枋底部彩画为咸丰初期	保护现存清代民国老彩画，外檐以檐枋底部彩画残迹为依据，梢间内檐以现存内檐彩画为依据（东梢间被烟熏彩画待清洗）	龙锦枋心，片金坐龙，片金西番莲盒子墨线大点金旋子彩画（用于外檐及廊内掏空部位和明次间内檐）花锦枋心，整破栀花盒子雅五墨旋子彩画（用于梢间内檐）
*银安殿	—	—	—	—	以清代中晚期王府彩画配置规律为依据，以此时同等级建筑彩画为旁证，以多福轩现存内檐金线大点金旋子彩画为参照	龙锦枋心，片金坐龙，金西番莲盒子，金线大点金旋子彩画
*银安殿套殿	—	—	—	—	—	龙锦枋心，整破栀花盒子，墨线大点金旋子彩画
*银安殿东，西配殿	—	—	—	—	—	龙锦枋心，整破栀花盒子，墨线大点金旋子彩画
多福轩	包袱式苏画	龙锦枋心，片金坐龙，片金西番莲盒子，金线大点金旋子彩画（东梢间天花梁下有凤和玺残迹）	—	金线大点金旋子为清代咸丰初期（恭王时期）凤和玺残迹为清代乾隆中期	保护现存老彩画外檐以内檐金线大点金旋子彩画为依据	龙锦枋心，片金坐龙，片金西番莲盒子，金线大点金旋子彩画用于外檐及廊内掏空部位（已实施）

续表

建筑	现存外檐彩画	现存内檐彩画	彩画历史照片	老彩画断代	备注	彩画设计
多福轩耳房	包袱式苏画		—		以多福轩为基础，降一级	龙锦枋心，墨线大点金旋子彩画（用于外檐及廊内掏空部位）
多福轩东，西厢房	包袱式苏画	—	—	—	以多福轩内檐彩画为参考	龙锦枋心，片金坐龙，片金西番莲盒子，墨线大点金旋子彩画
多福轩东，西厢耳房	土红油饰	—	—	—	—	一字枋心，雅五墨旋子彩画
葆光室	包袱式苏画	表层：金线，素箍头，青绿地点金宋锦袱，流云，黑叶子花找头，包袱式彩画。 中层：金线，素箍头，青绿地福寿锦，流云飞蝠，皮球碎花找头，包袱式苏画	陈鸿舜辅仁大学时期老照片1张，彩画为包袱式苏画（民国辅仁大学改绘）	表层为清代咸丰初期，里层为清代乾隆中期	保护现存内檐清代老彩画，外檐以葆光室现存内檐里层彩画为依据1947年7月4日吴良镛先生彩画测稿14-7（上注：东路多已更改为教室书馆，彩画装修全已改变。）	金线，素箍头，青绿地福寿锦，流云飞蝠，皮球碎花找头，包袱式苏画（用于外檐及廊内掏空部位）
葆光室耳房	包袱式苏画（前后檐檐步）	墨线，流云，黑叶子花，垫板攒退卡子夔龙，海漫式苏画（原为前后檐金步外檐）	—	清代咸丰初期（前后檐金步彩画）	保护现存清代老彩画，外檐檐步以现存金步彩画为依据	墨线，流云，折枝黑叶花，垫板攒退卡子夔龙，海漫式苏画
葆光室东，西厢房	包袱式苏画	—	—	—	外檐以葆光室现存内檐表层彩画为依据	金线，素箍头，青绿地宋锦包袱，流云，黑叶子花找头，包袱式苏画（用于外檐及廊内掏空部位）
葆光室东，西厢耳房及回廊	掐箍头彩画	—	—	—	外檐参考陈鸿舜天香庭院回廊老照片彩画	墨线，流云，黑叶子花，垫板葡萄藤或攒退卡子把子草，海漫式苏画

续表

建筑	现存外檐彩画	现存内檐彩画	彩画历史照片	老彩画断代	备注	彩画设计
葆光室与厢房之间回廊	掐箍头彩画	—	—	—	参考陈鸿舜天香庭院回廊老照片彩画	墨线，流云，黑叶子花，垫板葡萄藤或攒退卡子把子草，海漫式苏画
嘉乐堂	龙锦枋心，异兽龙盒子，金线大点金旋子彩画（以黄代金）	明间脊檩彩画为金龙包袱，金线烟琢墨石碾玉旋子彩画，仙楼彩画为宝珠吉祥草，梵文枋心，八宝，暗八仙找头，金线彩画	《华裔学志》照片 1 张	清代乾隆中期	保护现存老彩画	龙锦枋心，片金坐龙，异兽盒子，金线大点金旋子彩画（用于外檐及廊内掏空部位，井口天花以下内檐）
嘉乐堂耳房	掐箍头彩画	—	—	—	—	攒退夔龙，黑叶子花枋心，整破栀花盒子，墨线小点金旋子彩画（外檐及廊内掏空）
嘉乐堂东，西厢房	龙锦枋心，异兽龙盒子，金线大点金旋子彩画	—	—	—	—	龙锦枋心，片金坐龙，异兽盒子，墨线大点金旋子彩画（用于外檐及廊内掏空）
嘉乐堂后东，西房	掐箍头彩画	—	—	—	—	一字枋心，雅五墨旋子彩画
乐道堂	土红油饰	包袱式苏画	—	包袱式苏画和凤和玺残迹为清代乾隆中期	保护现存老彩画，外檐以乐道堂前卷后檐彩画为依据	墨线，青绿地宋锦包袱，烟琢墨卡子，福寿团，寿山福海团，夔龙团，包袱式苏画（用于外檐及廊内掏空）
乐道堂耳房	土红油饰	—	—	—	以锡晋斋耳房现存老彩画为参考	墨线，流云，黑叶子花，垫板葡萄藤或攒退卡子把子草，海漫式苏画
乐道堂东，西厢房	土红油饰	—	—	—	外檐参考乐道堂前卷后檐彩画	墨线，青绿地宋锦包袱，烟琢墨卡子，福寿团，寿山福海团，夔龙团，包袱式苏画

续表

建筑	现存外檐彩画	现存内檐彩画	彩画历史照片	老彩画断代	备注	彩画设计
乐道堂与厢房之间回廊	土红油饰	—	—	—	参考陈鸿舜天香庭院回廊老照片彩画	墨线，流云，黑叶子花，垫板葡萄藤或攒退卡子把子草，海漫式苏画
*乐道堂垂花门	苏做枋心式苏画	—	—	—	外檐参考陈鸿舜天香庭院回廊老照片彩画	金线，攒退夔龙金寿字，攒退西番莲枋心，双聚锦，黑叶子花找头，垫板攒退卡子夔龙，枋心式苏画
锡晋斋	包袱式苏画	包袱式苏画	陈鸿舜辅仁大学时期老照片3张	清代咸丰初期	外檐以陈鸿舜老照片，葆光室现存内檐彩画为依据	金线，素箍头，青绿地点金宋锦包袱，流云，黑叶子花找头，包袱式彩画
锡晋斋耳房	墨线，流云，黑叶子花，垫板葡萄藤，海漫式苏画（除北檐步外侧），北檐步外侧为包袱式苏画	海漫式苏画	—	清代咸丰初期	—	保护现存老彩画，北檐步外侧重绘墨线，流云，黑叶子花，垫板葡萄藤或攒退卡子把子草，海漫式苏画
锡晋斋东，西厢房	包袱式苏画	—	陈鸿舜辅仁大学时期老照片2张	—	外檐以陈鸿舜老照片，葆光室现存内檐表层彩画和1947年测稿为依据（注：1947年7月4日吴良镛先生彩画测稿14-9）	金线，素箍头，青绿地点金宋锦包袱流云，黑叶子花找头，包袱式彩画（用于外檐及廊内掏空部位）
锡晋斋东，西厢耳房	掐箍头彩画	墨线，流云，黑叶子花，垫板葡萄藤或攒退卡子把子草，海漫式苏画	—	清代咸丰初期	保护现存老彩画，外檐以内檐彩画为依据	墨线，流云，黑叶子花，垫板葡萄藤或攒退卡子把子草，海漫式苏画

续表

建筑	现存外檐彩画	现存内檐彩画	彩画历史照片	老彩画断代	备注	彩画设计
锡晋斋西耳房与后罩楼西楼之间连廊	—	墨线，流云，黑叶子花，垫板葡萄藤或攒退卡子把子草，海漫式苏画	—	清代咸丰初期	保护现存老彩画，外檐以内檐彩画为依据	墨线，流云，黑叶子花，垫板葡萄藤或攒退卡子把子草，海漫式苏画
天香庭院垂花门	包袱式苏画	枋心式苏画	—	清代咸丰初期	以其侧游廊历史照片为参考	金线，攒退夔龙金寿字，攒退西蕃莲枋心，双聚锦，黑叶子花找头，垫板攒退卡子夔龙，枋心式苏画
天香庭院垂花门两侧回廊	包袱式苏画	葆光室西耳房以北延伸游廊第一间留有墨线双聚锦，黑叶子花找头，枋心式苏画残迹	陈鸿舜辅仁大学时期老照片3张，彩画为清中期枋心式苏画	清代咸丰初期	以老彩画残迹，陈鸿舜天香庭院回廊老照片及吴良镛先生1947年测稿为依据（注：1947年7月4日吴良镛先生彩画测稿14-9）	墨线，西蕃莲，瓜蝶富贵枋心，双聚锦，黑叶子花找头，垫板葡萄藤或攒退卡子夔龙，枋心式苏画
后罩楼	包袱式苏画	—	—	清代乾隆中期（垫枋为原迹，檩后世重绘）	以脊檩彩画为依据，并参照清代晚期王府后罩楼彩画实存情况	龙锦枋心，整破栀花盒子，墨线大点金旋子彩画（用于外檐及廊内掏空部位）
新建仿古大门	—	—	—	—	为区别现存文物建筑，新建仿古建筑彩画从简	金线万字，掐箍头彩画（用于外檐及廊内掏空部位）
新建仿古大门耳房	—	—	—	—	为区别现存文物建筑，新建仿古建筑彩画从简	掐箍头彩画（用于外檐及廊内掏空部位）
新建卫生间	—	—	—	—	为区别现存文物建筑，新建仿古建筑彩画从简	掐箍头彩画

续表

建筑	现存外檐彩画	现存内檐彩画	彩画历史照片	老彩画断代	备注	彩画设计
三角地南房	掐箍头彩画	—	—	—	以西二区穿堂现存内檐雅五墨彩画为参考	攒退夔龙，黑叶子花枋心，整破栀花盒子，雅五墨旋子彩画
三角地北房	掐箍头彩画	—	—	—	以西二区穿堂现存内檐雅五墨彩画为参考	攒退夔龙，黑叶子花枋心，整破栀花盒子雅五墨旋子彩画
三角地东西房	—	—	—	—	为区别现存文物建筑，新建次要建筑彩画从简	掐箍头彩画
*三角地垂花门	—	—	—	—	为区别现存文物建筑，复建次要建筑彩画从简	掐箍头彩画（用于内外檐）

注：*为复建建筑。府邸建筑现存外檐彩画均为20世纪80年代所绘。

五、分析检测

在2004年对府邸多福轩正殿彩画进行保护和修缮后，积累了一些经验，同时也找到了需要完善的地方。为更好地对府邸建筑彩画进行保护和修复，使之更加科学化、合理化，府邸修缮办委托中国文化遗产研究院（原中国文物研究所），采用现代科学仪器，对府邸彩画颜料及地仗层进行了科学检测和分析。

1. 分析样品的采集

先后对府邸建筑的头宫门、二宫门、东二府门、西二府门、乐道堂、嘉乐堂、葆光室、锡晋斋以及耳房等建筑内檐留存的老彩画进行了取样。

2. 分析检测方法

分别采用实体显微镜、偏光显微镜、扫描电子显微镜、X-射线荧光、X-射线衍射、红外光谱、激光拉曼等仪器，对不同的彩画和地仗的样品进行结构观察和成分分析。

3. 分析检测结果

恭王府现存古代彩画使用的主要色彩是

老彩画修复

以红、绿、蓝三色为主，其他还有黄、白、橘红、浅绿、浅蓝、金等颜色，色彩丰富，纹样复杂。使用颜料人工和天然并用。

通过对样品坡面显微镜观察，发现此次采集的样品很多为多层颜料层，在对取样位置和样品本身仔细观察和分析后，认为其中大部分多层颜料层彩画并不是双层彩画，即在旧彩画上又绘制新彩画的做法，造成多层颜料层的原因应是和取样的位置，彩画的绘制技法有关。因为取样没有选择余地，只能在破损的位置采取，有些样品取自几种颜色交界处，颜料和颜料搭界形成了多层颜料层。还有就是在绘制的时候先通涂底色再一层一层地画上不同颜色的纹样，这种绘制技法也使颜料层成为多层颜料叠加。

此次样品中只发现一例双层彩画，十字房明间三架梁南面采取的样品，通过观察发现两层颜料层中间有一层灰层，推断此处彩画是经过重绘的，也就是在旧彩画上抹灰重做地仗再绘制新彩画，重绘年代不详。但这种方法绘制的彩画与木基体很容易脱落，现十字房内彩画保存状况较差，大部分已脱落。

通过对采集样品的颜料分析检测，发现恭王府八处古代建筑彩画中红色和绿色颜料的使用情况基本相同，蓝色颜料略有差异。嘉乐堂、乐道堂使用了蓝铜矿和玻璃蓝两种蓝色颜料；葆光室和锡晋斋东耳房的彩画只使用了玻璃蓝一种蓝色颜料；东二府门内檐彩画使用了群青作为蓝色颜料。同时还发现

老彩画颜料采样（一）

老彩画颜料采样（二）

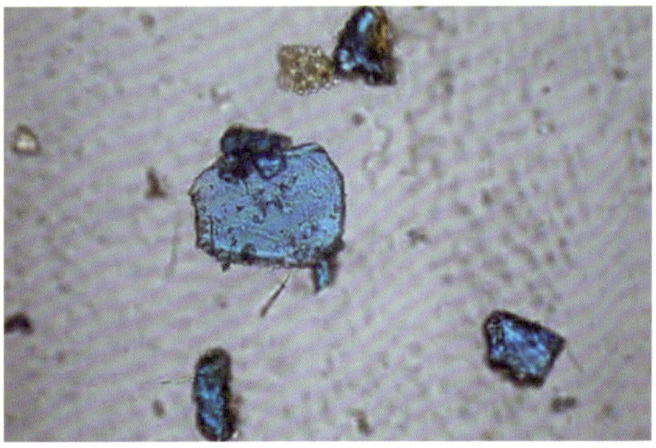

老彩画颜料采样（三）

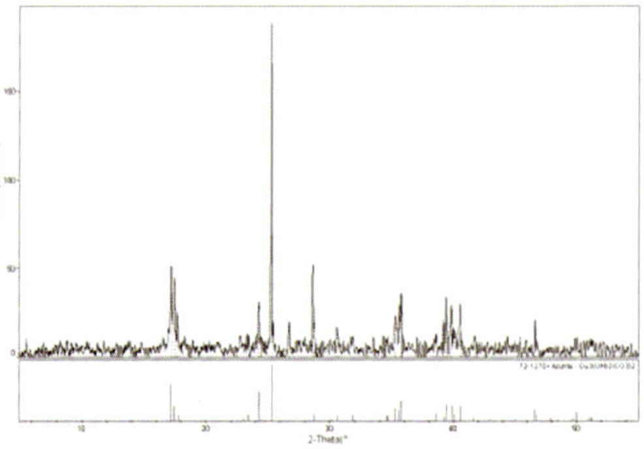

数字化采样结果（一）

老彩画颜料采样（四）

老彩画颜料采样（五）

老彩画颜料采样（六）

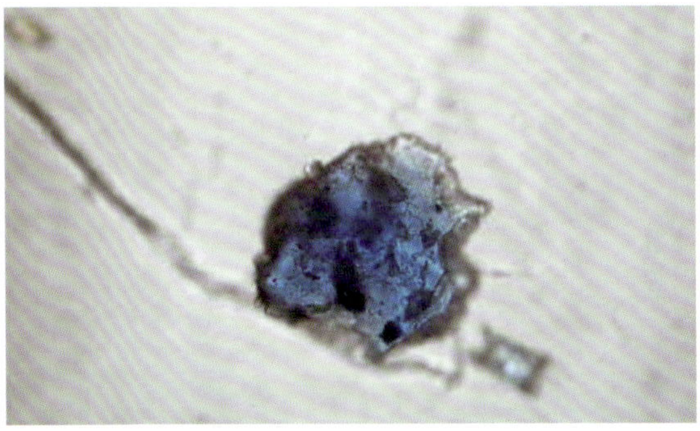

老彩画颜料采样（七）

老彩画颜料采样（八）

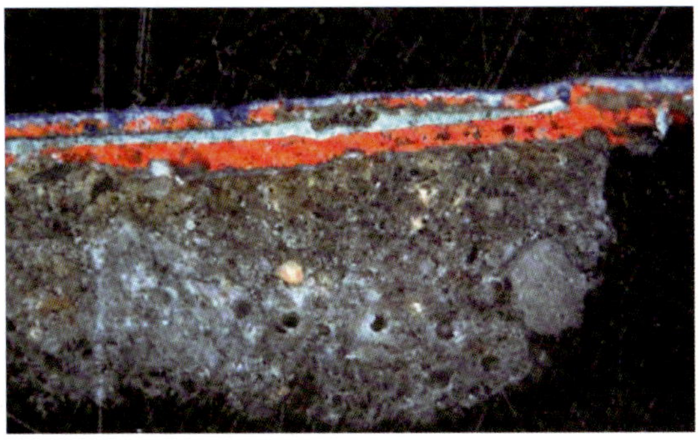

老彩画颜料采样（九）

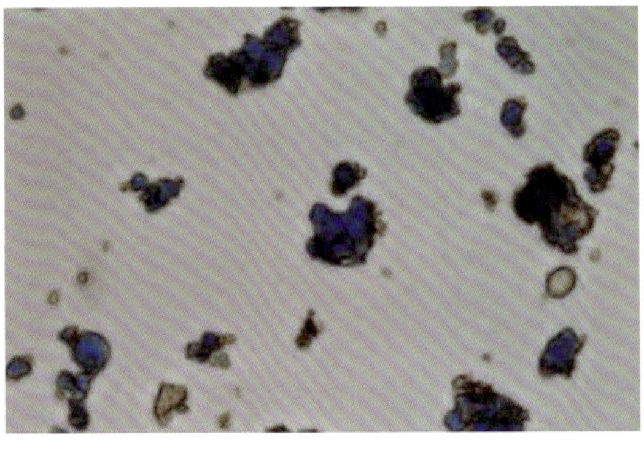

老彩画颜料采样（十）

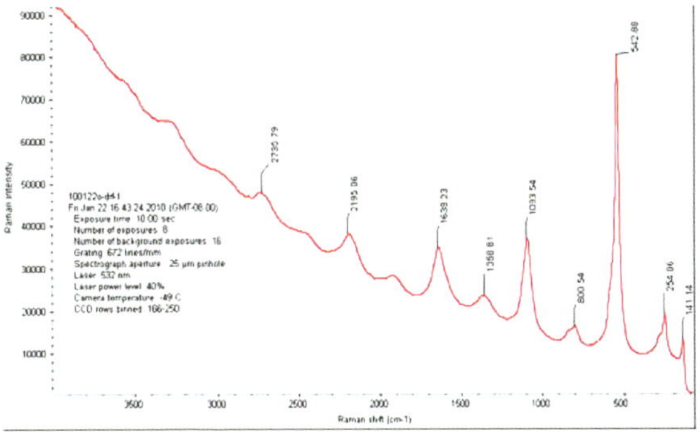

数字化采样结果（二）

这几种蓝色颜料有混用的现象。红色颜料基本上都用了铅丹，其中嘉乐堂、乐道堂、葆光室、锡晋斋东耳房的红色颜料除使用铅丹外，还用了朱砂。绿色颜料如乐道堂等处基本上都使用了氯铜矿，其中发现东、西二府门还使用了巴黎绿（醋酸亚砷酸铜）。白色颜料在乐道堂脊檩处使用了铅白，在其他颜色样品中还发现有碳酸钙、石英、滑石等白

老彩画颜料采样（十一）

老彩画颜料采样（十二）

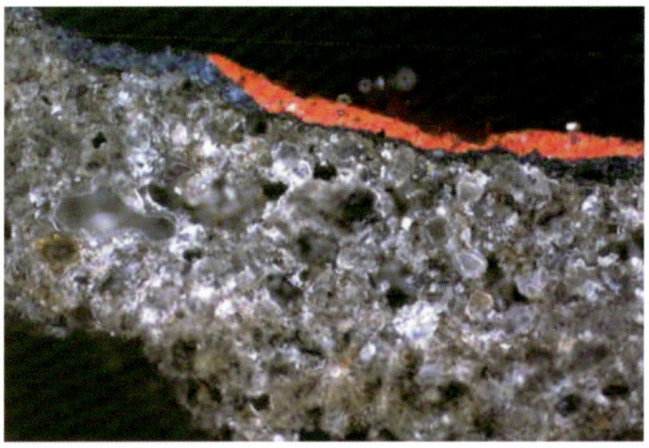

老彩画颜料采样（十三）

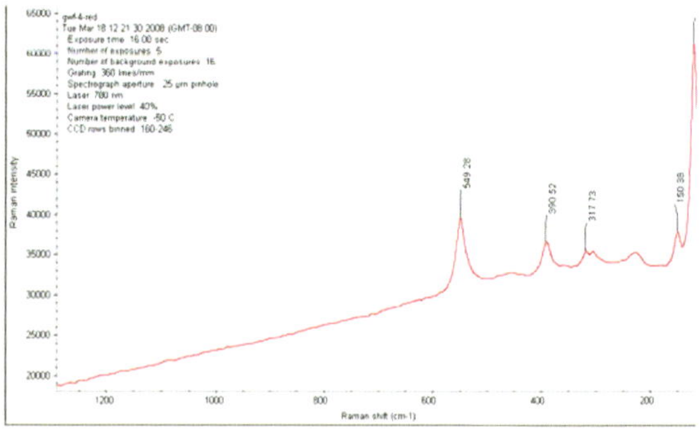

数字化采样结果（三）

老彩画颜料采样（十四）

老彩画颜料采样（十五）

老彩画颜料采样（十六）

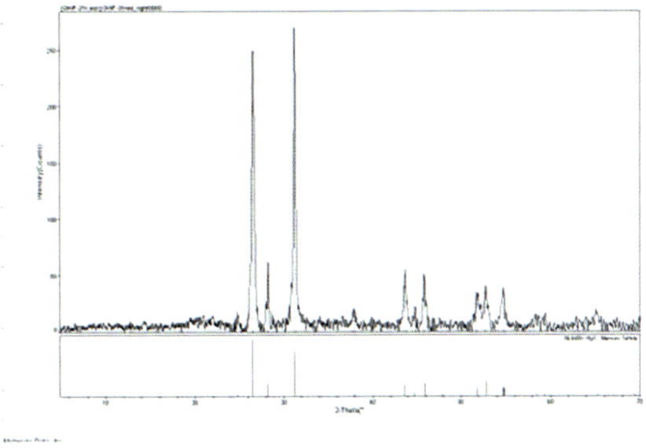

数字化采样结果（四）

老彩画颜料采样（十七）

老彩画颜料采样（十八）

老彩画颜料采样（十九）

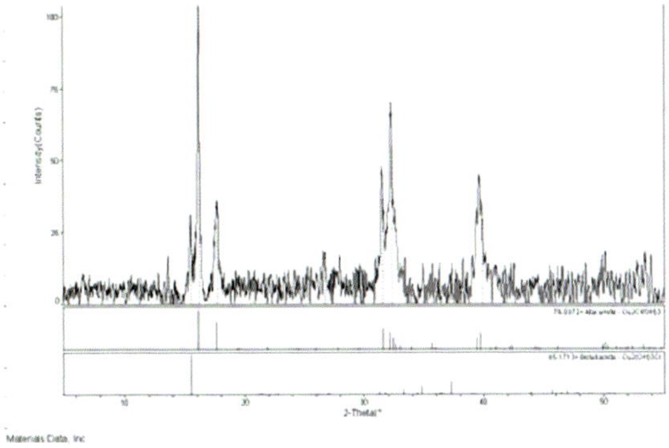

数字化采样结果（五）

老彩画颜料采样（二十）

老彩画颜料采样（二十一）

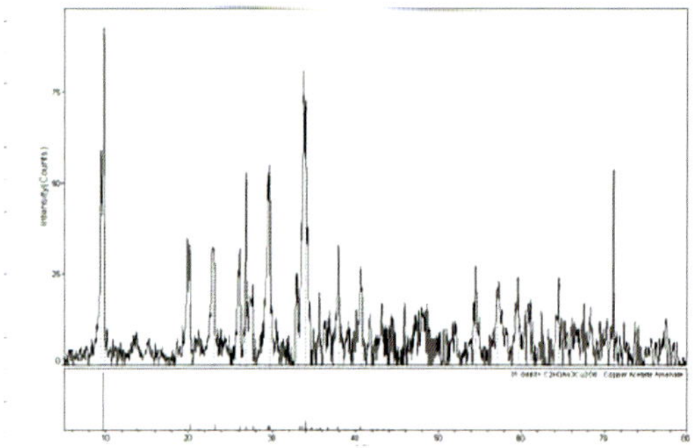

数字化采样结果（六）

老彩画颜料采样（二十三）

色颜料。此外，府邸古代彩画上大量使用了沥粉贴金的绘制技法，以烘托彩画纹样的立体感；碳酸钙与滑石主要作为沥粉材料使用地较多。黄色颜料在嘉乐堂内檐彩画上使用了雄黄。

4. 彩画结构类型与地仗材料分析

这次采集的样品主要是表面颜料样品，部分样品除表面颜料层外还带有部分地仗，但因地仗取样量太少，不能针对地仗进行更细致地分析调查。通过现场观察，恭王府八处彩画地仗可分为单皮灰地仗，和一麻五灰等两种地仗。嘉乐堂和乐道堂脊檩彩画

老彩画颜料采样（二十二）

以及十字房内檐彩画为单皮灰地仗，其余各处均是一麻五灰地仗。其中葆光室内檐彩画地仗灰层较厚，最厚处可达 8~10mm。嘉乐堂脊檩彩画单皮灰地仗为暗红色，经分析地仗灰层中加入了红色颜料铁红。古代彩画地仗灰层的颜色比近代绘制的彩画地仗，即加血料制作的地仗灰层颜色要浅，并且内部麻层颜色近于金黄色，所以推测恭王府现存古代彩画地仗灰可能采用了净油满（不加血料）制作方法，较晚清时期地仗制作方法年代要早，净油满特点是经久耐用。

5. 分析检测结论

通过对恭王府八处古代建筑彩画绘制使用材料的调查分析，基本阐明彩画使用主要颜料和地仗情况。颜料分析结果表明红、绿、蓝彩画中的主要显色颜料使用了不止一种材料。

蓝色颜料使用了矿物颜料蓝铜矿和非矿物颜料玻璃蓝及群青，其中玻璃蓝使用范围的较为广泛，并有两种蓝色颜料混合使用的情况。红色颜料使用了铅丹和朱砂。绿色颜料使用了氯铜矿和醋酸亚砷酸铜，作为氯

铜矿的共生矿物，斜氯铜矿也存在于绿色颜料中。白色颜料使用了铅白、碳酸钙、滑石等。嘉乐堂内檐彩画的黄色颜料使用了雄黄。

地仗制作方法为一麻五灰和单皮灰两种做法。嘉乐堂明间脊檩因位置特殊，在这上面制作的彩画地仗使用了加铁红颜料的灰，使单皮灰地仗呈现暗红色。

上述府邸古建筑彩画绘制材料的研究，对考证彩画绘制年代、传统工艺做法、古代彩画的保护修复提供了科学依据。

六、修复保护

（一）府邸老彩画保护修复方案

在对府邸老彩画进行现状勘察和分析检测的基础上，对需要保护和修复的老彩画，制订了保护方案，见表 4-2-02。

表 4-2-02 恭王府府邸建筑彩画现状与保护方案

殿堂名称	彩画现状	保护方案
头宫门	彩画基本保存完整，保存面积约 32m^2，表面灰尘污染严重，部分有鸟粪和像油烟的污染。有局部的脱落、开裂、起甲现象	除尘→表面清洗→起甲部位加固→地仗层加固回贴→修补裂隙→如果有空鼓需要灌浆处理
二宫门	约 15% 彩画脱落，残留彩画面积约 24m^2，大面积的严重烟熏，部分彩画严重起甲、空鼓	除尘→起甲部位加固→空鼓部位灌浆回贴→烟熏彩画的表面清洗（可采用多种清洗方式）→彩画完全脱落部位补做地仗
东二府门	府门加北面廊子的所有彩画的 10% 脱落，现存彩画约 100m^2，主要病害起甲、空鼓、裂隙，西面有部分彩画表面有白色物质的污染。彩画表面有人为损坏（钉有电线）	电线改路→除尘→起甲部位加固→空鼓灌浆回贴→修补裂隙→表面白色物质经分析确定成分后去除→彩画完全脱落部位补做地仗
乐道堂	现存彩画约 15m^2，其中一间彩画表面被白色物质覆盖，廊子上部被油漆覆盖，油漆下面可能保留有彩画，部分彩画脱落、起甲，有裂隙	除尘→取样分析后去除表面污染物→起甲部位加固回贴→修补裂隙→彩画完全脱落部位补做地仗
嘉乐堂	现存彩画约 18m^2，大部分已脱落。因房屋漏水表面颜料有变色现象，部分有油污污染。有小面积的起甲	除尘→起甲部位加固→彩画完全脱落部位补做地仗
锡晋斋耳房	彩画 20% 脱落，现存约 25m^2，加东耳房外廊子上保留的 10m^2，约 35m^2。彩画脱落较为严重，起甲、空鼓及漏水引起的彩画颜料变色、污染也比较严重。还有一部分人为的损坏（如彩画上刷大白、安装照明设备）	除尘→起甲部位加固→空鼓灌浆回贴→表面清洗（尽可能去除表面覆盖物）→彩画完全脱落部位补做地仗
葆光室	保存状况良好，彩画面积大于房间面积，具体面积不详。部分彩画起甲、空鼓严重，有漏水污染的痕迹，彩画层下有另外的颜料层	（着重调查制作工艺）除尘→起甲部位加固→空鼓灌浆回贴→表面清洗（尽可能去除表面污染物）→彩画完全脱落部位补做地仗
西二府门	应有彩画的部位现刷满土黄色涂料，需要经过取样分析调查后确定彩画保存面积及状况	进行现场及实验室取样分析调查，确定彩画状况和涂料种类和厚度后，选择处理方法和材料，经过小面积试验，成功后才可以进行大面积的清洗、加固

续表

殿堂名称	彩画现状	保护方案
十字房	40% 的彩画脱落，现保存面积约 20m²，表面污染及损坏严重，部分彩画起甲	（污染物调查）除尘→甲部位加固→空鼓灌浆回贴→表面清洗（尽可能去除表面污染物）→彩画完全脱落部位补做地仗

（二）具体施工步骤

1. 除尘

对需要清除尘土等污垢的彩画和天花，除参照“多福轩”彩画保护修复步骤中，采用软毛刷轻扫或荞麦面团搓揉等方法清洁彩画表面污垢外，还根据具体情况，采用可调吸力的吸尘器，对彩画、天花表面和缝隙内的尘土进行清除。

2. 去除油漆烟尘污垢

采用有机溶剂对彩画表面的“油漆”进行清洗。先进行小面积试验，在试验取得成功的基础上再继续开展清理工作。对较顽固的油烟污垢、鸟粪等坚硬的污染物，采用了“喷砂”物理处置方法。“喷砂”法采用的是德国产设备和矿物材质的喷料，小面积试验后，处理效果不错。在尝试取得成功后，对二宫门被烟熏层覆盖住的彩画进行了大面积的处理，使原本模糊不清的画面变得清晰可见。不仅恢复了老彩画的本来面貌，同时为外檐新彩画的绘制提供了历史依据。此外，对于东二府门彩画上的一些“白色污染物”、西二府门彩画上的“土黄色涂料”和“油漆”，锡晋斋耳房彩画表面的“污染物”和“大白”等污迹，尝试采用物理喷砂和与化学溶剂清洗相结合的技术方法去除，取得较理想效果。在表面“污染物”清除过程中，根据仪器记录的检测数据对施工进行指导，收到了较好的成效。

老彩画除尘（一）

3. 回软粘贴

对已经开裂、起甲、翘起、剥离等已经变得十分脆硬的老彩画，采用软化技术对其进行回软复位粘贴。首先将剥离或起甲等硬脆彩画用蒸汽喷熏进行回软，再将经过软化的彩画采用传统粘结材料进行复位粘贴。如传统粘结材料达不到粘结强度要求时，再改用技术比较成熟的高分子材料进行回贴，并用专用工具将回贴胶与彩画一起固定压实，最后用传统材料桃胶对彩画表面进行加固处理。

老彩画除尘（二）

老彩画除尘（三）

4. 空鼓灌浆

对已经空鼓的彩画，先用专用注射器将传统粘结材料注射到空鼓部位，而后再将空鼓灌浆处压实，进行加固。如果传统材料达不到所需的粘结强度时，可使用比较成熟的高分子粘结材料对空鼓处进行灌浆，再用专用工具压实加固的灌浆部位。

5. 修补地仗和裂缝

对彩画中地仗缺失部分，根据具体情况，采用传统材料和原工艺补做单皮灰地仗或一麻五灰地仗。修复裂缝时，先采用传统材料修补，当传统材料在修复工作中达不到粘结强度时，再使用传统材料与高分子材料相结合的混合物修补裂缝。

修复后的老彩画

6. 补绘彩画

对裂缝等处的缺失彩画，采用传统工艺

老彩画空鼓灌浆（一）

老彩画空鼓灌浆（二）

老彩画空鼓灌浆（三）

老彩画空鼓灌浆（四）

老彩画空鼓灌浆（五）

老彩画空鼓灌浆（六）

老彩画空鼓灌浆（七）

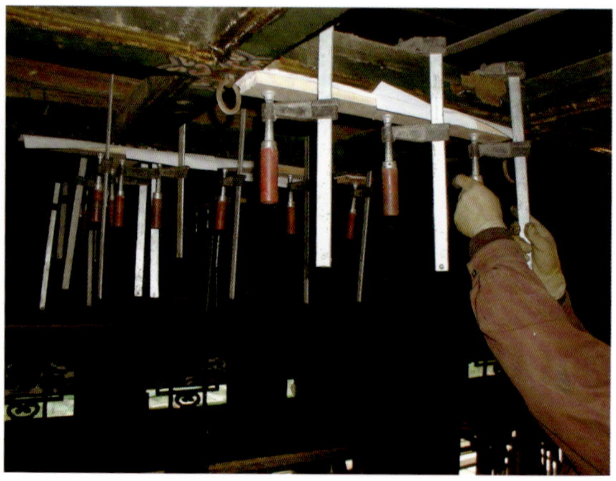

老彩画空鼓灌浆（八）

技术，按彩画的原纹饰、原色调进行补绘修复。补绘原则是：远看近似、近看有别，使其在修复后达到整体相随的感观效果。

7. 应用现代技术保护和展示珍贵彩画

修缮工程中，东路“乐道堂”殿内脊檩上发现的凤和玺彩画，应与“多福轩”正殿东西耳房山墙随梁枋处残留的局部凤纹和玺彩画为同时期所绘，属于府内保留的清代乾隆时期的彩画。该彩画除局部地方的色彩有些许脱落外，整体彩画构图保存得十分完整。这幅珍贵的凤和玺彩画，揭示出乾隆之女下嫁和府时建筑装饰展现的历史信息，具有极高的文物价值和观赏价值。在采用传统工艺和现代技术相结合的手段对彩画进行修复后，为更好地保护彩画，施工过程中采用特殊材质的通电调光玻璃对彩画进行了封存防护处理。该玻璃具有通电透明性、环保特性、安全特性、隔声特性，以及安装简捷、操控方便等特点。其中的通电透明性和环保特性对彩画的保护和展示尤为重要。

（1）通电透明性。源于调光膜中液晶的电光效应。玻璃在通电后呈现透明状，断电后玻璃为不透明状态。根据需要自由切换，对彩画的展示和防护十分有益。

（2）环保特性。调光玻璃中间的调光膜可以屏蔽 90% 以上的红外线及紫外线。起到减少热辐射和紫外辐射而出现的褪色、老化等现象。

在施工过程中，为保护彩画在调光玻璃封护的范围内，设置了多盏冷光源灯具，并安装了灯光控制设施，通过遥控技术开启和关闭电源。在平时电源关闭时，调光玻璃处于不透明状态，对彩画起到保护作用；但在需要进行展示时，在开启灯光控制设施后，玻璃可迅速从不透明状态转为通透状态，观众可以透过玻璃在殿堂中观赏到公主下嫁和珅宅第时的彩画真迹。这是本次府邸修缮工程中唯一使用该项技术进行展示的一处彩

补绘彩画前

补绘彩画后

补绘彩画

画，她携带的历史信息，可使观众直观地了解到固伦和孝公主当时的尊贵身份和特殊地位。

七、彩画重绘

由于历史的变迁，主人的更换，风吹、雨淋、日晒等自然环境的影响，府邸建筑外檐的彩画基本不复存在。部分殿堂的外檐后绘了红楼梦系列的彩画图案，也与王府风貌格格不入。因此，去除不合规制的彩画，按照和珅、公主、恭王等不同时期的历史遗存重绘新彩画，是府邸修缮工程中一项难度较大的工作。

按照设计要求，施工中需将府邸殿堂内檐和外檐留下的一些非常精美珍贵的彩画，翻绘至外檐。这些彩画涉及的种类、色彩、构图、题材均十分丰富。如东路乐道堂外檐彩画，需要按照当时和珅时期，乐道堂前卷后檐留存的墨线、青绿地宋锦硬包袱苏画进行绘制。西路葆光室外檐彩画，要按照恭亲王之前遗留在原外檐的，金线、素箍头、青绿地福寿锦、流云飞蝠包袱式苏画进行绘制。有些彩画不仅是工匠甚至连专家都从未见过，因此彩画的绘制难度之大可想而知。如何在这次府邸古建彩画修缮工程中，坚持传统营造工艺技术，原汁原味地传承遗留下来的历史信息，是这次彩画绘制的关键。在确定彩画复制方案基础上，作为管理者，首先要求施工方在材料选择方面下功夫，在颜料的筛选中，尽可能采用传统材料和质量上乘的彩画颜料，以保证绘制出的彩画色泽饱满、艳丽。同时要求从技术人员入手，严格按照工艺进行绘制。彩画工序有多道：从起谱子、落墨、扎孔、沥粉、设色、包黄胶、贴金、到细部修饰等，每一道工序都很重要。施工方在操作过程中，熟练掌握施工技术，明确工序衔接次序，认真把控好每一个步骤，十分关键。在彩画图案的绘制上，不仅要做到形似，而且要力争做到神似。为保证高水平、高质量完成府邸彩画的复原工作，聘请了国内顶级的彩画专家和工匠为府邸彩画设计和修缮工程把关。在专家的指导和设计方、管理方的要求下，工程施工总包房修一公司在设计方案的基础上，经过一道

彩画重绘（一）

彩画重绘（二）

道的工序和反复地修改、调整、完善，终于如期完成了府邸建筑彩画的绘制工作。这些新绘的彩画，使府邸建筑通过不同的彩画反映出不同时代的历史特征。新彩画的绘制，不仅使传统技艺得到继承和发展，同时确保了历史信息和传统技艺的传承和延续。取得了较好的效果。

彩画重绘（三）

彩画重绘（四）

八、彩画价值

恭王府彩画历史悠久、形式多样、图案丰富，时代特征明显，寓含浓厚的祈福之意，具有极高的历史价值和艺术价值。

1. 彩画形式多样

府内建筑所饰彩绘样式繁多，其中包括和玺彩画、旋子彩画、苏式彩画、海漫式彩画、掐箍头彩画等，基本囊括了彩画的所有类型，形式多样，内容丰富。其中，东路两处建筑中发现的凤和玺彩画，是古代建筑中等级最高的一类彩画，在王府遗留的彩画中极为罕见，因此格外珍贵。

2. 时代特征明显

东路乐道堂正殿建筑前卷后檐遗留的墨线、青绿地宋锦硬包袱苏画，地仗为单披灰做法，为和珅时期所绘。因墨线苏画用金量很少，和公主尊崇地位不匹配，故被遗弃、封存在吊顶内的白樘篦子上方。殿内改绘凤和玺彩画。

东路多福轩、乐道堂建筑内的凤和玺彩画，象征着皇家特权，是和珅为迎娶乾隆宠爱的小女儿固伦和孝公主所绘，具有明显的时代特征。

东路多福轩、乐道堂，中路嘉乐堂、后罩楼脊檩部位发现的彩画，均为反搭包袱类彩画，地仗为单披灰做法。经专家辨识考证，这些彩画具有极明显的清代中期风格，应该是和珅迎娶公主前所绘。

东路多福轩正殿内檐的龙锦枋心上的片金坐龙、片金西番莲盒子、金线大点金旋子彩画，是在剔除了凤和玺彩绘基础上重新绘制的。时间可以确定在咸丰元年（1851年）赐予恭亲王奕䜣之后到奕䜣入住前这一阶段。

殿堂内彩画类型的变化及地仗的做法，展现出和珅时期、公主时期、恭亲王时期不同历史阶段的彩画状况，时代特征十分明显。

施工验收（一）

施工验收（二）

3. 祈福寓意

葆光室后檐天花内发现的红蝠流云碎花皮球包袱式苏绘，十分罕见，目前尚未在其他地方发现此类彩绘。从构图来看，暗含万福吉祥之寓意。

九、小结

2005—2008年进行的府邸修缮工程中，在保护和修复好老彩画的基础上，对不符合王府规制的外檐彩画进行剔除，并根据内檐留存的老彩画，历史资料，分析检测结果进行恢复，文物质监站的同志对保护和新绘的彩画进行了现场检查，认为达到了较好的保护、修复效果。

2008年竣工时，已保护修缮老彩画面积近1000m^2，新绘彩画面积达9300m^2。工程中采用古建传统作法和多项技术相结合的先进科技修缮手段，按照文物修缮原则成功地恢复和保存了府邸的彩画历史遗迹，是北京地区修缮工程中一个的成功范例。施工中，将文物信息传递给后人，成为本次府邸彩画修缮工程的精彩亮点。对今后王府和古建筑彩画的保护和修复，起到了十分重要的借鉴作用。

第三节　府邸砖石文物保护和修复

府邸砖石文物由于处于露天，常年遭受风吹、雨淋、日晒以及四季温度变化等因素的影响，年久失修，风化严重。因此在修缮工程中，对这些砖石文物进行保护和修复，成为一项重要工作。

一、需要保护的砖石文物

（一）石质文物

恭王府古建筑建造工艺十分考究，在建筑的重要或显著部位砌造有石构件，起到强化墙体结构，加强牢固性或美观的作用。府邸古建筑中的石质文物可分为以下几个类型：石构件、装饰艺术品、地面花斑石等。

（1）石构件主要有：建筑中的角柱石、腰线石、挑檐石、台级石、阶条石、柱顶石等。

（2）装饰艺术品主要有：门口的抱鼓石、石狮子。

（3）西路锡晋斋地面铺装的花斑石。

（二）历史遗迹

在嘉乐堂的东、西配殿和多福轩殿的墙面上，遗留有“文化大革命”时期的标语。墙体上的字迹记录下当时“文化大革命”的一些场景，作为一段历史，具有一定的价值和意义。

二、砖石文物的状况

（一）石质文物

石质文物的材质以灰色砂岩为主，古建筑中的角柱石、腰线石、挑檐石、台级石、阶条石、柱顶石等石构件的材质为灰色砂岩。抱鼓石、石狮子的材质为汉白玉。府邸中汉白玉质地的抱鼓石、石狮子等，保存状况基本较好。但是砂岩质类的石构件因风化，存在明显的剥蚀、断裂、破碎、缺损等问题。

1. 存在风化剥蚀现象

雨水的冲刷，雪水的覆盖、温差变化引起的冻融、水与空气中污染离子结合形成的水合物，对砂岩质的石质构件起到侵蚀作用，造成砂岩表层岩体结构疏松，产生粉末状、鳞片状等风化剥蚀现象，有些甚至出现大小不等、深浅不一的裂隙。石质文物因风化出现的病害，不仅影响建筑美观，同时直接导致石构件强度和承载力的降低。据统计，存在风化剥落石构件的面积约达 $500m^2$。

2. 存在断裂残缺问题

由于石构件局部应力集中或受外力冲击，部分石构件有明显的开裂痕迹，一些石构件因破碎导致缺失，有些断裂成 2~3 段。石构件的残损现象，直接破坏了石构件的完整性，降低了构件的承载力，同时也影响到建筑美观。

3. 表面遗留物

在建筑背阴处，少数石构件表面存在苔藓或藻类等沉积物。

（二）砖质文物

砖质文物表面总体状况较好，部分处有风化迹象，呈现凹凸不平状。

三、保护方案及工作步骤

（一）清洗除尘

对需要进行加固和修复保护的砖石构件，在剔除表面疏松物后进行清洗。除掉灰尘及杂物。对于有裂痕的石构件，要注意将缝隙中的尘土污物清除干净。

（二）去除表面沉积物

对于砖石表面难清除的污染物、苔藓藻类等沉积物，在清洗时拟采用 EDTA、NTA 等络合剂，通过它们与沉积物主要成分发生的络合反应，生成易溶于水的络合物，实施清除。

（三）纸浆吸附法除盐

采用纸浆吸附法对石构件和砖体进行排盐处理，是阻止石质文物和砖体进一步劣化的重要手段。根据情况用无盐分纸张和去离子水搅拌成纸浆，或采用浸透络合剂的纸浆敷贴在石构件和砖体表面，通过毛细吸收原理吸附污染物和里面的可溶盐。根据情况保持纸浆有一定的潮湿时间，待干透后揭取下来，通过测定电导率的变化状况，了解可溶盐的去除程度。最后用去离子水清除。

（四）对石质文物裂隙的处理

对表面有裂痕，但并没有断开的石质文物，需先对裂隙的内部进行清洗。在除去灰尘及杂物的基础上，采用保护材料进行渗透加固并对表面进行修补。尽量选择无色透明、凝固时间适中（不宜太快或太慢）、具有可逆性，并具有一定韧性的修补加固材料。

（五）粘结加固断裂石质文物

对彻底断裂的石质文物需要先分块清理表面灰尘，然后再进行整体粘结拼合。粘结时可采用环氧树脂类的粘结剂。石材的种类、断裂的程度以及环境温度等，对粘结效果都有一定的影响，这也是修复过程中需要考虑的因素。在操作过程中为了增强韧性，可根据需要在环氧树脂中加入一定量的不饱和树脂或聚酰胺树脂类的材料，注意控制材料的配制比例，以免影响粘结效果。在粘结时通常把粘结剂调得黏稠一些，以便于操作。粘结过程中，注意不要将粘结剂涂满整个粘合面，否则会造成挤压过程中粘结剂外溢的现象。一般只需涂满粘结面的一部分即可。使加固修复后的石构件与周边石质协调一致。

（六）粘结后残缺部位的修补处理

粘结后的残缺部位，需要进行填充补配。可以在粘结剂中调入石粉及矿物颜料作为填充材料，以使加固修复后的石构件和周边石构件的材质协调一致。石材面修补在施工中有两种方法，一般修补和翻膜修补。

1. 一般修补

根据石材面不同部位的质感和颜色，采用特制石粉及辅料配制修补料，使用特殊的工具修补各处缺损风化石块。由于石材质感和颜色的差异，在施工前进行了试验，确定了最佳配比。

（1）用硬铅笔或钻石刀具标出缺陷区域，为保证补全部位粘结牢固，以正确角度切下缺陷区域 1cm 深。

（2）彻底清理基层上的灰尘，适当清理底部松散和易脆部分。

（3）视情况对基层实施预加固。

（4）用流塑性灰浆预涂。在新涂表面上

涂抹稠塑性灰浆，24h内涂抹层面厚度不要超过2cm，保留接缝。对于多层结构，第一层彻底干燥后进行粗化和湿润处理，再涂抹一层稀塑性灰浆，然后在新涂表面上涂抹第二层稠塑性灰浆。涂抹和初始固化后约2~6h（取决于气候条件），刮除表面至少3~5mm厚。

（5）24h后，湿润填充区域，用流塑性涂抹。再使用稠塑性，使用方法相似。

（6）用泡沫橡胶浮漂压实开始固化的修补料。仔细压平开始固化的灰浆，压下边缘区域，开始固化后（取决于气候条件），用齿型锯片修理表面，使其外观与周围相似。

（7）检查固化过程，特别是在温暖的气候条件下。在最初4d中，每天对表面进行湿润处理至少两次，防止灰浆干燥过快。在接下来的14d期间，多次湿润修复区域进行养护。

2. 翻膜修补

（1）用硬铅笔或钻石刀具标出缺陷区域，为保证补全部位粘结牢固，以正确角度切下缺陷区域1cm深。

（2）彻底清理基层上的灰尘，适当清理底部松散和易脆部分。

（3）对基层实施预加固。

（4）制作膜片。

（5）翻膜修补。

3. 做旧

（1）用砂纸打磨新修补的石材表面以与周边协调。

彻底清理基层上的灰尘

用流塑性灰浆预涂

（2）用芬考AS（Funcosil AS添加无机氧化物颜料）调节修复区域的颜色以达到颜色上协调。

（3）用芬考浸渍剂进行作旧层的保护。

（4）其他视具体情况而定。

4. 修补原则

（1）30cm以下缺损处：采用相同石料，适当补配，并采用粘合剂修补。

（2）30~60cm缺损处：缺损深度5cm以上，需要现场制模，然后加工石料，修复粘结做旧。或用相同的石料进行“复制”，然后再粘结上去并适当作旧。其余可现场修补做旧。

（七）封护加固

1. 对存在风化剥蚀病害的砖石文物，采取封护加固措施

加固材料应具有渗透性强、并能将风化层内的松散颗粒粘合起来的能力。在具备加固性能的基础上，要求封护加固材料具有一定的抗水性、耐老化性、抗污染能力等，以降低雨水、雪水、雾水、冷凝水、污染物对砖石文物的危害。所用材料应具有透气性，这样可保障石构件在加固封护后，仍能够保持岩体内的自然“呼吸”。

多福轩（东北）修补前

多福轩（东北）修补后

2. 修复面的处理

以上断裂处存在裂隙处或残缺处，虽然经过粘结、修补，但仍然容易被水渗透，造成破坏。因此石质文物修复后的防水工作非常重要。需在表面涂刷防水剂，这一点对于存放在露天的石质文物尤其重要。防水剂的选择很重要，要求选择无色透明、无明显光泽、憎水性能强、对石质文物无腐蚀性、涂刷方便且可逆的防水剂。

（八）保护方式的确定

（1）对于恭王府中的石构件，凡是风化严重或因残缺断裂失去承载能力的，拟更换。

（2）对处于一般部位，不需要承受太大荷载的，根据风化破坏的状况，拟选用正硅酸乙酯、环氧树脂、聚酰胺树脂等材料，进行封护或粘结加固。

（3）具体石构件的加固或更换，在现场由设计人员与监理人员共同商量确定，然后有针对性地进行相关处理。

四、具体施工过程

（一）锡晋斋廊部地面石材保护

锡晋斋地面为花斑石（又称子母石）铺就，遗憾的是不少花斑石已经严重风化，有些地方斑驳酥碱十分严重。对此，虽然可以更换新石，但是过多更换会影响文物价值和整体观瞻效果。所以，本修缮工程坚持在能够保护和修补的前提下，尽量做到少更换，少扰动。

保护和修补步骤如下：

（1）彻底清理基层上的灰尘，适当清理底部松散和易脆部分。

（2）在空白处作试验以确定吸收量和颜色变化。

（3）用岩石增强剂 500（Funcosil Stone Strengthener 500）进行预加固（视情况而定）。

（4）采用无压力淋涂方法。施工时喷嘴水平地沿着基材表面不间断地淋涂。为了不产生薄雾，必须正确选择压力和喷嘴直径。对于不允许采取淋涂的小面积复杂表面，可用刷子或滚筒刷涂，达到浸渍饱和。

（5）新处理过的表面在 5h 内应保证不接触明水和过强的风吹及暴晒，因为加固材料的加速蒸发对渗透深度会产生负面影响。

（6）表面沉积物的清洗（视情况而定）养护 3~7d。

（7）作旧。

①用芬考 AS 调节修复区域的颜色以达到颜色上协调。

②用芬考浸渍剂进行做旧层的保护。

③其他视具体情况而定。

（二）语录墙面砖体的保护

施工位置：嘉乐堂的东、西配殿和多福轩殿的墙面。具体步骤如下：

（1）基面干燥。必须在切断上升的潮气的基础上实施。基面清洁，清除污染物、藻类和苔藓等。

（2）在空白处作试验以确定吸收量和颜色变化。

（3）采用无压力淋涂方法。施工时喷嘴水平地沿着基材表面不间断地淋涂。由顶部到底部逐步进行。为了不产生薄雾，必须正确选择压力和喷嘴直径。对于不允许采取淋涂的小面积复杂表面，可用刷子或滚筒刷涂。如果材料表面形成下淌 30~50cm 长的液膜，说明浸渍已饱和。

（4）新处理过的表面在 5h 内应保证不接触明水和过强的风吹及暴晒，因为加固材料的加速蒸发对渗透深度会产生负面影响。

（5）表面沉积物的清洗（视情况而定）。

五、保护修复施工中所用主要材料的性能

（一）芬考岩石增强剂 500（Funcosil Stone Strengthener 500）

该材料是一种由不含溶剂的很小的正硅酸乙酯分子组成的加固材料，具极强的渗透性，可以渗透到岩石和砖未风化的部位。适合于砂岩、人造岩石、青砖、陶器、夯土、三合土、砂浆、壁画等的增强保护。强度可在原有基础上增高 50%~100%，该过程可通过稀释来调整。

1. 材料性能指标

组分：单一组分，无需现场配制，易于使用。可以长期储存，质量稳定。如需要，可以用无水酒精稀释成不同的比例。

固含量：500g/L。

固化物：SiO_2 胶体。抗紫外线，耐久性好。可在老化后重复加固。

增强：强度增加适中，从小于 50% 到 100%，满足不同的需要。

渗透深度：渗透深度大，可渗入到没有风化的岩石部位。一般为 20~120mm。

憎水：憎水特点一般在 2~4 星期后消失，特别适合在不宜进行憎水处理部位施工。

耐酸耐碱：性能很好。

副产物：没有对建筑物有害的副产品产生，副产物为乙醇，将在反应过程中挥发。

固化开始时间：约 2~24h（和温度等有关）

固化结束时间：约 2~3 星期（大于 95% 的固体）

2. 固化后的特性数据

SiO_2 的含量：约 500g/L。

SiO_2 形态：无定型 SiO_2。

（二）芬考 SNL（Funcosil SNL）

该材料为非水解硅烷渗透防水剂，具有良好的抗碱性，至 pH14 时也不影响渗透性能；具有良好的憎水性和抗紫外线能力，不影响建筑物的透气性；在防水的同时具有防污染物功能，同时可改善基材的抗冻性。适用于多孔介质的憎水处理，如砖、砂岩、砂浆、充气混凝土和轻量混凝土等。

1. 材料性能指标

有效成分含量（质量百分比）：约 7%。

溶剂：异链烷烃。

密度：0.78kg/L。

黏度：11s，DIN 4cup

气味：无异味。

外观：透明液体。

2. 固化后的特性数据

聚硅氧烷含量（质量百分比）：约 5%。

紫外线稳定性：优异。

耐气候性：优异。

耐碱性：< pH14。

（三）仿古修复料芬考 AS（Funcosil AS 添加无机氧化物颜料）

该材料是一种预混的干燥备用灰浆，它由纯净原材料（粘结剂和聚集体）制成。物理特性和抗压与粘结强度接近天然石材。由于其优异的可塑性，还非常适合于浇注石质材料复制品。适用于砂岩和灰石表面的修复。

材料性能指标：

粘结强度（DIN 1165）：

3d 后 $=0.5N/mm^2$

7d 后 $=2.0N/mm^2$

抗压强度：3d 后 $=1.5N/mm^2$

7d 后 $=6.0N/mm^2$

28d 后 $=15.0N/mm^2$

E——模量（符合 DIN 1048）：

$E=12.103N/mm^2$

收缩变形（DIN 52450）：

7d 后 +0.3mm/m

14d 后 +0.1mm/m

28d 后 −0.1mm/m

（四）防霉杀菌剂（Alkutex BFA Remover）

环保型特种水剂，预防霉菌及藻类附生，防止由于微生物导致的表面风化。

（五）其他材料

硅酸乙酯材料，其化学原理为，硅酸乙酯和空气或基材的水汽产生化学反应，固化后形成类似玻璃状的 SiO_2 胶体，将矿物颗粒粘结为一体，副产物为挥发性的乙醇，没有副作用，没有污染，不影响以后保护工程的实施。除了具备以上特性外，同时还具备渗透深度大，强度增加均匀，操作工艺简单、易行等优点，对加固砂岩质地的石材，效果显著。曾经在我国大足石刻、四川巴中南龛石刻、山东泰安石牌坊等各地应用，取得了良好的效果。环氧树脂和聚酰胺树脂等材料，主要解决断裂石构件的粘结问题。在居庸关云台，孔庙国子监等多处国家级文物保护单位的石质文物工程中使用过，材料和技术成熟。

（六）工程验收

从工程验收情况看，此次施工，根据文物保护法的要求，参照中国古建筑维修的经验，在以下三方面做得较好：

（1）修旧如旧，尽可能保留历史材料和原始风貌。

（2）在清除石材或砖墙表面有损外观的污渍后，修复工作中注意与其他石材或墙体的外观协调关系。

（3）在使用修补材料进行修补时，使修补处的外观、质感和颜色与原墙体协调一致。

既满足了施工要求，又达到了较好的修复效果图。

第四节　碳纤维技术运用

恭王府修缮工程严格按照王府规制进行，保证修缮工程科学严谨，最大限度地恢复王府的型制，尽可能地保留和使用王府原有建筑构件，达到保护历史信息，留存历史痕迹的目的，同时将新型修缮技术和高科技项目引进本次修缮中。在府邸锡晋斋修缮过程中，首次使用碳纤维技术对梁柱进行修复，这是古建筑修缮史上是一个较大的突破。

碳纤维是一种含碳量在95%以上的高强度、高模量纤维的新型纤维材料。碳纤维"外柔内刚"，质量轻、强度高，并且具有耐

锡晋斋柱子采用碳纤维技术

腐蚀、高模量的特性，它不仅具有碳材料的固有本征特性，又兼备纺织纤维的柔软可加工性，是新一代增强纤维。

碳纤维具有许多优良性能，碳纤维除了具有一般碳素材料的特性外，其外形有显著的各向异性柔软，可加工成各种织物，又由于比重小，沿纤维轴方向表现出很高的强度，碳纤维增强环氧树脂复合材料，其比强度、比模量综合指标，在现有结构材料中是最高的。

碳纤维加固包括碳纤维布加固和碳纤维板加固两种。碳纤维材料用于混凝土结构加固修补的研究始于20世纪80年代美国、日本等发达国家。中国的这项技术起步较晚，但随着中国经济建设的飞速发展，碳纤维加固技术也越来越多地得到使用。

在这次恭王府修缮中，对锡晋斋仙楼二层的两根木梁和一层的一处内檐柱，使用了碳纤维的科学手段进行了加固。主要工作步骤如下：

（1）清除表面油漆等装饰层；

（2）柱子表面打磨露出新面；

（3）均匀涂刷地胶，缺陷处找平胶找平；

（4）用Z5型粘结剂充分灌缝，填充密实；

（5）表面清理完成等工序后，破损的柱子和梁被基本修补完成。碳纤维技术在恭王府修缮中的使用，不仅是一次技术延伸，同时在古建修复新技术的运用上，也起到了引领的作用，为其他古建维修工程运用新技术开创了先例，具有很重要的意义。

故宫博物院古建修缮中心主任李永革来恭王府考察碳纤维技术修复的柱子

中国文化遗产研究院高级工程师崔兆忠来恭王府考察碳纤维技术修复的柱子

第五节 琉璃瓦复烧技术运用

恭王府中路主要建筑是肃穆威严的礼仪性建筑，屋顶均覆盖绿色琉璃瓦。在修缮施工中，发现有部分的绿琉璃瓦结构完整，胎体良好，经过多次慎重的研究讨论后，决定对脱釉严重、胎体保存完好的绿琉璃瓦进行复烧，该项技术的研究和使用是恭王府府邸修缮工程的一大亮点。

琉璃瓦复烧是一项新技术，故宫博物院在古建修缮中对此进行了研究并取得一定经验。但故宫是封建时期皇帝的居所，琉璃瓦象征皇权的黄色，而恭王府作为亲王府邸，只能覆盖绿色琉璃瓦。釉色不同，琉璃瓦的复烧技术和工艺存在差异。经与厂家反复沟通，共同研究，并进行多次试验，终于成功地解决了绿色琉璃瓦的复烧技术问题，一批脱釉严重的琉璃瓦因而再次得到有效保护和利用，也使文物保护原则在此次修缮中得到了充分的体现。

在实施过程中，首先，将原来的琉璃瓦件拆下做分类编号整理，保留较好的瓦件；其次，将一部分脱釉严重的琉璃瓦进行复烧上釉；最后，在琉璃瓦的使用上采用了新件、旧件与复烧件相结合的方式复原屋顶瓦面。

修缮工程复烧琉璃瓦 219 件。用于恭王府中路建筑二宫门北坡面，东西各两垄。复烧件的使用，使一批脱釉严重的琉璃瓦重焕异彩，有效保留了原有历史信息，同时对于传统技艺的研究和传承非常有益。

恭王府中路鸟瞰图

琉璃瓦件拆下做分类编号整理

恭王府东二府门北坡面 ③

结　语

一、践行保护修缮的历史责任

此次恭王府府邸文物保护修缮工程的完成，是对历史、社会、人民交了一个满意的答卷。2003 年 3 月，文化部恭王府管理处升为文化部恭王府管理中心，其后组成了新的领导班子。这不仅仅是行政管理级别的变化，更是恭王府职能定位的重大提升，也赋予了恭王府管理中心不可推卸的历史责任和社会责任。以此为契机，府邸保护修缮工作迈向了新起点，确立了新目标、新任务和新高度。

新起点：1988 年恭王府花园对外开放后，这里很快成为北京的旅游热点，2.8 万平方米的园子游客拥挤，对古建筑保护不利，对环境颇有影响。于是 3.2 万平方米的府邸保护修缮、对外开放势在必行。2002 年 11 月召开研讨会议，张开济、傅熹年等古建专家与会，讨论清华设计院郭黛姮教授主持编制的恭王府修缮设计。从 2003 年起始，府邸保护修缮、实现全面开放成为恭王府的首要任务。为此恭王府管理中心领导和广大职工做了大量工作，并多次召开专家研讨会，做好符合恭王府特点的府邸修缮工程的总体规划和经费预算，计划全年用于腾退、规划、修缮投入经费约 500 多万元。因此 2003 年被认为是恭王府发展变化历史中值得铭记的一年。这一年思路转变，任务确定，开启了恭王府府邸保护修缮的新起点。

新目标：此次府邸保护修缮工程完成了恭王府古建筑保护、环境整治，并与花园一起对社会全面开放。今后还要按照已确定的恭王府新的定位进行长期的工作。根据文化部有关指示，经过调查论证，将恭王府的发展目标定位在突出王府特色的国家级博物馆。依据这个定位，恭王府管理中心领导提出了恭王府发展的基本方针：“在经历了 15 年的花园开放，以旅游观光为主要社会功能的基础上，增加文化内涵，提高文化品味，拓展社会功能，实现恭王府的二次创业和产业升级。”

新任务：此次恭王府府邸修缮之时，面临北京将要举办国际奥林匹克夏季运动会。文化部要求 2008 年恭王府博物馆除了已开放的王府花园外，府邸完成维修和部分重建，全面开放，花园内的厅堂亦按陈列设计要求重新布置。文化部的要求，不仅提出新的任务，也给出了明确的时间表。这不单是一项业务工作，更是一项重要的政治任务，是历史的选择，时代的需要。因此恭王府的保护修缮工作，就必须在这个特定的时空框架中，用实事求是的科学精神和勇于创新的开拓气势，为圆满完成新的任务奠定良好的基础。恭王府府邸修缮完成，全面开放为2008年北京奥运会增加了新的亮点，增添了新的景观，也取得了非常好的社会影响和反映。

新高度：此次恭王府府邸的保护修缮不仅受到上级机关的高度重视，也得到社会各界的高度关注。最充分利用了古建、历史、文物、考古、博物馆、科技界等社会资源。在各种媒体多渠道、多形式、多层次的传播中，形成了一个被学者誉为的“恭王府现象”。在这种炽热的氛围里，是鼓励、是机遇、更是压力。恭王府的保护修缮显然成为了“严肃的时代课题”。因此，在关注建筑遗产的恒常价值时，必须把这项任务提升到对历史负责、对子孙后代负责的新高度。

二、恭王府全面开放的典范意义

前述关于清代王府的现状证明，它们的重要性还没有得到人们的充分认识，清代王府文化的研究也未引起学界的足够重视。目前许多王府仍被相关单位占用，有的甚至成了大杂院。因此，恭王府此次能进行府邸保护修缮、全面开放具有特殊意义。

（一）一个整体的恭王府历史画卷将展示于世人面前

清代王府分布于京城各处，形成了北京的一个特殊建筑群体，这是有别于其他城市的一个显著特点。除了皇家的宫殿、坛庙、苑囿及某些大型政府机关外，王府应是京城最大型的建筑群了。不同规模和各有特色的王府，成为京城古建筑的重要组成部分。恭王府是现存北京王府中名气非凡的一座王府，不仅规模较大，且保存基本完整，府邸建筑和园林具有高度的典型性和独特性，堪称老北京四合院文化和园林文化的杰出代表，也是清代中期至晚期王公贵族生活的直接见证。

恭王府管理中心认真准备和推出的《清代王府历史文化基本陈列展》《府邸殿堂原状陈列展》《恭王府与红楼梦展》《恭王府历史沿革和修缮工程成果展》《中国—丹麦王室文化展》等多个专题展览，对展示清代王府的历史文化、建筑艺术，推动深入研究王府文化起到了十分重要的作用。

恭王府能对社会全面开放，不仅是吸引游人的著名景点，更是一个载体，让人们可以亲自走进王府，观赏王府建筑面貌，了解王府历史沿革，认识曾经生活在这里的形形色色的人物。

（二）恭王府是探讨王府文化内涵和外延的重要坐标

由于王府的主人及其后代与皇室有着千丝万缕的联系，因此由王府而产生的王府文化被学者认为是皇家文化或宫廷文化的延展。王府分布在京城许多地方，王府文化不仅是北京传统文化的重要内容，也成为皇家文化和民间文化连接的纽带。因此，恭王府府邸和花园保存的完整性，其拥有的独特而丰富的文化内涵，已成为弥足珍贵的文化遗产。不仅能使人们去感受王府文化、也能联想清代历史的某些侧面。

（三）恭王府保护修缮及全面开放具有引领性

恭王府地处北京市二十五片历史文化保护区之一的什刹海地区，全面开放以来，江泽民、李岚清、刘延东、曾培炎、吴仪、马凯等党和国家领导人，刘淇等北京市领导，文博考古界的专家学者及国外政要等，先后到恭王府视察和游览，对恭王府的文物保护工作和多角度、多方位的展览陈列，给予了充分肯定和高度评价。试开放期间，共接待了 40 多批 1000 多人次的文物博物馆系统的参观者，他们对修缮工程取得的成果给予了赞誉。

北京是历史文化名城，恭王府府邸修缮工程完成并全面开放后，有了更大的发展空间。在对传统建筑文化深层次发掘的基础上，在科学有效保护文物的基础上，进行开放与展示，将使新的旅游资源及相关产业的发展产生良好的经济效益，不仅有利于文物保护事业的可持续发展，同时将更大程度地发挥历史文化遗产在两个文明建设中的巨大

刘淇视察恭王府

单霁翔、孔繁峙视察恭王府

文物局梅宁华局长视察恭王府

海峡两岸书画展

潜力，社会效益明显。

良好的社会价值和经济价值，将会使这座具有代表性和极具魅力的清代王府在新的历史时期得到更好地保护和利用。

2006 年 1 月在北京市政协第十二届四次会议上，政协委员孔繁峙提交了一份关于北京市王府保护和开放问题的提案。作为原北京市文物局局长，可以说他更了解北京清代王府的现状和保护开放的难度，其关键点正是王府被占用和腾退的问题。提案中谈到“王府腾退后，对这些王府进行保护和维修，恢复原状。然后对外开放，挖掘其内涵，使这些文物资源为社会所用。以后系列王府参观，在北京是一个亮点，因为只有北京有这么多的王府”。

孔繁峙提到的王府腾退—保护修缮—对外开放的路径，正是恭王府从 1961 年周恩来总理提出，到 2008 年实现对外全面开放的漫长历程。孔繁峙在提案中特别强调了“恭王府就是一个榜样，产权依然是中央的，同时实现了对外开放”。恭王府的榜样作用是多方面因素形成的。40 多年走过的路，经历的事，有许多可以借鉴，可以总结。

（四）系统深入的王府研究将凸现恭王府的重要价值

关于恭王府修缮后的功能定位，学者曾有多种设想和建议，呼声最多的是在这里成立“曹雪芹纪念馆”。这次恭王府的保护修缮开放，确定的目标是筹建具有王府文化特色的王府博物馆。因此，从 2003 年开始，便围绕王府遗址博物馆的定位开展业务研究和学术探讨，主要工作有：搜集、出版清代王府特别是恭王府的“老照片”。搜集整理有关恭王府的文献档案及研究恭王府的文章资料。搜集恭王府图档等。

值得自豪的是：伴随着恭王府的修缮历程，恭王府的人员关于恭王府及清代王府历史文化的研究也取得了可喜的成果，撰写了不少论文及专著，这里仅列出已发表的一些专著和论文集成。2005 年 8 月 18 日至 20 日，召开了由恭王府管理中心主办、中国文化报社协办的首届“清代王府及王府文化国际学术研讨会”，并出版了研讨会论文集。其后中心相继编辑出版了《老照片中的清代王府》《清代王府文化研究文集》第一辑、第二辑，《华府美宅——恭王府系列丛书》《清宫恭王府密档——和珅密档》10 册，《清宫恭王府密档——奕䜣密档》10 册，《清宫恭王府密档——永璘密档》《恭王府明清家具集萃》等。此外，还有张艾、侯芳《恭王府——恭王府系列丛书》，郝黎《恭王府发展模式的探索与实践》，鲁宁《瑰宝遗梦——恭王府流失文物寻踪》，张壮《恭王府建筑文化沿革考》，张壮《恭王府古建筑保护研究与实践》等。

研究先行，并伴随着府邸修缮的全过程。资料收集的系统性、完整性、科学性不仅彰显了恭王府作为全国重点文物保护单位的重要价值，也为此次恭王府保护修缮提供了形象的、可供参考的证据。

在建设方、设计方、施工方、管理方等的共同努力下，此次恭王府保护修缮总体上保留了不同时期的历史信息，使这处文化遗产具有历史的可读性。在今后北京其他王府的保护修缮中，专科性的专业知识与通识性的专业知识相结合，历史文献与历史图像相辅相成，将会为我国古建筑遗产保护理论和方法提供更多的阐释空间。

三、再接再厉，完成既定的保护修缮目标

恭王府府邸文物保护修缮工程是与成立王府博物馆的目标和功能紧密相连的。按照恭王府管理中心制订的业务发展规划，恭王府博物馆的陈列将由基本陈列、历史复原陈列、专题陈列和临时陈列组成。因此王府殿堂的内装修工程和陈设成为历史复原陈列的基础和主要内容。为此，在修缮工程期间，建设方和设计方一直在为可以进行历史复原陈列的多福轩、乐道堂、神殿（嘉乐堂）、葆光室、锡晋斋、后罩楼的水法楼等作具体的研究和前期设计工作。

恭王府管理中心的业务人员与故宫博物院的专家学者经过多次探讨研究，对多福轩的室内装修和殿堂陈设进行了复原，这是恭王府目前唯一的历史复原陈列。清华设计院根据历史信息资料对锡晋斋、后罩楼的水法楼建筑及室内装修等也作了复原设计方案。但因未列入经费预算、复原方案论证需要时间等各种原因，这些殿堂的室内装修并不在此次府邸文物保护修缮工程计划之内，实是保护修缮工程的一项遗憾之事。2017 年 7 月，文化部恭王府管理中心正式更名文化部恭王府博物馆，为恭王府历史复原陈列提供了契机，这些殿堂的室内装修和陈设将会有计划、分阶段地逐步实施。当这一综合性的工程完成之时，王府文化的内涵将在这一特定的物质环境下进一步凸显出来。

后　记

文化和旅游部恭王府博物馆高级工程师　张　壮

《恭王府府邸文物保护修缮报告》（以下简称《修缮报告》）的编写工作是文化和旅游部恭王府博物馆与北京建筑大学在学术研究方面合作的成果。

恭王府博物馆领导十分重视《修缮报告》的编写，希望通过《修缮报告》能较全面地反映恭王府府邸文物保护修缮的历程及特点，呈现历史的回顾，开展过程的总结，使其成为一部有思想性、实践性和学术性的修缮报告。

2016年6月成立了《修缮报告》研究编写组，由执行主编张壮、副主编陈静勇负责组织研究和撰写工作。研究编写组从恭王府府邸文物保护修缮工程实际出发，参考相关文物保护单位古建修缮报告成果，拟定了《修缮报告》的编写形式和主要内容。召开由专家学者，曾主持或参与恭王府府邸修缮工程的领导及相关组成人员的研讨会，确定了编写大纲和章节架构。

《修缮报告》第一章执笔人孔祥星、李奕慧；第二章执笔人孔祥星、胡一红、杨琳、杜丽娟、李奕慧、仲荣荣；第三章执笔人张壮、陈静勇、卢坤；第四章执笔人胡一红、陈静勇、杨琳、杜丽娟、仲荣荣；结语执笔人孔祥星、胡一红。引用照片由李中国、田建国、胡一红、张振良、张壮、孙树华、于志新等拍摄。《修缮报告》研究编写组组长孔祥星负责报告初稿的通审工作。

在初稿完成后，恭王府博物馆又函请郭黛姮、晋宏逵、杨新、王立平、谷长江、吴杰、孙其刚等先生审稿。他们认真审阅，提出了宝贵的意见和建议。《修缮报告》主编孙旭光也对终稿进行了全面审阅。

在此，向报告撰写过程中给予大力支持的各位专家学者，文化和旅游部恭王府博物馆、北京建筑大学等有关领导及职能部门的同志们深表感谢！

《修缮报告》完成之际，让人深深地怀念几十年来为恭王府的保护修缮、全面开放寄予殷切关怀和作出贡献的党和国家、北京市等各级领导人，社会各界专家学者及参加府邸修缮工程的各个单位的人员。

由于《修缮报告》的编制与府邸修缮竣工相隔了一段时间，而且研究编写组部分成员也未曾有过大型古建修缮报告的编写经历，《修缮报告》存在的问题和不妥之处，望读者予以批评指正。

附录 清恭王府修缮竣工记

文化和旅游部恭王府博物馆高级工程师 张 壮

1962年，周恩来总理视察恭王府时首次提出："要将恭王府保护好，有条件时对社会开放"。1975年，周恩来总理病重时，委托时任国务院副总理谷牧同志筹备恭王府的保护和后续开放工作。1978年启动府园中占用单位、住户外迁和腾退工作。1982年2月，恭王府及花园被国务院列为全国重点文物保护单位。1982年4月，受文化部委派文化部修建队进驻恭王府。在边规划、边设计、边施工中，1988年7月，恭王府花园率先对社会开放。2008年恭王府府邸及花园同时对社会开放。

2006年，历时二十八载的恭王府府邸占用单位腾退工作终于完成。文化部恭王府管理中心设立"恭王府府邸工程修缮办公室"，2005年11月启动府邸修缮工程。耗时三年完成了府邸古建筑12626平方米的修建。其中修缮面积为9800平方米；原址复建了银安殿院等古建筑2200平方米；建开放服务性用房626平方米；拆除临建11650平方米并建成与国家一级博物馆相配套的基础设施，共计投入资金近2.1亿元。2008年8月竣工，同年12月，通过国家文物行政主管部门验收。

恭王府及花园占地61953平方米，其中府邸占地32883平方米，古建筑12626平方米。花园占地29070平方米，有遗存园林景观42处，古建筑4637平方米。恭王府对社会开放历经占用单位外迁、居民腾退、修缮等数十年的尽心努力，在修缮中采用"传统工艺、传统技术、传统材料"，将濒临损毁的恭王府呈现在世人面前。恭王府的修缮竣工亦对清代王府建筑文化的传承起到了重大的作用。

——特撰此文！

二零一八年七月二十一日